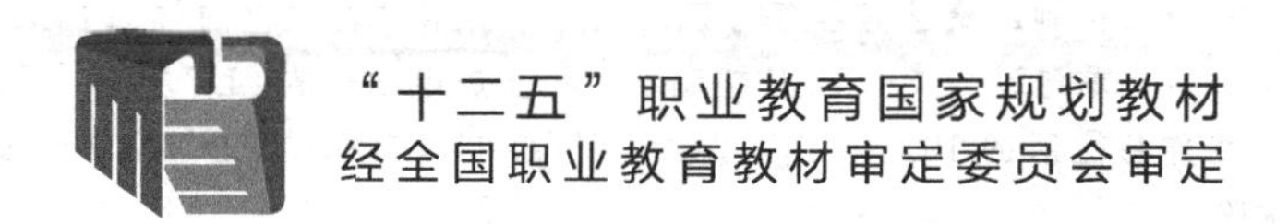

PLC应用技术项目化教程

第二版

汤光华　主　编
徐伟杰　黄秋姬　副主编
谭云彬　主　审

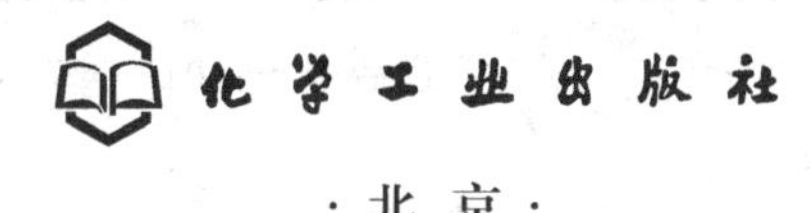

·北京·

本书从实际应用出发，以三菱 FX_{2N} 机型为背景，采用项目化的课程结构，重点介绍了PLC的基本知识、基本指令、应用指令以及程序设计，同时介绍了PLC的通信。

全书共分13个项目，内容涵盖PLC的基本知识、三相异步电动机的PLC控制、运料小车往返运行的PLC控制、交通信号灯的PLC控制、某化学品生产过程的PLC控制、机械手的PLC控制、大小球自动分类的PLC控制、五相步进电动机的PLC控制、艺术彩灯造型的PLC控制、工作台往返的PLC控制、温度PID控制、电梯的PLC控制以及 FX_{2N} 系列PLC通信技术等。

本书可作为高、中等职业院校和成人高校电类、机电类专业的教材，也可供从事机电专业的工程技术人员参考使用。

图书在版编目（CIP）数据

PLC应用技术项目化教程/汤光华主编. —2版. —北京：化学工业出版社，2014.8（2023.1重印）

“十二五”职业教育国家规划教材

ISBN 978-7-122-20946-7

Ⅰ.①P…　Ⅱ.①汤…　Ⅲ.①PLC技术-教材　Ⅳ.TM571.6

中国版本图书馆CIP数据核字（2014）第127859号

责任编辑：张建茹　　　文字编辑：云　雷
责任校对：吴　静　　　装帧设计：刘丽华

出版发行：化学工业出版社（北京市东城区青年湖南街13号　邮政编码100011）
印　　装：北京七彩京通数码快印有限公司
787mm×1092mm　1/16　印张14¼　字数362千字　2023年1月北京第2版第6次印刷

购书咨询：010-64518888　　　售后服务：010-64518899
网　　址：http：//www.cip.com.cn
凡购买本书，如有缺损质量问题，本社销售中心负责调换。

定　　价：40.00元

前　言

可编程控制器（PLC）是应用最广的计算机控制装置，它以其功能强大、可靠性高、编程简单、联网方便、体积小和功耗低等优点已成为工业自动化三大支柱之一。为满足广大读者和教学改革的需要，编者在总结多年 PLC 理论与实践教学的基础上，和企业专家一起共同开发了这本项目化教材。本书严格按照教育部颁布的相关高职专业教学标准进行编写，充分体现了职业教育课程改革的新理念、新模式和新做法，突出了 PLC 应用技术的先进性、针对性和应用性。可作为高职高专院校生产过程自动化技术、电气自动化技术、应用电子技术、机电应用技术和数控技术等相关专业的教材。

目前，PLC 的机型很多，但其基本结构、工作原理相同，基本功能、指令系统及编程方法类似。本书从教学需要和实际应用出发，选择了极具代表性的三菱 FX_{2N} 机型作为背景机型，采用“项目＋任务”的课程结构，将行动导向、理实一体、讲练结合等教育教学理念贯穿始终，将基本知识与技能训练融入各个项目之中，实现知识与技能的有机结合，适合在教、学、做合一的教学改革中使用。

全书共设 13 个项目，每个项目又包含若干个具体任务，其内容涵盖了电动机控制、交通信号灯控制、温度控制、机械手控制、工作台控制、艺术彩灯控制、电梯控制等典型控制系统。项目 1～项目 12，除了安排有基本训练任务外，还安排有拓展训练任务，基本训练任务是学生必须掌握的部分，拓展训练任务用于巩固前面所学知识，开拓学生创新思维，提高学生分析问题和解决问题的能力，属于知识拓展和技能提高部分。另外，每个项目的开头都安排有学习目标，结尾都安排有项目小结、考核内容与配分、思考题与习题等。在组织教学时，任课教师可根据学生基础、项目难易程度和内容多少，合理安排项目完成时间，通常一个项目以 4～8 学时为宜，书中打“*”号的项目可作为选学内容。

本书由汤光华任主编，并编写项目 1～项目 4、项目 6、项目 9 和附录；胡乃清编写项目 5；仵征编写项目 7、项目 10 和项目 11；刘夏编写项目 8；徐伟杰编写项目 12；黄秋姬编写项目 13。汤光华负责全书的统稿，株冶集团股份有限公司谭云彬担任主审。

本书在编写过程中，得到了企业专家和兄弟院校老师的大力支持，在此，对他们以及帮助本书出版的化学工业出版社的领导和编辑们表示衷心感谢。

由于编者水平有限，书中不足和疏漏在所难免，敬请读者予以批评指正。

编者

2014 年 6 月

目　　录

项目 1　PLC 的认识及编程软件的使用

【学习目标】

了解 PLC 的产生、发展、分类及应用领域；熟悉 PLC 的特点、性能指标及编程语言，熟悉 PLC 的编程元件；掌握 PLC 的基本结构和工作原理。了解实训装置的基本构成；熟悉 SWOPC-FXGP/WIN-C 编程软件的主要功能；会使用编程软件。

【任务 1.1】　了解 PLC 的发展、分类及应用领域

1.1.1　可编程控制器的产生

可编程控制器（Programmable Controller）是计算机家族中的一员，是为工业控制应用而设计的，是一种以 CPU 为核心的计算机工业控制装置。早期的可编程控制器称作可编程逻辑控制器（Programmable Logic Controller），简称 PLC，用它来代替继电器实现逻辑控制。随着微电子技术、计算技术、通信技术等的飞速发展，可编程控制器的功能已大大超过了逻辑控制的范围，所以，目前人们都把这种装置称作可编程控制器，简称 PC。为了避免与目前应用十分广泛的个人计算机（Personal Computer，PC）相混淆，本书仍将可编程控制器简称 PLC。

PLC 产生于 20 世纪 60 年代末。1968 年美国通用汽车公司提出取代继电器控制装置的要求，第二年，美国数字设备公司研制出第一台可编程控制器，用于通用汽车公司的生产线，取代生产线上的继电器控制系统，开创了工业控制的新纪元。1971 年，日本开始生产可编程控制器，德、英、法等各国相继开发了适于本国的可编程控制器，并推广使用。1974 年，中国也开始研制生产可编程控制器，1977 年应用于工业。经过近 40 年的发展，可编程控制器已经成为工业自动化的三大支柱（PLC 技术、机器人、计算机辅助设计和制造）之一。概括起来，PLC 的发展可以归纳为以下四个阶段。

（1）初创阶段

1969～1977 年，由数字集成电路构成，功能简单，仅具备逻辑运算和计时、计数功能。机器种类单一，没有形成系列。典型产品有美国数字设备公司（DEC）的 PDP-14/L，美国 MODICON 公司的 084，日本立石电机公司的 SCY-022 等。

（2）功能扩展阶段

1977～1982 年，以微处理器为核心，功能不断完善，增加了数据传送、比较和模拟量运算等功能。初步形成系列，可靠性进一步提高，开始具备自诊断功能，存储器采用 EPROM。典型产品有美国 MODICON 公司的 184、284、384 系列，德国 SIEMENS 公司的 SYMATIC S3 系列和 S4 系列。

（3）联机通信阶段

1982～1990 年，能够与计算机联机通信，出现了分布式控制，增加了多种特殊功能，如浮点数运算、平方、三角函数、脉宽调制等。典型产品有美国 GOULD 公司的 M84、484、584、684、884，德国 SIEMENS 公司的 PM550、TI510、520、530 等。

(4) 网络化阶段

1990年以后，通信协议走向标准化，实现了和计算机网络互联，出现了工业控制网。编程语言除了传统的梯形图、流程图、语句表等以外，还有用于算术运算的BASIC语言，用于机床控制的数控语言等。典型产品有德国SIEMENS公司的S7系列，日本三菱公司的A系列以及美国GOULD公司的900系列等。

1.1.2 可编程控制器的发展

现代PLC的发展有两个主要趋势：其一是向体积更小、速度更快、功能更强和价格更低的微小型方面发展；其二是向大型网络化、高可靠性、好的兼容性和多功能方面发展。

(1) 小型、廉价、高性能

小型化、微型化、高性能、低成本是可编程控制器的发展方向。作为控制系统的关键设备，小型、超小型PLC的应用日趋增多。据统计，美国机床行业应用超小型PLC几乎占据了市场的1/4。许多PLC厂家都在积极研制开发各种小型、微型PLC。如日本三菱公司的FX_{2N}-48MR能提供24个输入点、24个输出点，既可单机运行，也可联网实现复杂的控制。

(2) 大型、多功能、网络化

主要是朝DCS方向发展，使其具有DCS系统的一些功能。网络化和通信能力强是PLC发展的一个重要方面，向下可将多个PLC、I/O框架相连；向上与工业计算机、以太网、MAP网等相连构成一个多级分布式自动化控制系统。这种多级分布式控制系统除了控制功能外，还可以实现在线优化、生产过程的实时调度、统计管理等功能，是一种多功能综合系统。

(3) 与智能控制系统相互渗透和结合

PLC与计算机的结合，使它不再是一个单独的控制装置，而成为控制系统中的一个重要组成部分。随着微电子技术和计算机技术的进一步发展，PLC将更加注重与其他智能控制系统的结合。PLC与计算机的兼容，可以充分利用计算机现有的软件资源。通过采用速度更快、功能更强的CPU，容量更大的存储器，可以更充分地利用计算机资源。PLC与工业控制计算机、DCS系统、嵌入式计算机等系统的渗透与结合，必将进一步拓宽PLC的应用领域和空间。

(4) 高可靠性

由于控制系统的可靠性日益受到人们的重视，一些公司将自诊断技术、冗余技术、容错技术广泛应用到现有产品中，推出了高可靠性的冗余系统，并采用热备用或并行工作、多数表决的工作方式。

1.1.3 可编程控制器的特点

(1) 使用灵活、通用性强

PLC用程序代替了布线逻辑，生产工艺流程改变时，只需修改用户程序，不必重新安装布线，十分方便。结构上采用模块组合式，可像搭积木那样扩充控制系统规模，增减其功能，容易满足系统要求。

(2) 编程简单、易于掌握

PLC采用专门的编程语言，指令少，简单易学。通用的梯形图语言，直观清晰，对于熟悉继电器线路的工程技术人员和现场操作人员来讲很容易掌握。对熟悉计算机的人还有语句表编程语言，该语言类似于计算机的汇编语言，使用非常方便。

(3) 可靠性高、能适应各种工业环境

PLC面向工业生产现场，采取了屏蔽、隔离、滤波、联锁等安全防护措施，可有效地抑制外部干扰，能适应各种恶劣的工业环境，具有极高的可靠性；其内部处理过程不依赖于机械触点，所用元器件都经过严格筛选，其寿命几乎不用考虑；在软件上有故障诊断与处理功能。以三菱 F1、F2 系列 PLC 为例，其平均无故障时间可达 30 万小时，A 系列的可靠性又比之高几个数量级。多机冗余系统和表决系统的开发，更进一步提高了 PLC 的可靠性。这是继电器控制系统无法比拟的。

(4) 接口简单、维护方便

PLC 的输入、输出接口设计成可直接与现场强电相接，有 24V、48V、110V、220V 交流、直流等电压等级产品，组成系统时可直接选用。接口电路一般为模块式，便于维修更换。有的 PLC 的输入、输出模块可带电插拔，实现不停机维修，大大缩短了故障修复时间。

(5) 体积小、重量轻、功耗低

由于 PLC 采用半导体大规模集成电路，因此整个产品结构紧凑，体积小、重量轻、功耗低，以三菱公司生产的 FX2N-24M 为例，其外形尺寸仅为 130mm×90mm×87mm，重量只有 600g，功耗小于 50W。所以 PLC 很容易装入机械设备内部，是实现机电一体化理想的控制设备。

1.1.4 可编程控制器的分类

(1) 按容量分

大致可分为“小”、“中”、“大”三种类型。

① 小型 PLC。

I/O 点总数一般小于或等于 256 点。其特点是体积小、结构紧凑，整个硬件融为一体，除了开关量 I/O 以外，还可以连接模拟量 I/O 以及其他各种特殊功能模块。它能执行包括逻辑运算、计时、计数、算术运算、数据处理和传送、通讯联网以及各种应用指令。如 OMRON 的 C××P/H、CPM1A 系列、CPM2A 系列、CQM 系列，SIMENS 的 S7-200 系列。

② 中型 PLC。

I/O 点总数通常从 256 点至 2048 点，内存在 8K 以下，I/O 的处理方式除了采用一般 PLC 通用的扫描处理方式外，还能采用直接处理方式，即在扫描用户程序的过程中，直接读输入、刷新输出。它能连接各种特殊功能模块，通讯联网功能更强，指令系统更丰富，内存容量更大，扫描速度更快。如 OMRON 的 C200P/H，SIMENS 的 S7-300 系列。

③ 大型 PLC。

一般 I/O 点数在 2048 点以上的称为大型 PLC。大型 PLC 的软、硬件功能极强。具有极强的自诊断功能。通信联网功能强，有各种通讯联网的模块，可以构成三级通讯网，实现工厂生产管理自动化。如 OMRON 的 C500P/H、C1000P/H，SIMENS 的 S7-400 系列。

(2) 按硬件结构分

按结构分可将 PLC 分为整体式 PLC、模块式 PLC、叠装式 PLC 三类。

① 整体式 PLC。

它是将 PLC 各组成部分集装在一个机壳内，输入、输出接线端子及电源进线分别在机箱的上、下两侧，并有相应的发光二极管显示输入/输出状态。面板上留有编程器的插座、EPROM 存储器插座、扩展单元的接口插座等。编程器和主机是分离的，程序编写完毕后即可拔下编程器。

具有这种结构的可编程控制器结构紧凑、体积小、价格低。小型 PLC 一般采用整体式结构。如图 1-1 所示的三菱 FX_{2N} 系列 PLC 外形图。

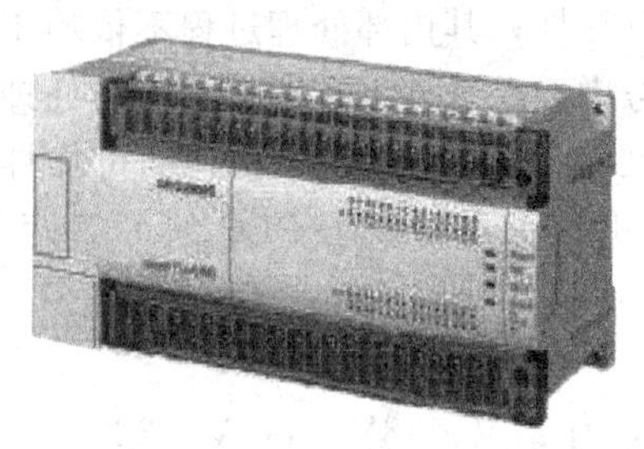

图 1-1 FX_{2N}系列 PLC 外形图

图 1-2 MELSEC-Q 系列 PLC 的外形图

② 模块式 PLC。

输入/输出点数较多的大、中型和部分小型 PLC 采用模块式结构。

模块式 PLC 采用积木搭接的方式组成系统，便于扩展，其 CPU、输入、输出、电源等都是独立的模块，有的 PLC 的电源包含在 CPU 模块之中。PLC 由框架和各模块组成，各模块插在相应插槽上，通过总线连接。PLC 厂家备有不同槽数的框架供用户选用。用户可以选用不同档次的 CPU 模块、品种繁多的 I/O 模块和其他特殊模块，硬件配置灵活，维修时更换模块也很方便。采用这种结构形式的有 SIEMENS 的 S5 系列、S7-300、400 系列，OMRON 的 C500、C1000H 及 C2000H 等以及小型 CQM 系列。图 1-2 所示为三菱 MELSEC-Q 系列 PLC 的外形图。

③ 叠装式 PLC。

上述两种结构各有特色，整体式 PLC 结构紧凑、安装方便、体积小，易于与被控设备组成一体，但有时系统所配置的输入输出点不能被充分利用，且不同 PLC 的尺寸大小不一致，不易安装整齐；模块式 PLC 点数配置灵活，但是尺寸较大，很难与小型设备连成一体。为此开发了叠装式 PLC，它吸收了整体式和模块式 PLC 的优点，其基本单元、扩展单元等高等宽，它们不用基板，仅用扁平电缆连接，紧密拼装后组成一个整齐的体积小巧的长方体，而且输入、输出点数的配置也相当灵活。带扩展功能的 PLC，扩展后的结构即为叠装式 PLC，如图 1-3 所示的三菱公司 FX_{2N}系列 PLC 外形图。

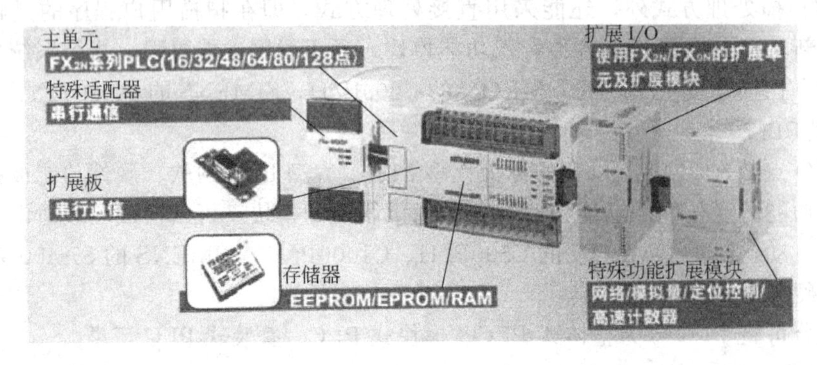

图 1-3 带扩展单元的 FX_{2N}系列 PLC 的外形图

1.1.5 可编程控制器的应用

PLC 作为自动化领域重要的控制设备，应用非常广泛。其用途大致可以归纳为以下几个方面。

(1) 开关量的逻辑控制

这是 PLC 最基本、最广泛的应用领域。PLC 具有“与”、“或”、“非”等逻辑指令，可以实现触点和电路的串、并联，代替继电器进行组合逻辑控制、定时控制与顺序逻辑控制，可用于单机控制、多机群控、自动化生产线的控制等。例如注塑机、印刷机、电梯的控制、饮料灌装生产流水线、汽车、化工、造纸、轧钢自动生产线的控制等。

(2) 模拟量控制

在工业控制过程中，有许多连续变化的量，如温度、压力、流量、液位和速度等都是模拟量。为了使PLC处理模拟量，必须实现模拟量和数字量之间的A/D转换及D/A转换。PLC制造厂商都有配套的A/D和D/A模块，使PLC可以很方便地用于模拟量控制。

(3) 运动控制

PLC可以用于圆周运动或直线运动的控制。早期直接用开关量I/O模块连接位置传感器和执行机构，现在一般使用专用的运动控制模块，如可驱动步进电机或伺服电机的单轴或多轴位置控制模块。世界上各主要PLC厂家的产品几乎都有运动控制功能，广泛地应用于各种机械、机床、机器人、电梯等场合。

(4) 过程控制

过程控制是指对温度、压力、流量等连续变化的模拟量的闭环控制。PID控制功能是一般闭环控制系统中用得较多的调节方法。目前的大中型PLC都有PID模块，许多小型PLC也具有PID功能。PID控制功能一般是运行专用的PID子程序。过程控制在钢铁冶金、精细化工、锅炉控制、热处理等场合有非常广泛的应用。

(5) 数据处理

现代的PLC具有数学运算（包括四则运算、矩阵运算、函数运算、字逻辑运算以及求反、循环、移位、浮点数运算）、数据传送、转换、排序和查表、位操作等功能，可以完成数据的采集、分析及处理。这些数据可以与储存在存储器中的参考值比较，完成一定的控制操作，也可以利用通信功能传送到别的智能装置，或将它们打印制表。数据处理通常用于大、中型控制系统，如柔性制造系统、机器人的控制系统。

(6) 通信联网

PLC的通信包括主机与远程I/O之间的通信、多台PLC之间的通信、PLC和其他智能控制设备（如计算机、变频器、数控装置）之间的通信。PLC与其他智能控制设备一起，可以组成“集中管理、分散控制”的分布式控制系统，以满足工厂自动化系统发展的需要。各PLC或远程I/O按功能各自放置在生产现场分散控制，然后采用网络连接构成集中管理信息的分布式网络系统。

【任务1.2】 学习PLC的结构和工作原理

1.2.1 可编程控制器的结构

PLC实质上是一种专门用于工业控制的通用计算机，虽然各国生产的PLC外形各异，但其控制系统硬件结构基本相同。PLC主要由CPU与存储器模块、输入模块、输出模块和编程器组成，如图1-4。PLC的特殊功能模块用来完成某些特殊的任务。

(1) CPU

在PLC控制系统中，CPU相当于一个人的大脑和心脏，它不断地采集输入信号，执行用户程序，刷新系统的输出，负责PLC系统协调一致的工作。

(2) 存储器模块

PLC的存储器分为系统程序存储器和用户程序存储器。系统程序相当于个人计算机的

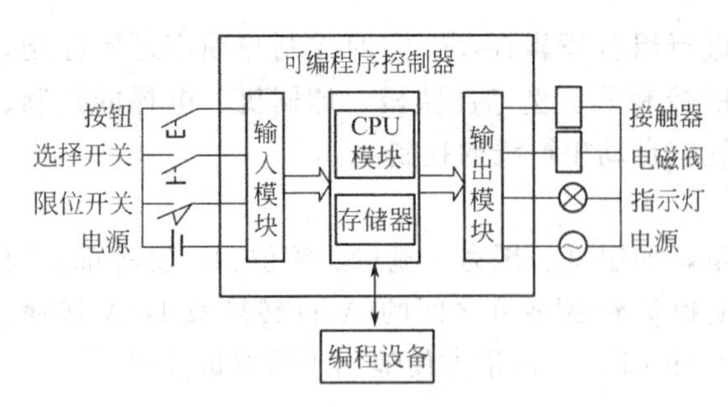

图 1-4 PLC控制系统结构框图

操作系统，它使PLC具有基本的智能，能够完成PLC设计者规定的各种工作。系统程序由PLC生产厂家设计并固化在ROM，用户不能直接读取。用户程序由用户设计，它决定了PLC的输入信号与输出信号之间的具体关系。

PLC常用存储器有以下几种。

① 随机存取存储器（RAM） 用户可以用编程器读出RAM中的内容，也可以将用户程序写入RAM，因此RAM又叫读/写存储器。它是一种易失性存储器，电源断开后，储存的信息会丢失。RAM的工作速度高，价格低，改写方便。为了在关断PLC外部电源后，保存RAM中的用户程序和某些数据，为RAM配备了一个锂电池。目前部分PLC仍用RAM来储存用户程序。锂电池可用2～5年，使用寿命与环境温度有关。需要更换锂电池时，PLC面板上的“电池电压过低”发光二极管亮，同时有一个内部标志位M8005变为1状态，可以用它的常开触点来接通控制屏面板上的指示灯或声光报警器，通知用户及时更换锂电池。

② 只读存储器（ROM） ROM中的内容只能读出，不能写入。它是一种非易失性存储器，电源消失后，仍能保存储存的内容。ROM一般用来存放PLC的系统程序。

③ 可电擦除的EEPROM（EEPROM或E^2PROM） 它和ROM一样也是非易失性的，但可以用编程器对它编程，兼有ROM的非易失性和RAM的随机存取优点。在对它写入信息时，所需的时间比RAM长得多，EEPROM用来存放用户程序。

（3）I/O模块

输入（Input）模块和输出（Output）模块简称为I/O模块，它们是系统的眼、耳、手、脚，是联系外部现场设备和CPU模块的桥梁，起着PLC和外围设备之间传递信息的作用。输入模块用来接收和采集输入信号，开关量输入模块用来接收从按钮、选择开关、数字拔码开关、限位开关、接近开关、光电开关、压力继电器等送来的开关量输入信号；模拟量输入模块用来接收电位器、测速发电机和各种变送器提供的连续变化的模拟量电流电压信号。开关量输出模块用来控制接触器、电磁阀、电磁铁、指示灯、数字显示装置和报警装置等输出设备，模拟量输出模块用来控制调节阀、变频器等执行装置。

CPU模块的工作电压一般是5V，而PLC的输入/输出信号电压较高，例如DC24V和AC220V。从外部引入的尖峰电压和干扰噪声可能会损坏CPU模块中的元器件，或使PLC不能正常工作。在I/O模块中，用光耦合器、光敏晶闸管、小型继电器等器件来隔离PLC的内部电路和外部的I/O电路。I/O模块除了传递信号外，还有电平转换与隔离的作用。

（4）编程设备

编程设备可以是专用的手持编程器，或者是安装了编程软件的计算机，它们用来生成、编辑、检查和修改用户程序，还可以用来监视用户程序的执行情况。手持编程器不能直接输入和编辑梯形图，只能输入和编辑指令表程序，因此又叫做指令编程器。它的体积小，价格便宜，一般用来给小型PLC编程，或者用于现场调试和维护。

现在的趋势是用计算机和编程软件来取代手持编程器。使用编程软件可以在计算机的屏幕上直接生成和编辑梯形图和指令表程序，可以实现不同编程语言的相互转换。程序被编译后下载到PLC，也可以将PLC中的程序上传到计算机。程序可以存盘或打印，通过网络，还可以实现远程编程和传送。

(5) 电源

PLC 一般使用 AC220V 或 DC24V 电源。内部的开关电源为各模块提供 DC5V、DC±12V 和 DC24 等电源。小型 PLC 可以为输入电路和外部的电子传感器提供 DC24V 电源，驱动 PLC 负载的直流电源一般由用户提供。此外，PLC 还为掉电保护电路提供了后备电池。

除了上面介绍的几个主要部分外，PLC 上还常常配有连接各种外围设备的接口，并均留有插座，可通过电缆方便地配接诸如串行通信模块、EPROM 写入器、打印机、录音机等。

1.2.2　可编程控制器的工作原理

PLC 有两种基本的工作模式，即运行（RUN）模式与停止（STOP）模式。在运行模式时，PLC 通过反复执行用户程序来实现控制功能。为了使 PLC 的输出及时地响应随时可能变化的输入信号，用户程序不是只执行一次，而是不断地重复执行，直至 PLC 停机或切换到 STOP 模式。PLC 重复执行用户程序都是以循环扫描方式完成的。

(1) 扫描的概念

所谓扫描，就是 CPU 依次对各种规定的操作项目进行访问和处理。PLC 运行时，用户程序中有许多操作需要执行，但 CPU 每一时刻只能执行一个操作而不能同时执行多个操作。因此，CPU 只能按程序规定的顺序依次执行各个操作，这种需要处理多个作业时依次按顺序处理的工作方式称为扫描工作方式。

扫描是周而复始、不断循环的，每扫描一个循环所用的时间称为扫描周期。

循环扫描工作方式是 PLC 的基本工作方式。具有简单直观、方便用户程序设计，先扫描的指令执行结果马上可被后面扫描的指令利用，可通过 CPU 设置定时器监视每次扫描时间是否超过规定，避免进入死循环等优点，为 PLC 的可靠运行提供了保证。

(2) 可编程控制器的工作过程

PLC 的工作过程基本上就是用户程序的执行过程，它是在系统软件的控制下，依次扫描各输入点状态（输入采样），按用户程序解算控制逻辑（程序执行），然后顺序向各输出点发出相应的控制信号（输出刷新）。除此之外，为提高工作可靠性和及时接收外部控制命令，每个扫描周期还要进行故障自诊断（自诊断），处理与编程器、计算机的通信请求（与外设通信）。PLC 的扫描工作过程如图 1-5 所示。

① 自诊断　PLC 每次扫描用户程序前，对 CPU、存储器、I/O 模块等进行故障诊断，发现故障或异常情况则转入处理程序，保留现行工作状态，关闭全部输出，停机并显示出错误信息。

② 与外设通信　在自诊断正常后，PLC 对编程器、上位机等通信接口进行扫描，如有请求便响应处理。以与上位机通信为例，PLC 将接收上位机发来的指令并进行相应操作，如把现场的 I/O 状态、PLC 的内部工作状态、各种数据参数发送给上位机，以及执行启动、停机、修改参数等命令。

③ 输入采样　完成前两步工作后，PLC 扫描各输入点，将各点状态和数据（开关的通/断、A/D 转

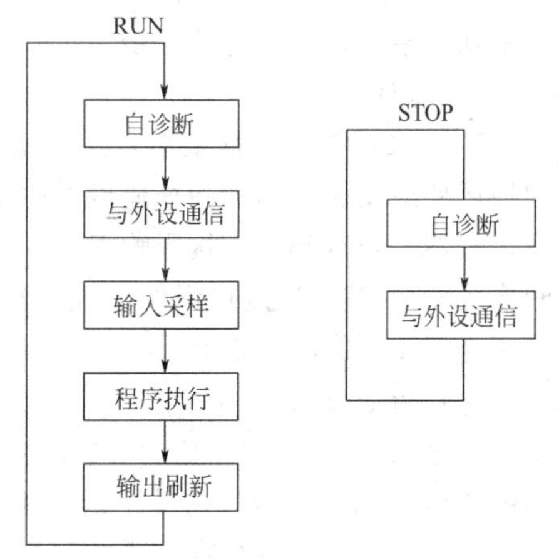

图 1-5　PLC 的扫描工作过程

换值、BCD码数据等）读入到寄存输入状态的输入映像寄存器中存储，这个过程称为采样。在一个扫描周期内，即使外部输入状态已发生改变，输入映像寄存器中的内容也不改变。

④ 程序执行　PLC从用户程序存储器的最低地址（0000H）开始顺序扫描（无跳转情况），并分别从输入映像寄存器和输出映像寄存器中获得所需的数据进行运算、处理，再将程序执行的结果写入输出映像寄存器中保存，但这个结果在全部程序执行完毕之前不会送到输出端口上。

⑤ 输出刷新　在执行完用户所有程序后，PLC将输出映像寄存器中的内容送到寄存输出状态的输出锁存器中，再去驱动用户设备，称为输出刷新。

PLC重复执行上述五个步骤，按循环扫描方式工作，实现对生产过程和设备的连续控制。直至接收到停止命令、停电、出现故障等才停止工作。

设上述五步操作所需时间分别为T_1、T_2、…、T_5，则PLC的扫描周期为五步操作时间之和，用T表示

$$T=T_1+T_2+T_3+T_4+T_5$$

不同型号的PLC，各步工作时间不同，根据使用说明书提供的数据和具体的应用程序可计算出扫描时间。

总之，采用循环扫描的工作方式，是PLC区别于微机和其他控制设备的最大特点，使用者对此应给予足够的重视。

1.2.3　可编程控制器的主要技术性能指标

PLC的种类很多，用户可以根据控制系统的具体要求选择不同技术性能指标的PLC。PLC的技术性能指标主要有以下几个方面。

（1）输入/输出点数

如前所述，输入/输出点数指的是外部输入、输出端子数量的总和，又称为主机的开关量输入/输出点数，它是描述可编程控制器大小的一个重要参数。

（2）存储容量

PLC的存储器由系统程序存储器、用户程序存储器和数据存储器三部分组成。PLC存储容量通常指用户程序存储器和数据存储器容量之和，表征系统提供给用户的可用资源，是系统性能的一项重要技术指标。通常用K字（KW）、K字节（KB）或K位来表示，其中1K＝1024，也有的PLC直接用所能存放的程序量表示。在一些文献中称PLC存放程序的地址单位为“步”，每一步占用两个字，一条基本指令一般为一步。功能复杂的基本指令，特别是功能指令，往往有若干步。

（3）扫描速度

PLC采用循环扫描工作方式，完成一次扫描所需要的时间叫做扫描周期，扫描速度与扫描周期成反比。影响扫描速度的主要因素有用户程序长度和PLC的类型，其中PLC的类型、机器字长等都会直接影响PLC的运算精度和运行速度。通常用执行1000步指令所需时间作为衡量PLC速度快慢的一项指标，称为扫描速度，单位为“ms/k”。有时也用执行一步指令所需要的时间来表示，单位为“μs/步”。

（4）指令条数

这是衡量PLC软件功能强弱的主要指标。PLC具有的指令种类越多，说明其软件功能越强。PLC指令一般分为基本指令和高级指令两部分。

（5）内部继电器和寄存器

PLC内部有许多继电器和寄存器，用以存放变量状态、中间结果、数据等，还有许多

具有特殊功能的辅助继电器和寄存器，如定时器、计数器、系统寄存器、索引寄存器等。用户通过使用它们，可简化整个系统的设计。因此内部继电器、寄存器的配置情况是衡量PLC硬件功能的一个指标。

（6）编程语言及编程手段

编程语言一般分为梯形图、助记符语句表、控制系统流程图等几类，不同厂家的PLC编程语言类型有所不同，语句也各异。编程手段主要是指用何种编程设备，编程设备一般分为手持编程器和带有相应编程软件的计算机两种。

（7）可扩展性

小型PLC的基本单元（主机）多为开关量I/O接口，各厂家在PLC基本单元的基础上大力发展模拟量处理、高速处理、温度控制、通信等智能扩展模块。智能扩展模块的多少及性能也已成为衡量PLC产品水平的标志。

另外，PLC的可靠性、易操作性、外形尺寸、保护等级、适用温度、相对湿度、大气压等性能指标也较受用户的关注。

1.2.4 可编程控制器的编程语言

PLC是一种工业控制计算机，不光有硬件，软件也必不可少。PLC的编程语言目前主要有以下几种：梯形图编程语言、助记符语言、顺序功能图编程语言、功能块图编程语言和某些高级语言等。

（1）梯形图编程语言

该语言习惯上叫梯形图。梯形图在形式上沿袭了传统的继电器控制电路形式，或者说，梯形图编程语言是在电气控制系统中常用的继电器、接触器逻辑控制基础上简化了符号演变而来的，它形象、直观、实用，电气技术人员容易接受，是目前用得最多的一种PLC编程语言。梯形图的画法如图1-6所示。

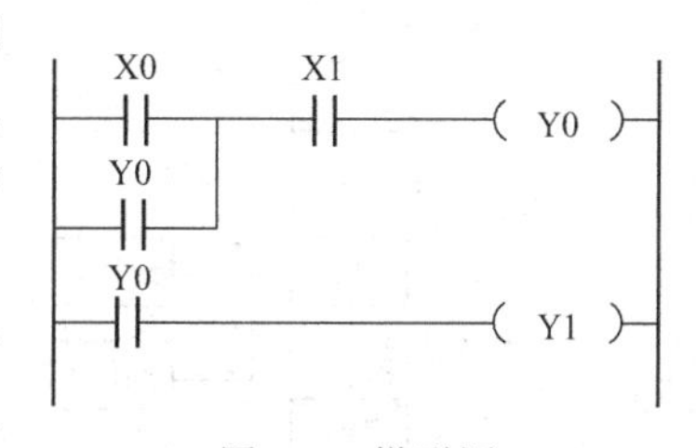

图1-6 梯形图

梯形图中的输入触点只有两种：常开触点（┤├）和常闭触点（┤/├），这些触点可以是PLC的外接开关对应的内部映像触点，也可以是PLC内部继电器触点，或内部定时、计数器的触点。每一个触点都有自己特殊的编号，以示区别。同一编号的触点可以有常开和常闭两种状态，使用次数不限。因为梯形图中使用的“继电器”对应PLC内的存储区某字节或某位，所用的触点对应于该位的状态，可以反复读取。PLC有无数个常开和常闭触点，梯形图中的触点可以任意的串联、并联。

梯形图的格式要求如下。

① 梯形图按行从上至下编写，每一行从左往右顺序编写。PLC程序执行顺序与梯形图的编写顺序一致。

② 图左、右两边垂直线称为起始母线、终止母线。每一逻辑行必须从起始母线开始画起，终止于继电器线圈或终止母线，PLC终止母线也可以省略。

③ 梯形图的起始母线与线圈之间一定要有触点，而线圈与终止母线之间则不能有任何触点。

（2）助记符语言

助记符语言又称指令语句表达式语言，它常用一些助记符来表示PLC的某种操作。它类似微机中的汇编语言，但比汇编语言更直观易懂。用助记符语言编写的程序较难阅读，其中逻辑关系很难一眼看出，所以在设计时一般使用梯形图语言。如果使用手持编程器，必须将梯形图转换成助记符语言后再写入PLC。下面以三菱公司FX系列的指令语句来说明。

LD　X0　逻辑行开始，输入X0常开接点
OR　Y0　并联Y0的自保接点
AND　X1　串联X1的常开接点
OUT　Y0　输出Y0逻辑行结束
LD　Y0　输入Y0常开接点逻辑行开始
OUT　Y1　输出Y1逻辑行结束

指令语句表是由若干条语句组成的程序。语句是程序的最小独立单元。每个操作系统由一条或几条语句执行。PLC的语句表达形式与一般微机编程语言的语句表达式相类似，也是由操作码和操作数两部分组成。操作码用助记符表示（如LD表示取、AND表示与等），用来说明要执行的功能。操作数一般由标识符和参数组成。标识符表示操作数的类型，例如表明是输入继电器、输出继电器、定时器、计数器、数据寄存器等。参数表明操作数的地址或一个预先设定值。

（3）顺序功能图编程语言

顺序功能图（SFC）常用来编制顺序控制程序，它主要由步、有向连线、转换、转换条件和动作（或命令）组成。顺序功能图法可以将一个复杂的控制过程分解为一些小的工作状态。对于这些小状态的功能依次处理后再把这些小状态依一定顺序控制要求连接成组合整体的控制程序。图1-7所示为采用顺序功能图编制的程序段。

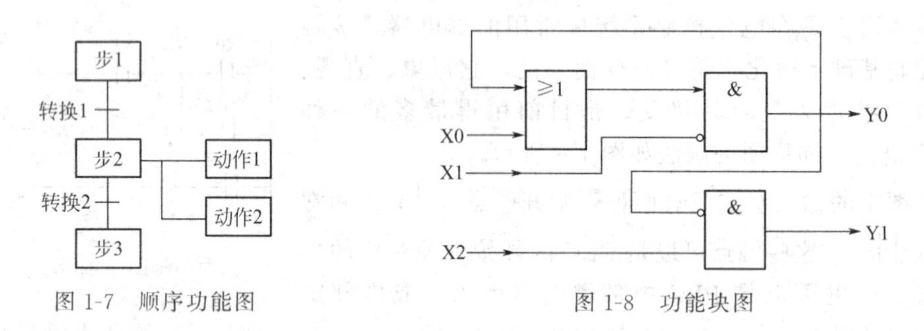

图1-7　顺序功能图　　　　图1-8　功能块图

（4）功能块图编程语言

功能块图是一种类似于数字逻辑电路的编程语言，用类似与门、或门的方框来表示逻辑运算关系，方块左侧为逻辑运算的输入变量，右侧为输出变量，输入端、输出端的小圆点表示“非”运算，信号自左向右流动。类似于电路一样，方框被“导线”连接在一起。国内很少有人使用功能块图编程语言。图1-8所示为功能块图示例。

【任务1.3】　认识三菱FX_{2N}可编程控制器

1.3.1　三菱PLC系列

三菱公司是日本生产PLC的主要厂家之一。先后生产的产品有F、F_1、F_2、FX_{2C}、FX_{2N}、FX_{2NC}等系列，其中F系列已经停产，而FX_{2N}型PLC是三菱公司的典型产品，属于高性能小型机，系统最大I/O点数为128点，配置扩展单元后可以达到256点。FX_2系列PLC在中国应用比较广泛。另外，三菱公司还生产A系列PLC，它属于中大型PLC。本书主要介绍的是日本三菱公司的FX_{2N}系列PLC。

1.3.2　三菱 FX 系列 PLC

（1）FX 系列 PLC 型号名称的含义

在 PLC 的正面，一般都有表示该 PLC 型号的文字符号，通过阅读该符号即可以获得该 PLC 的基本信息。FX 系列 PLC 的型号名称的含义和基本格式如下。

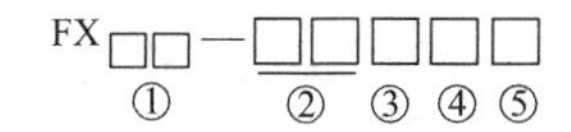

① 子系列名称，例如 1S、1N、2N 等。

② 输入输出的总点数。

③ 单元类型：M 为基本单元，E 为输入、输出混合扩展单元与扩展模块，EX 为输入专用模块，EY 为输出专用扩展模块。

④ 输出形式：R 为继电器输出，T 为晶体管输出，S 为双向晶闸管输出。

⑤ 电源和输入、输出类型等特性：无标记为 DC 输入，AC 电源；D 为 DC 输入，DC 电源；UA1/UL 为 AC 输入，AC 电源。

例如：FX_{2N}-48MRD 含义为 FX_{2N}系列，输入输出总点数为 48 点，继电器输出，DC 电源，DC 输入的基本单元。

FX 还有一些特殊的功能模块，如模拟量输入输出模块、通信接口模块及外围设备等，使用时可以参照 FX 系列 PLC 产品手册。

（2）FX_{2N}系列可编程控制器的基本构成

FX_{2N}是 FX 系列中功能最强、速度最高的微型可编程控制器。它的基本指令执行时间高达 0.08μs，远远超过了很多大型可编程控制器。用户存储器容量可扩展到 16K 步，最大可以扩展到 256 个 I/O 点，有 5 种模拟量输入/输出模块、高速计数器模块、脉冲输出模块、4 种位置控制模块、多种 RS-232C/RS-422/RS-485 串行通信模块或功能扩展板，以及模拟定时器功能扩展板。使用特殊功能模块和功能扩展板，可以实现模拟量控制、位置控制和联网通信等功能，见表 1-1～表 1-3。

表 1-1　FX_{2N}系列扩展单元

型　号			输入点数	输出点数	扩展模块可用点数
继电器输出	可控硅输出	晶体管输出			
FX_{2N}-32ER	FX_{2N}-32ES	FX_{2N}-32ET	16	16	24～32
FX_{2N}-48ER	—	FX_{2N}-48ET	24	24	48～64

表 1-2　FX_{2N}系列基本单元

型　号			输入点数	输出点数	扩展模块可用点数
继电器输出	可控硅输出	晶体管输出			
FX_{2N}-16MR-001	FX_{2N}-16MS	FX_{2N}-16MT	8	8	24～32
FX_{2N}-32MR-001	FX_{2N}-32MS	FX_{2N}-32MT	16	16	24～32
FX_{2N}-48MR-001	FX_{2N}-48MS	FX_{2N}-48MT	24	24	48～64
FX_{2N}-64MR-001	FX_{2N}-64MS	FX_{2N}-64MT	32	32	48～64
FX_{2N}-80MR-001	FX_{2N}-80MS	FX_{2N}-80MT	40	40	48～64
FX_{2N}-128MR-001	—	FX_{2N}-128MT	64	64	48～64

表 1-3 FX_{2N}系列扩展模块

型号				输入点数	输出点数
输入	继电器输出	可控硅输出	晶体管输出		
FX_{2N}-16EX	—	—	—	16	—
FX_{2N}-16EX-C	—	—	—	16	—
FX_{2N}-16EX L-C	—	—	—	16	—
—	FX_{2N}-16EYR	FX_{2N}-16EYS	—	—	16
—	—	—	FX_{2N}-16EYT	—	16
—	—	—	FX_{2N}-16EYT-C	—	16

FX_{2N}有3000多点辅助继电器、1000点状态继电器、200多点定时器、200点16位加计数器、35点32位加/减计数器、8000多点16位数据寄存器、128点跳步指针、15点中断指针，这些编程元件对于一般的系统是绰绰有余的。

FX_{2N}有128种功能指令，具有中断输入处理、修改输入滤波器时间常数、数学运算、逻辑运算、浮点数运算、数据检索、数据排序、PID运算、开方、三角函数运算、脉冲输出、脉宽调制、ASCII码输出、BCD与BIN的相互转换、串行数据传送、校验码、比较触点等功能指令。FX_{2N}内装实时钟，有时钟数据的比较、加减、读出/写入指令，可用于时间控制。

FX_{2N}还有矩阵输入、10键输入、数字开关、方向开关、7段显示器扫描显示、示教定时器等方便指令。

(3) FX_{2N}系列可编程控制器的外部结构

FX_{2N}系列PLC的硬件结构可以参考图1-3中带扩展模块的PLC，图中表示出主机如何扩展，通信接口位置等。

图1-9为FX_{2N}-64MR的主机外形图。其面板部件如图中注释。详细I/O端子编号见图1-10。采用继电器输出，输出侧左端4个点共用一个COM端，右边多输出点共用一个COM端。输出的COM比输入端要多，主要考虑负载电源种类较多，而输入电源的类型相对较少。对于晶体管输出的PLC其共用端子COM更多，使用时可参见相关的手册。

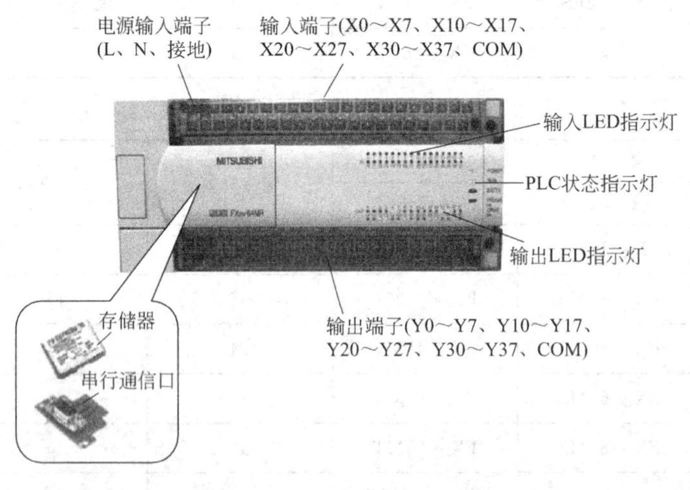

图1-9 FX_{2N}-64μR的主机外形图

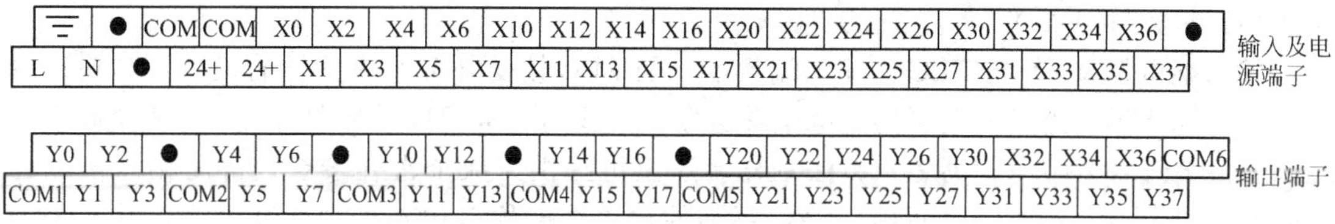

⏚	●	COM	COM	X0	X2	X4	X6	X10	X12	X14	X16	X20	X22	X24	X26	X30	X32	X34	X36	●	输入及电源端子
L	N	●	24+	24+	X1	X3	X5	X7	X11	X13	X15	X17	X21	X23	X25	X27	X31	X33	X35	X37	

Y0	Y2	●	Y4	Y6	●	Y10	Y12	●	Y14	Y16	●	Y20	Y22	Y24	Y26	Y30	Y32	Y34	Y36	COM6	输出端子
COM1	Y1	Y3	COM2	Y5	Y7	COM3	Y11	Y13	COM4	Y15	Y17	COM5	Y21	Y23	Y25	Y27	Y31	Y33	Y35	Y37	

图 1-10 FX_{2N}-64MR 接线端子图

1.3.3 FX_{2N}编程元件介绍

可编程控制器内部有许多具有不同功能的器件，实际上这些器件是由电子电路和存储器组成的。例如输入继电器 X 是由输入电路和映象输入接点的存储器组成的；输出继电器 Y 是由输出电路和映象输出接点的存储器组成的；定时器 T、计数器 C、辅助继电器 M、状态继电器 S、数据寄存器 D、变址寄存器 V/Z 等都是由存储器组成的。为了把它们和通常的硬件区分开来，通常把上面的器件称为虚拟的软元件，并非实际的物理器件。从工作过程看，我们只注重器件的功能，按器件的功能给出名称，例如输入继电器 X、输出继电器 Y 等。而每个器件都有确定的地址编号，这对编程十分重要。

需要指出的是，不同的厂家、甚至同一厂家的不同型号的可编程控制器编程元件的数量和种类都不一样，下面以 FX_{2N}小型可编程控制器为蓝本，介绍编程器件。表 1-4 为 FX_{2N}系列 PLC 软元件一览表。

表 1-4 FX_{2N}系列 PLC 软元件一览表

<table>
<tr><th>型号
元件</th><th>FX2N-16M</th><th>FX2N-32M</th><th>FX2N-48M</th><th>FX2N-64M</th><th>FX2N-80M</th><th>FX2N-128M</th><th>扩展时</th><th></th></tr>
<tr><td>输入继电器
X</td><td>X0～X7
8 点</td><td>X0～X017
16 点</td><td>X0～X27
24 点</td><td>X0～X37
32 点</td><td>X0～X47
40 点</td><td>X0～X77
64 点</td><td>X0～X267
184 点</td><td rowspan="2">合计
256 点</td></tr>
<tr><td>输出继电器
Y</td><td>Y0～Y7
8 点</td><td>Y0～Y17
16 点</td><td>Y0～Y27
24 点</td><td>Y0～Y37
32 点</td><td>Y0～Y47
40 点</td><td>Y0～Y77
64 点</td><td>Y0～Y267
184 点</td></tr>
<tr><td>辅助继电器
M</td><td colspan="2">【M0～M499】
500 点一般用</td><td colspan="2">【M500～M1023】
524 点保持用</td><td colspan="2">【M1024～M3071】
2048 点保持用</td><td colspan="2">【M8000～M8255】
256 特殊用</td></tr>
<tr><td>状态继电器
S</td><td colspan="3">【S0～S499】500 点一般用
初始化用 S0～S9;原点回归用 S10～S19</td><td colspan="2">【S500～S899】
400 点保持用</td><td colspan="3">【S900～S999】
100 点信号报警用</td></tr>
<tr><td>定时器
T</td><td colspan="2">T0～T199
500 点 100ms
子程序用
T192～T199</td><td colspan="2">【T200～T245】
46 点 10ms</td><td colspan="2">【T246～T249】
4 点 1ms 累积</td><td colspan="2">【T250～T255】
6 点
100ms 累积</td></tr>
<tr><td rowspan="2">计数器
C</td><td colspan="2">16 位增量计数器</td><td colspan="2">32 位可逆计数器</td><td colspan="4">32 位高速可逆计数器</td></tr>
<tr><td>【C0～C99】
100 点一般用</td><td>【C100～C199】
100 点保持用</td><td>【C200～C219】
20 点一般用</td><td>【C220～C234】
15 点保持用</td><td>【C235～C245】
1 相 1 输入</td><td>【C246～C250】
1 相 2 输入</td><td colspan="2">【C251～C255】
2 相输入</td></tr>
<tr><td>数据寄存器
D、V、Z</td><td>【D0～D199】
200 点一般用</td><td>【D200～D511】
312 点保持用</td><td colspan="2">【D512～D7999】
7488 点保持用
D1000 后可以设定
做文件寄存器使用</td><td colspan="2">【D8000～D8195】
256 点特殊用</td><td colspan="2">【V7～V0】
【Z7～Z0】
16 点变址用</td></tr>
<tr><td>嵌套
指针</td><td>N0～N7
8 点主控用</td><td>P0～P127
128 点跳跃、子程序用、分支式指针</td><td colspan="2">I00 * ～I50 *
6 点
输入中断用指针</td><td colspan="2">I6 * ～I8 *
3 点
定时器中断用指针</td><td colspan="2">I010～I060
6 点
计数器中断用指针</td></tr>
<tr><td>常数 K</td><td colspan="4">16 位：－32768～＋32767</td><td colspan="4">32 位：－2147483648～＋2147483647</td></tr>
<tr><td>常数 H</td><td colspan="4">16 位：0～FFFFH</td><td colspan="4">32 位：0～FFFFFFFH</td></tr>
</table>

注：* 为 0 表示下降沿中断；* 为 1 表示上升沿中断。

(1) 输入继电器X

输入继电器（X）与PLC的输入端相连，是PLC接受外部开关信号的接口。与输入端子连接的输入继电器是光电隔离的电子继电器，其线圈、常开接点、常闭接点与传统硬继电器表示方法一样。这里可提供无数个常开接点、常闭接点供编程时使用。FX_{2N}系列的输入继电器采用八进制地址编号，其编号为X0～X7、X10～X17、…、X260～X267。FX_{2N}系列PLC带扩展时，输入继电器最多可达184点。图1-11中常开触点X1即是输入继电器应用的例子。

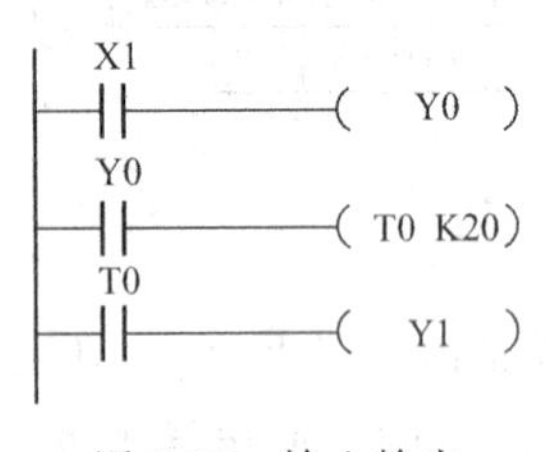

图1-11 输入输出继电器的应用

编程时应注意，输入继电器只能由外部信号驱动，而不能在程序内部用指令驱动，其接点也不能直接输出带动负载。

(2) 输出继电器Y

输出继电器（Y）是PLC中专门用来将运算结果经输出接口电路及输出端子送达并控制外部负载的虚拟继电器。它在PLC内部直接与输出接口电路相连，它有无数个常开触点与常闭触点，这些常开与常闭触点可在PLC编程时随意使用。外部信号无法直接驱动输出继电器，它只能在程序内部由指令驱动。FX系列PLC的输出继电器采用八进制编号。FX_{2N}系列PLC带扩展时，输出继电器最多可达184点，其编号为Y0～Y267。图1-11中Y0即是输出继电器应用的例子，X1是输出继电器Y0的工作条件。

(3) 辅助继电器M

PLC内有很多辅助继电器，和输出继电器一样，只能由程序驱动。每个辅助继电器也有无数对常开和常闭触点供编程使用，其作用相当于继电器控制线路中的中间继电器。辅助继电器的接点在PLC内部编程时可以任意使用，次数不限。但是，这些触点不能直接驱动外部负载，外部负载的驱动必须由输出继电器执行。在逻辑运算中经常需要一些中间继电器作为辅助运算用。这些元件不直接对外输入、输出，但经常用作状态暂存、移位运算等。它的数量比软元件X、Y多。内部辅助继电器中还有一类特殊辅助继电器，它有各种特殊功能，如定时时钟、进/借位标志、启动/停止、单步运行、通信状态、出错标志等。FX_{2N}系列PLC的辅助继电器按照其功能分成以下三类。

① 通用辅助继电器M0～M499（500点） 通用辅助继电器元件是按十进制进行编号，FX_{2N}系列PLC有500点，其编号为M0～M499。图1-12中X1和X2并列为辅助继电器M1的工作条件，Y10为辅助继电器M1和M2串联的工作对象。

② 断电保持辅助继电器M500～M1023（524点） PLC在运行中发生停电，输出继电器和通用辅助继电器全部成断开状态。再运行时，除去PLC运行时被外部输入信号接通的以外，其他都断开。但是，根据不同控制对象要求，有些控制对象需要保持停电前的状态，并能在再运行时再现停电前的状态情形，断电保持辅助继电器就是用于此种场合，停电保持由PLC内装的后备电池支持。FX_{2N}系列PLC除了524个断电保持辅助继电器外，还有M1024～M3071共2048个断电保持专用辅助继电器，它与断电保持用辅助继电器的区别在于，断电保持用辅助继电器可用参数设定，是可变更非断电保持区域，而断电保持专用辅助继电器关于断电保持的特性无法用参数来改变。

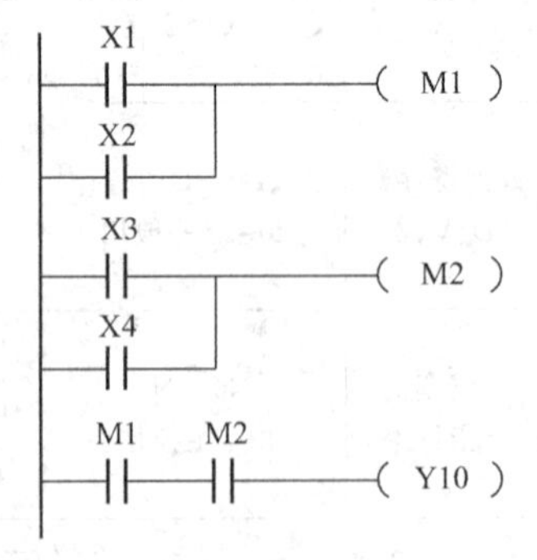

图1-12 通用辅助继电器的应用

③ 特殊辅助继电器M8000～M8255（256点） 这些特殊

辅助继电器各自具有特殊的功能，通常分成两大类。一类是用户只能利用其触点，其线圈由PLC自动驱动。例如：M8000（运行监视）、M8002（初始脉冲）、M8012（100ms时钟脉冲）、M8013（1s时钟脉冲）。另一类是可驱动线圈型的特殊辅助继电器，用户驱动其线圈后，PLC做特定的动作。例如，M8030为锂电池电压指示灯特殊辅助继电器，当锂电池电压跌落时，M8030动作，指示灯亮，提醒PLC维修人员赶快调换锂电池。M8033指PLC停止时输出保持，M8034是指禁止全部输出，M8039是指定时扫描。

（4）内部状态继电器S

内部状态继电器（S）是PLC在顺序控制系统中实现控制的重要元件。它与后面介绍的步进顺序控制指令STL配合使用，运用顺序功能图编制高效易懂的程序。状态继电器与辅助继电器一样，有无数个常开触点和常闭触点，在顺序控制程序内可任意使用。通常状态继电器软元件有下面五种类型，其编号及点数如下。

① 初始状态继电器：S0～S9（10点）。

② 回零状态继电器：S10～S19（10点）。

③ 通用状态继电器：S20～S499（480点）。

④ 保持状态继电器：S500～S899（400点）。

⑤ 报警状态继电器：S900～S999（100点）。

不用步进梯形指令时，内部状态继电器S可作为辅助继电器M在程序中使用。

（5）内部定时器T

内部定时器（T）在PLC中相当于一个时间继电器，它有一个设定值寄存器（一个字长）、一个当前值寄存器（一个字长）以及无数个触点（一个位）。对于每一个定时器，这三个量使用同一个名称，但使用场合不一样，其所指意义也不一样。通常在一个可编程控制器中有几十个至数百个定时器，可用于定时操作。

常数K可以作为定时器的设定值，也可以用数据寄存器（D）的内容来设置定时器。

① 通用定时器　表1-5为各系列的定时器个数和元件编号。100ms定时器的定时范围为0.1～3276.7s，10ms定时器的定时范围为0.01～327.67s，1ms定时器的定时范围为0.001～32.767s。

表1-5　各系列的定时器个数和元件编号

PLC	FX_{1S}	FX_{1N},FX_{2N}/FX_{2NC}
100ms定时器	63点,T0～T62	200点,T0～T199
10ms定时器	31点,T32～T62	46点,T200～T245
1ms定时器	1点,T63	—
1ms积算定时器	—	4点,T246～T249
100ms积算定时器	—	6点,T250～T255

图1-13(a)为通用定时器在梯形图中使用的情况。当X1的常开触点接通时，T10的当前值计数器从零开始，对100ms时钟脉冲进行累加计数。当前值等于设定值20时，定时器的常开触点接通，常闭触点断开，即T10的输出触点在其线圈被驱动100ms×20=2s后动作，Y10置1。X1的常开触点断开后，定时器被复位，它的常开触点断开，常闭触点接通，当前值恢复为零。

通用定时器没有保持功能，在输入电路断开或停电时被复位。

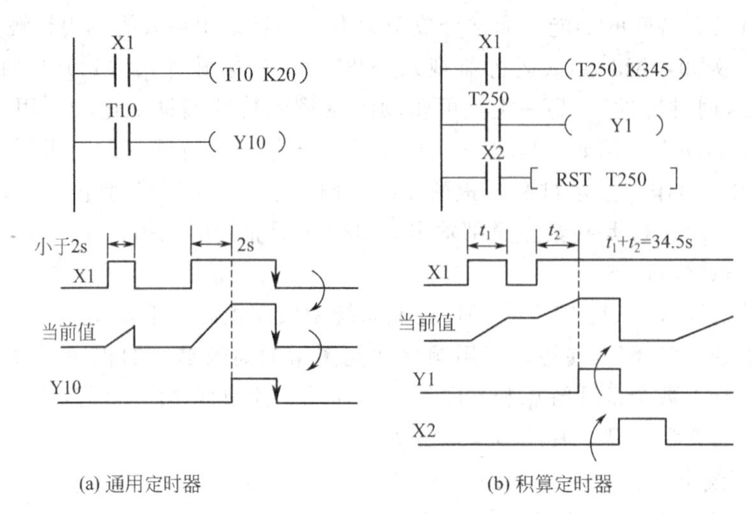

图 1-13　定时器的应用

② 积算定时器　100ms 积算定时器 T250～T255 的定时范围为 0.1～3276.7s。在图1-13(b) 中，当 X1 的常开触点接通时，T250 的当前值计数器对 100ms 时钟脉冲进行累加计数。X1 的常开触点断开或停电时停止定时，当前值保持不变。X1 的常开触点再次接通或重上电时继续定时，累计时间（t_1+t_2）为 100ms×345＝34.5s 时，T250 的触点动作，Y1 置 1。因为积算定时器的线圈断电时不会复位，需要用复位指令使 T250 强制复位。当 X2 接通执行“RST T250”指令时，T250 的当前值寄存器置 0，触点复位。

有关定时器的典型应用在项目 3 中进行详细介绍。

(6) 内部计数器 C

内部计数器（C）是 PLC 的重要部件，在程序中用作计数控制。它是在执行扫描操作时对内部元件 X、Y、M、S、T、C 的信号进行计数。当计数达到设定值时，计数器触点动作。计数器的常开、常闭触点同样可以无限制使用。计数器分为 16 位加计数器、32 位双向计数器和高速计数器。

16 位 2 进制加计数器，其设定值为 K1～K32767（10 进制常数）。如果切断可编程控制器的电源，则通用计数器的计数值被清除，而停电保持用的计数器可存储停电前的计数值，因此计数器可按上一次数值累计计数。32 位 2 进制加计数/减计数的设定值范围为－2147483648～＋2147483647（10 进制常数）。利用特殊的辅助继电器 M8200～M8234 确定加计数/减计数的方向。如果特殊辅助继电器接通时为减计数，否则为加计数。根据常数 K 或数据寄存器 D 的内容，设定值可正可负。若将连号的数据寄存器的内容视为一对，可作为 32 位的数据处理。因此，在指定 D0 时，D1 和 D0 两项作为 32 位设定值处理。FX_{2N} 系列 PLC 内有 21 个高速计数器，其地址号为 C235～C255。高速计数信号从 X0～X5 有 6 个端子输入，每一个端子只能作为一个高速计数器的输入，所以最多只能同时用 6 个高速计数器工作。PLC 内的 21 个高速计数器又分为 4 种类型，即 C235～C240 为 1 相无启动/复位端子高速计数器、C241～C245 为 1 相带启动/复位端子高速计数器、C246～C250 为 1 相双向输入高速计数器、C251～C255 为 2 相输入（A-B 型）高速计数器。有关计数器的应用，将在项目四中进行介绍，这里不再叙述。

(7) 数据寄存器 D

可编程控制器用于模拟量控制、位置控制、数据I/O时，需要许多数据寄存器存储参数及工作数据。这类寄存器的数量随着机型不同而不同。

每个数据寄存器都是16位，其中最高位为符号位，可以用两个数据寄存器合并起来存放32位数据（最高位为符号位）。

① 通用数据寄存器D0～D199　只要不写入数据，数据将不会变化，直到再次写入。这类寄存器内的数据，一旦PLC状态由运行（RUN）转成（STOP）时全部数据均清零。

② 停电保持数据寄存器D200～D7999　除非改写，否则数据不会变化。即使PLC状态变化或断电，数据仍可以保持。

③ 特殊数据寄存器D8000～D8255　这类数据寄存器用于监视PLC内各种元件的运行方式用，其内容在电源接通（ON）时，写入初始化值（全部清零，然后由系统ROM安排写入初始值）。

④ 文件寄存器D1000～D7999　文件寄存器实际上是一类专用数据寄存器，用于存储大量的数据，例如采集数据、统计计算器数据、多组控制参数等。其数量由CPU的监视软件决定。在PLC运行中，用BMOV指令可以将文件寄存器中的数据读到通用数据寄存器中，但不能用指令将数据写入文件寄存器。

（8）变址寄存器（V/Z）

变址寄存器除了和普通的数据寄存器有相同的使用方法外，还常用于修改器件的地址编号。V、Z都是16位的寄存器，可进行数据的读写。当进行32位操作时，将V、Z合并使用，指定Z为低位。

（9）内部指针（P/I）

内部指针是PLC在执行程序时用来改变执行流向的元件。它有分支指令专用指针P和中断用指针I两类。

① 分支指令专用指针P0～P63　分支指令用指针在应用时，要与相应的应用指令CJ、CALL、FEND、SRET及END配合使用，P63为结束跳转使用。

② 中断用指针I　中断用指针是应用指令IRET中断返回、EI开中断、DI关中断配合使用的指令。

（10）常数（K/H）

常数也作为器件对待，它在存储器中占有一定的空间，十进制常数用K表示，如18表示为K18；十六进制常数用H表示，如18表示为H12。

【任务1.4】　PLC编程语言操作训练

FXGPWIN编程软件可用于对FX_{0S}、FX_{0N}、FX_2和FX_{2N}系列三菱可编程控制器进行编程以及监控可编程控制器中各软元件的实时状态。

1.4.1　FXGPWIN编程软件的主要功能

① 可用梯形图、指令表、顺序功能图（SFC）符号来创建PLC的程序，并可将程序储存为文件，用打印机打印出来。

② 可给编程元件、程序块建立注释、设置寄存器数据。

③ 通过串行口，可将用户程序与PLC进行通信、文件传送，可实现各种监控和测试功能。

1.4.2 FXGPWIN编程软件的使用

1.4.2.1 系统的启动与退出

安装好软件后，会在桌面上自动生成FXGP _ WIN-C图标，用鼠标左键双击该图标即可打开该软件。执行菜单命令［文件］、［退出］可退出编程软件。

1.4.2.2 文件的管理

（1）创建新文件

选择［文件］-［新文件］菜单项，或者按［Ctrl］+［N］键，在PLC类型设置对话框中选择PLC类型，按确认按钮即可。

（2）打开已存的文件

从一个文件名列表中打开一个新的顺控程序以及诸如注释数据之类的数据。操作方法是：选择［文件］-［打开］菜单或按［Ctrl］+［O］键，再在打开的文件菜单中选择一个要打开的文件名，在文件打开对话框中点击确定，再在打开对话框中单击确认即可。

（3）文件的保存

保存当前顺控程序、注释数据以及其他在同一文件名下的数据。如果是首次保存，屏幕显示［File Save As］对话框，可通过该对话框将它们保存下来。操作方法是：执行菜单操作中的［文件］-［保存］或按［Ctrl］+［S］键，出现［File Save As］对话框，在文件名框中输入***.PMW，按确定按钮后，在“另存为”对话框中输入文件题头名，按确认按钮即可。

（4）关闭与打开

将已处于打开状态的顺序控制程序关闭，再打开一个已有的程序及相应的注释和数据。操作方法是：执行［文件］-［关闭打开］菜单操作即可。如果现有的顺控程序已经被改变过或未被保存，［保存确认］对话框出现。

1.4.2.3 梯形图程序的形成及编辑能

（1）常规操作

按住鼠标左键并拖动鼠标，可在梯形图内选中某一电路块单元，被选中的电路块单元中的元件被蓝色矩形框覆盖，使用工具条中的图标或通过执行编辑菜单可对被选中的电路块单元中的元件进行剪切、拷贝、粘贴、删除等操作。行删除（删除电路符号或电路块单元）及行插入（插入一行）也是通过执行编辑菜单来实现的。

（2）输入元件

使用视图菜单栏的命令［功能键］可选择是否显示窗口底部的触点、线圈等图形符号，使用视图菜单栏的命令［功能图］可选择是否显示浮动的元件图表框。

在梯形图中输入触点元件的操作方法为：执行［工具］-［触点］-［-|　|-］菜单操作时，选中一个常开触点，显示元件输入对话框；执行［工具］-［触点］-［-|/|-］菜单操作选中常闭触点；执行［工具］-［触点］-［-|P|-］菜单操作选择上升沿触发触点；执行［工具］-［触点］-［-|F|-］菜单操作选择下降沿触发触点。也可以直接点击浮动的元件图表框中对应的触点元件。在元件输入栏中输入元件，按［Enter］键或确认按钮后，光标所在处便有一个元件被输入，如图1-14所示。若点击［参照］按钮，则显示“元件说明”对话框，可完成更多的设置，如图1-15所示。

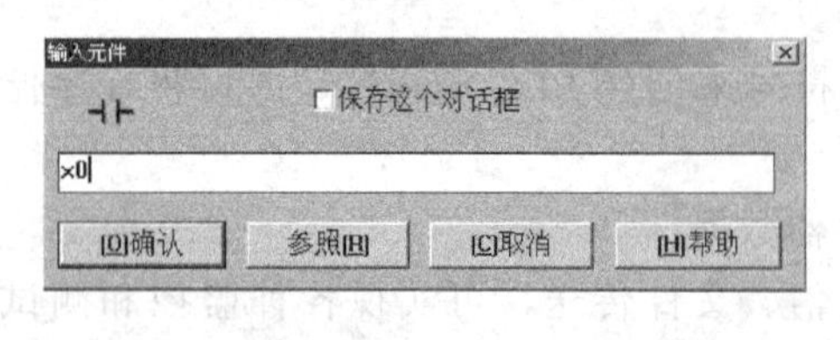

图1-14　输入元件对话框

在梯形图中输入“输出线圈”元件，如图

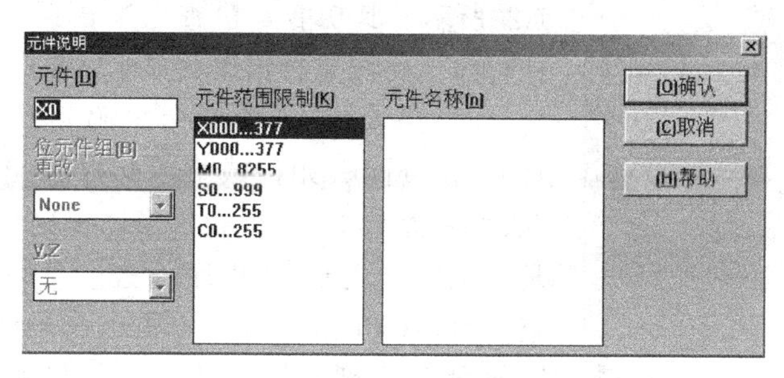

图 1-15　元件说明对话框

1-16所示。定时器和计数器的元件号和设定值要用空格键分开。输入垂直及水平线、删除垂直线、清除程序区（NOP 命令）等都可通过〔工具〕菜单栏实现。

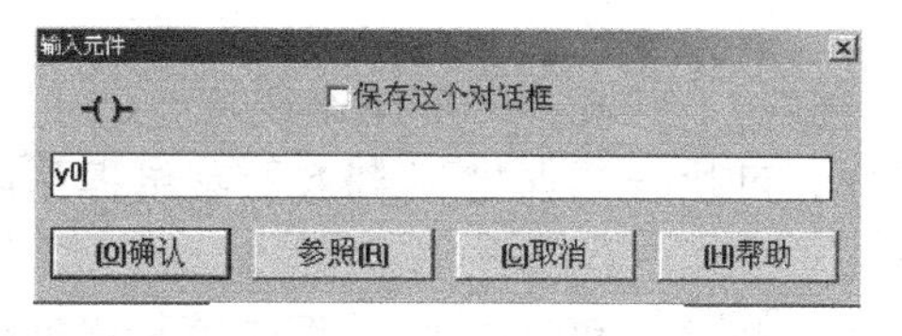

图 1-16　输入元件对话框

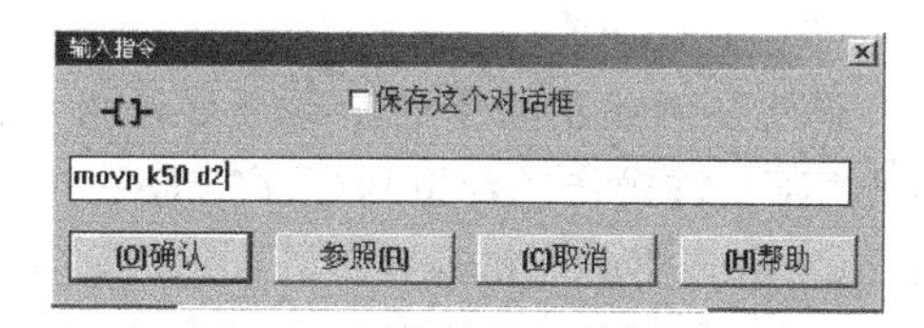

图 1-17　输入功能线圈对话框

（3）输入指令

直接输入功能线圈命令及其他指令时，助记符和参数之间、参数与参数之间要用空格分开。例如输入 movp k50 d2，如图 1-17 所示。

利用参照按钮输入用方括号表示的应用指令及其他指令时，例如输入 MOV D6 D10，可按图 1-17 中的参照键，弹出图 1-18 指令表对话框，在指令栏输入指令助记符，在元件栏中输入该指令的参数；亦可按指令文本框右侧的参照按钮，弹出图 1-19 指令类型对话框，在指令类型和指令中选择对应的指令，若是双字节指令或脉冲指令，可选中图 1-19 右下侧的双字节指令或脉冲指令框，按确认按钮，该指令将出现在图 1-18 的指令栏中。

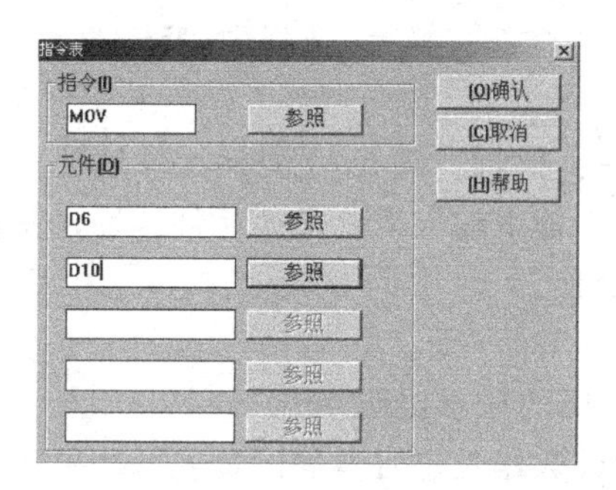

图 1-18　指令表对话框

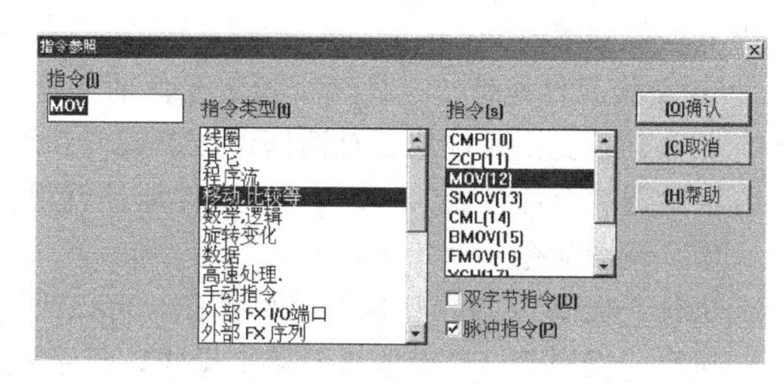

图 1-19　指令类型对话框

（4）程序的转换与清除

通过［工具］菜单栏将创建的梯形图转换格式存入计算机中。如果没完成转换而关闭梯形图窗口，被创建的梯形图将消失。点击［工具］-［全部清除］菜单，显示清除对话框，通过按［Enter］键或点击确认按钮，执行清除过程，但所清除的仅仅是程序区，而参数的设置值未被改变。

（5）程序的检查

执行菜单命令［选项］、［程序检查］，在弹出的对话框中，可选择检查的项目。如图

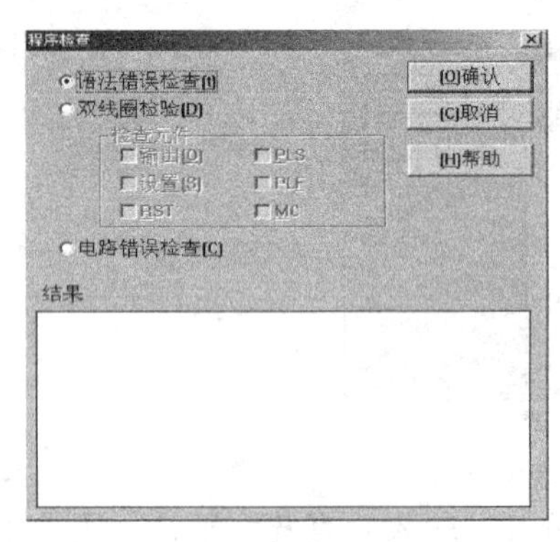

图 1-20 程序检查对话框

1-20所示。其功能是检查语法错误、双线圈及创建的顺控程序电路图是否错误并显示结果。

[语法检查]：检验命令码及其格式；[双线圈检查]：检查同一元件或显示顺序输出命令的重复使用状况；[线路检查]：检查梯形图电路中的缺陷。操作方法是：执行［选项]-[程序检查］菜单操作，在［程序检查］对话框中进行设置，再点击确认按钮或按［Enter］键使命令得到执行。注意：如果在［双线圈检查］或[线路检查］检出错误时，并不一定导致PLC或操作方面的错误，特别是在某些情况下，如在步进梯形图中双线圈输出是允许的。

(6) 查找功能

欲想从开始步的位置显示程序，可通过执行［查找]-[到顶］菜单操作或按［Ctrl]+[HOME］键操作，若想到程序的最后一步显示程序，可执行［查找]-[到底］菜单操作或按［Ctrl]+[End］键操作。

元件名查找、元件查找、指令查找、触点/线圈查找等均可通过执行［查找］菜单栏实现。

确认并查找一个任意程序步，可执行［查找]-[到指定程序步］菜单，屏幕上显示程序步查找对话框，输入待查的程序步，点击运行按钮或按［Enter］键，执行指令，光标移动到待查步位置，同时改变显示。

① 改变元件地址　改变特定软元件地址的操作方法是：执行［查找]-[改变元件地址］菜单操作，屏幕显示改变元件号的对话框，设置好将被改变的元件及范围，敲击运行按钮或[Enter］键执行命令。例如用X20～X25替换X10～X15，在［源元件号］输入栏中输入X10～X15并在［目标元件号］处输入X20，用户可设定成批替换。

② 改变触点类型　操作方法是：执行［查找]-[改变触点类型］菜单操作，出现“改变位元件”对话框，指定待换元件范围，在转换方法中选“全部替换”，选择“确认”后，触点类型就得到了改变。

③ 交换元件地址　互换两个指定元件的操作方法是：执行［查找]-[交换元件地址］菜单，屏幕显示交换元件地址对话框，在源元件和目标元件框中输入需要交换元件地址，在转换方法中选“全部替换”，确认后，元件地址就得到了交换。

(7) 视图命令

执行［视图]-[显示比例］菜单操作，可以改变梯形图的显示比例。

执行［视图]-[TC设置表］菜单操作，显示程序中计数器及定时器的设置表，如果在列表窗口中光标处显示T或C，则元件被标为起始点，即使没有T或C指定起始步，在元件显示后可设置24处的值，未被输出命令作用的T、C的显示区域为空白。

利用视图菜单还可以执行工具栏、状态栏、功能键的显示操作以及查看触点/线圈列表、已用元件列表、TC设置表显示等。

1.4.2.4 指令表程序的形成及编辑

执行［视图]-[指令表]-进入指令表编辑状态，可以逐行输入指令，此时指定了操作的步序号后，可以通过［编辑]-[NOP覆盖写入]、[NOP插入]、[NOP删除］在指令表程序中做相应的操作。

在执行［工具］-［指令］菜单操作命令时，出现指令表对话框，如图1-18所示。在本对话框中直接进行设置后，敲击确认按钮或按［Enter］键加以确认，设定的指令及元件被写入到光标位置。还可点击指令或元件右边的参照按钮，指令类型对话框（如图1-19）或元件说明对话框（如图1-15）被显示，可输入更多的特定设置。

点击［工具］-［全部清除］菜单，显示清除对话框，通过按［Enter］键或点击确认按钮，执行清除过程。

1.4.2.5　PLC操作

下列操作中，计算机的RS232C端口及PLC之间必须用指定的缆线及转换器连接。

（1）端口设置

用计算机RS232C端口与PLC相连，执行［PLC］-［端口设置］菜单操作，在［端口设置］（COM1～COM4）和［传送速率］（9600、19200bps）对话框中加以设置。

（2）文件传送

将已创建的顺控程序成批传送到可编程控制器中。传送功能包括［读入］、［写出］及［校验］。

① 执行［PLC］-［传送］-［读入］，将PLC中的程序传送到计算机中，选择［读入］时，在［PLC类型设置］对话框中将已连接的PLC模式设置好，执行完［读入］后，计算机中的程序将被丢失，PLC模式被改变成被设定的模式，现有的程序被读入的程序替代。

② 执行［PLC］-［传送］-［写入］，如图1-21所示，将计算机中的程序发送到PLC中，在［写入］时，PLC应停止运行，程序必须在RAM或EE-PROM内存保护关断的情况下写出，然后进行校验。

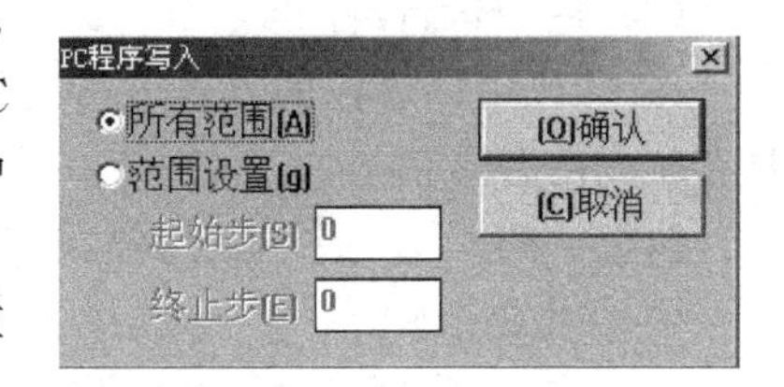

图1-21　程序写入对话框

③ 执行［PLC］-［传送］-［校验］菜单操作，在计算机及PLC中将程序加以比较校验。

（3）寄存器数据传送

将已创建的寄存器数据成批传送到PLC中，PLC的型号必须与计算机中设置的PLC型号一致。其功能包括［读入］、［写出］及［校验］。

① 执行［PLC］-［寄存器数据传送］-［读入］，将设置在PLC中的寄存器数据读入计算机中。

② 执行［PLC］-［寄存器数据传送］-［写出］，将计算机中的寄存器数据写入PLC中。

③ 执行［PLC］-［寄存器数据传送］-［校验］，将计算机中的数据与PLC中的数据进行校验。

（4）PLC存储器清除

为了初始化PLC中的程序及数据，以下三项将被清除。

①［PLC储存器］：程序为NOP，参数设置为缺省值。

②［数据元件存储器］：数据文件缓冲器中数据置零。

③［位元件存储器］：X，Y，M，S，T，C的值被置零。

执行［PLC］-［PLC存储器清除］菜单操作，再在［PLC存储器清除］中设置清除项。这里特殊数据寄存器数据不会被清除。

（5）串口设置（D8120）

使用RS命令及RS232C适配器来设置及显示通信格式，通信参数用PLC特殊数据寄存器D8120来设置。

执行［PLC］-［串口设置（D8120）］菜单操作，在［串口设置（D8120）］对话框设置通信格式。

（6）PLC口令改变或删除

执行［PLC］-［PLC当前口令或删除］菜单操作，在［PLC口令登录］对话框中完成登录。

① 设置新口令　在文本对话框中输入新口令，敲击确认按钮或按［Enter］键。

② 修改口令　在原有口令输入文本框中输入原有口令，按Tab键，在新口令输入对话框中输入新口令，再敲击确认按钮或按［Enter］键。

③ 清除口令　在原有口令输入对话框中输入PLC原有的口令，按Tab键，在新口令输入对话框中输入空格键，敲击确认按钮或按［Enter］键。

（7）运行时程序改变

将运行中的与计算机相连的PLC的程序部分改变。

在［线路编辑］中，执行［PLC］-［运行中程序更改］菜单操作或［Shift］+［F4］键操作时出现确认对话框，点击确认按钮或［Enter］键执行命令。

注意该功能改变了PLC操作，应对其改变内容充分加以确认，PLC程序内存必为RAM，可被改变的程序仅为一个电路块，限于127步，依据要求，被改变的电路块中应无高速计数器的应用指令。

（8）遥控运行/停止

在PLC中以遥控的方式进行运行/停止操作。该功能改变程序的操作状态，在操作中需要有相应的警告信号。

执行［PLC］-［遥控运行/停止］菜单操作命令，在遥控运行/停止对话框中操作。

（9）PLC诊断

显示与计算机相连的PLC状况，与出错信息相关的特殊数据寄存器以及内存的内容。

执行［PLC］-［PLC诊断］菜单操作，出现［PLC诊断］对话框，点击确认按钮，或按［Enter］键。

（10）采样跟踪

采样跟踪的目的在于存储与时间相关的元件数值变化并将其在时间表中加以显示，或在PLC中设置采样条件，显示基于PLC中采样数据的时间表。

①［参数设置］：设置采样的次数、时间、元件及触发条件，采样次数可设为1到512间，采样时间为0到200（×10ms）之间。

②［运行］：设置条件被写入PLC中，以此规范采样的开始。

③［显示］：当PLC完成采样，采样数据被读出并被显示。

④［记录文件］：采样的数据可从记录文件中读取。

⑤［写入记录文件］：采样结果被写入记录文件。

在执行［PLC］-［采样跟踪］-［参数设置］后显示的对话框中设置各项条件，再执行［运行］，-［显示］，-［从记录文件中读入］，［写入记录文件］菜单命令即可。

注意：采样由PLC执行，其结果也被存入PLC中　这些数据可被计算机读入并显示。

1.4.2.6 监控/测试

（1）开始监控

执行［监控/测试］-［开始监控］后，用绿色表示线圈和触点接通，定时器、计数器和数据寄存器的当前值在元件号的上面显示。

（2）元件监控

监控元件单元：执行［监控/测试］-［进入元件监控］菜单操作命令，屏幕显示元件登录监控窗口，在此登录元件，双击左侧蓝色矩形框或按［Enter］键显示元件登录对话框，设置好元件及显示点数（元件数）再敲击确认按钮或按［Enter］键即可。

（3）强制 Y 输出

强制 PLC 输出端口（Y）输出 ON/OFF。

执行［监控/测试］-［强制 Y 输出］操作，出现强制 Y 输出对话框，设置元件地址及 ON/OFF，点击运行按钮或按［Enter］键，即可完成特定输出。

（4）强制 ON/OFF

强行设置或重新设置 PLC 的位元件。

执行［监控/测试］-［强制 ON/OFF］菜单命令，屏幕显示设置、重置对话框，在此输入元件，选择 SET 或 RST，点击确认按钮或按［Enter］键，使特定元件得到设置或重置。

① SET 有效元件：X，Y，M，特殊元件 M，S，T，C。

② RST 有效元件：X，Y，M，特殊元件 M，S，T，C，D，特殊元件 D，V，Z。

③ RST 字元件：当 T 或 C 被重置，其位信息被关闭，当前值被清零。如果是 D、V、或 Z，仅仅是当前值被清零。

（5）改变当前值

改变 PLC 字元件的当前值。

执行［监控/测试］-［改变当前值］菜单选择，屏幕显示改变当前值对话框，在此选定元件及改变当前值，点击运行按钮或按［Enter］键，选定元件的当前值则被改变。

（6）改变设置值

改变 PLC 中计数器或定时器的设置值。

在电路监控中，如果光标所在位置为计数器或定时器的输出命令状态，执行［监控/测试］-［改变设置值］菜单操作命令，屏幕显示改变设置值对话框，在此设置待改变的值并点击运行按钮或按［Enter］键，指定元件的设置值被改变。如果设置输出命令的是数据寄存器，或光标正在应用命令位置并且 D、V 或 Z 当前可用，该功能同样可被执行，在这种情况下，元件号可被改变。

1.4.3　PLC 编程语言上机训练

（1）训练要求

① 认识 PLC 硬件；

② 认识 PLC 软元件；

③ 会根据已知梯形图程序连接输入输出线；

④ 会使用编程软件。

（2）训练内容

① 启动编程软件，进行程序输入，梯形图程序如图 1-22 所示；

② 根据已知梯形图程序进行接线；

③ PLC 通电并置于非运行（STOP）状态，下载程序，观察 PLC 面板上的 LED 指示灯和计算机上显示程序中各触点和线圈的状态；

④ PLC 置于运行（RUN）状态，按下启动按钮，观察 PLC 面板上的 LED 指示灯和计算机上显示程序中各触点和线圈的状态；

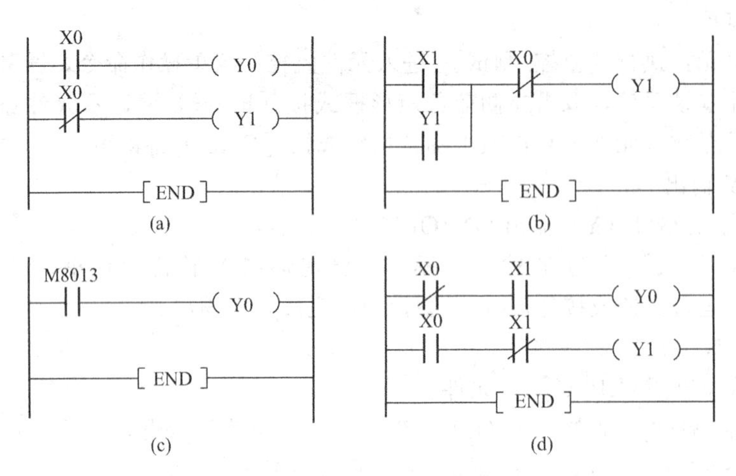

图 1-22　训练用梯形图程序

⑤ 记录并分析运行结果。

【任务 1.5】　项目小结

项目小结主要是记录项目的实施与完成情况，特别强调写实。项目小结内容主要包括下面两个方面：

1.5.1　基本要求

① 对 PLC 的产生、发展、分类、应用、特点及性能指标等知识点进行提炼和归纳；

② 详细总结 PLC 有哪些编程语言、编程元件，它们有什么功能和特点；

③ 简述 PLC 的工作原理；

④ 画出上机训练用梯形图程序，并简要说明操作过程及结果。

1.5.2　回答问题

① 写出实训室或理实一体化教室的 PLC 具体型号并说明其含义。

② 如何保存一个新建文件？如何打开一个已建文件？

③ 简述从程序输入到程序运行的一般步骤。

④ 有哪些收获与体会？

【考核内容与配分】

本课程以项目考核取代期末考试，每个项目所占权重，任课教师可根据具体情况进行分配。考核是全方位和全过程的，要求师生共同参与；本项目考核内容涵盖知识掌握、编程设备与编程软件使用和和职业素养三个方面。考核采取自评、互评和师评相结合的方法，具体考核内容与配分情况如表 1-6 所示。

表 1-6　考核内容与配分

考核项目	考核内容	配分	考核要求及评分标准	得分
知识掌握	PLC 的基本知识	60	掌握 PLC 的结构、工作原理及编程元件，熟悉 PLC 的编程语言、性能指标及特点	

续表

考核项目	考核内容	配分	考核要求及评分标准	得分
编程设备与编程软件使用	实训设备	10	熟悉实训设备的基本结构与操作方法	
	系统接线	5	根据教材中提供的梯形图程序，会连接输入、输出线和电源线，且操作规范	
	用编程软件编写梯形图程序并下载到PLC	5	熟练操作编程软件，会输入梯形图程序，会下载程序到PLC	
	运行调试程序	10	会通电运行，会观察运行结果	
职业素养	6S规范	10	正确使用设备，具有安全用电意识，操作符合规范要求 操作过程中无不文明行为、具有良好的职业操守 作业完成后清理、清扫工作现场	

【思考题与习题】

1-1 填空题

① ________年，由________国数字设备公司（DEC）研制出了世界第一台可编程控制器；中国开始研制可编程控制器是________年。

② 可编程控制器按硬件结构分为________、________和________三类。

③ 当今工业自动化的三大支柱是________、________和________。

④ 可编程控制器主要由________、________、________、编程器和电源等几部分组成。

⑤ 如果要将计算机编好的程序写入PLC中，PLC必须处于________状态。

⑥ 编程元件中只有________和________的元件号采用八进制数。

⑦ PLC采用的是________________工作方式。

⑧ PLC的整个工作过程分为自诊断、与外设通信、________________、________________、________________五个阶段。

⑨ FX_{2N}系列可编程控制器的输入、输出继电器均采用________编号。

⑩ PLC内部状态继电器是重要的软元件，通常状态继电器软元件分为五种类型，它们分别是________、________、________、________和________。

1-2 FX_{2N}-64MS是基本单元还是扩展单元？有多少个输入点，多少个输出点？属于什么输出类型？

1-3 可编程控制器常用的编程语言有哪些？各有何特点？

1-4 简述可编程控制器的工作原理，如何理解可编程控制器的循环扫描工作过程？

1-5 FX_{2N}系列可编程控制器有哪些软元件？各有什么作用？

1-6 PLC常用哪几种存储器？它们各有什么特点？分别用来存储什么信息？

项目 2　三相异步电动机的 PLC 控制

【学习目标】

掌握 PLC 基本指令的功能及应用；熟悉 PLC 控制程序的设计方法与步骤；进一步理解 PLC 的工作原理和掌握编程软件的使用方法；会进行三相异步电动机 PLC 控制程序设计，会搭接三相异步电动机 PLC 控制系统，并能进行程序调试及运行。

【任务 2.1】　学习相关知识

2.1.1　基本指令

FX 系列 PLC 共有 27 条基本逻辑指令，此外还有一百多条应用指令。基本逻辑指令的操作元件包括 X、Y、M、T、C、S 继电器。

(1) 输入、输出指令

LD：用于常开触点与母线直接连接或分支点的起始，操作元件是 X、Y、M、T、C 和 S。

LDI：用于常闭触点与母线直接连接或分支点的起始，操作元件是 X、Y、M、T、C 和 S。

OUT：为线圈的驱动指令，用于输出，操作元件是 Y、M、T、C 和 S。

LD 与 LDI 指令对应的触点一般与左母线相连，在使用 ANB、ORB 指令时，用来定义与其他电路串并联电路的起始触点。

OUT 指令不能用于输入继电器 X，线圈和输出类指令应放在梯形图的最右边。

【例 2-1】　一个按键开关的一组常开触点接 PLC 的 X0 输入端子，两指示灯分别接 Y0、Y1 两个输出端子。要求当按下按键开关时 Y0 灯亮，不按按键开关时 Y1 灯亮。控制梯形图与指令表如图 2-1 所示。

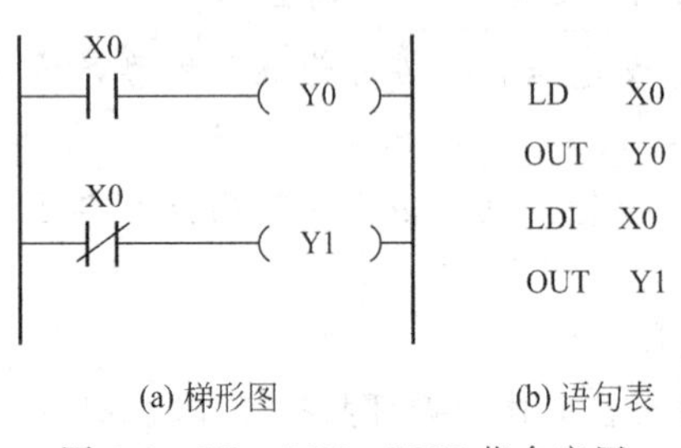

(a) 梯形图　　(b) 语句表

图 2-1　LD、LDI、OUT 指令应用

(2) 触点的串、并联指令

AND：常开触点串联连接指令。

ANI：常闭触点串联连接指令。

OR：常开触点并联连接指令。

ORI：常闭触点并联接连指令。

串、并联指令操作元件均为 X、Y、M、T、C 和 S。

串联和并联指令用来描述单个触点与其他触点或触点组成的电路的连接关系。单个触点与左边的电路串联时，使用 AND 或 ANI 指令，且串联触点的个数没有限制。

【例 2-2】　两个按键开关的常开触点接 PLC 的 X0、X1 输入端子，指示灯分别接 Y0、Y1 两个输出端子。要求当同时按下按键开关 X0、X1 后只有 Y0 灯亮，按 X0 时只有 Y1 灯亮。控制梯形图与指令表如图 2-2 所示。

OR 和 ORI 指令用于单个触点与前面电路的并联，并联触点的左端接到该指令所在的电路块的起始点上，右端与前一条指令对应的触点的右端相连。OR 和 ORI 指令总是将单个触点并联到它前面已经连接好的电路的两端。

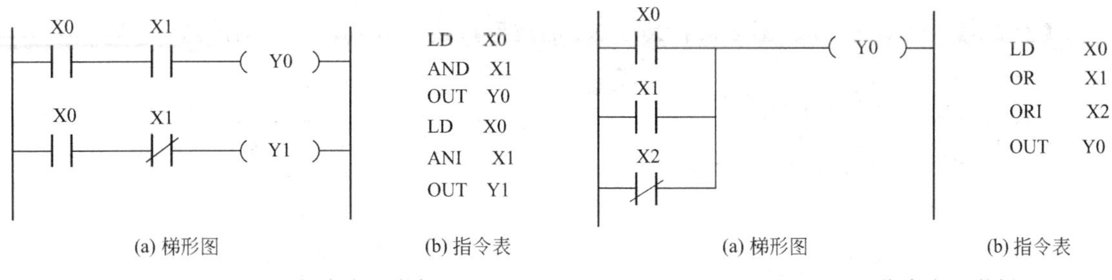

(a) 梯形图　(b) 指令表　(a) 梯形图　(b) 指令表

图 2-2　AND、ANI 指令应用举例　图 2-3　OR、ORI 指令应用举例

【例 2-3】 三个按键开关的常开触点分别接 PLC 的 X0、X1、X2 输入端子，一个指示灯接 Y0 输出端子。要求当按下按键开关 X0 或 X1（或者不按开关 X2）时 Y0 灯亮。控制梯形图与指令表如图 2-3 所示。

（3）沿检出指令

LDP、ANDP 和 ORP 是用来检测上升沿的触点指令，触点的中间有一个向上的箭头，对应的触点仅在指定位元件波形的上升沿（由 OFF 变为 ON）时接通一个扫描周期。

LDF、ANDF 和 ORF 是用来检测下降沿的触点指令，触点的中间有一个向下的箭头，对应的触点仅在指定位元件波形的下降沿（由 ON 变为 OFF）时接通一个扫描周期。

沿检出指令的操作元件均为 X、Y、M、T、C 和 S。沿检测触点可以和普通触点混合使用。

【例 2-4】 已知图 2-4 中 X0、X1、X2、X3、X4、X5 的波形，画出 Y0、Y1、M0、M1 的波形。

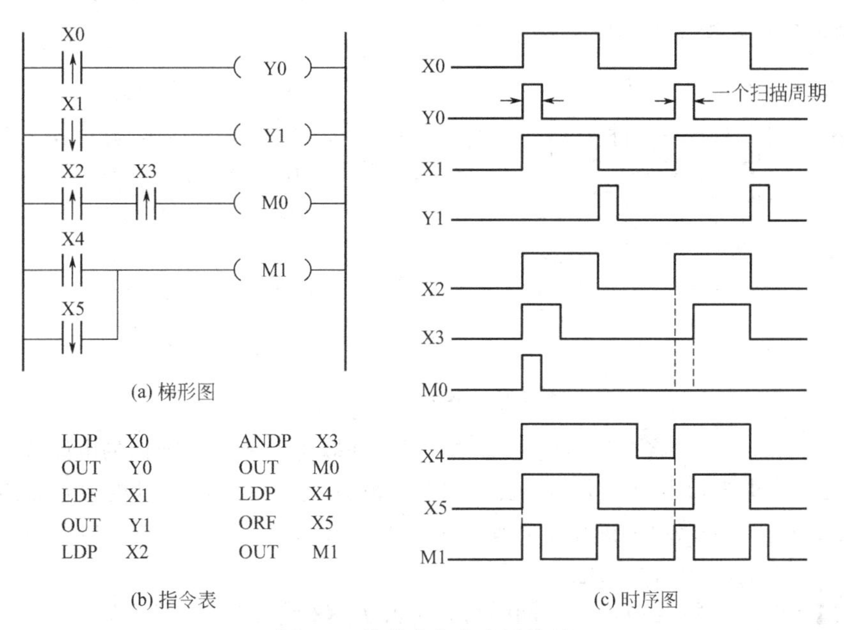

(a) 梯形图　(b) 指令表　(c) 时序图

图 2-4　沿检出指令应用举例

（4）微分输出指令

PLS：上升沿微分输出指令。

PLF：下降沿微分输出指令。

PLS和PLF指令只能用于输出继电器Y和辅助继电器M（不包括特殊辅助继电器）。主要用于检测输入脉冲的上升沿和下降沿，当条件满足时，产生一个宽度为一个扫描周期的脉冲信号输出。

【例2-5】 已知图2-5、图2-6中X0、X1的波形，试画出M0、Y0的波形。

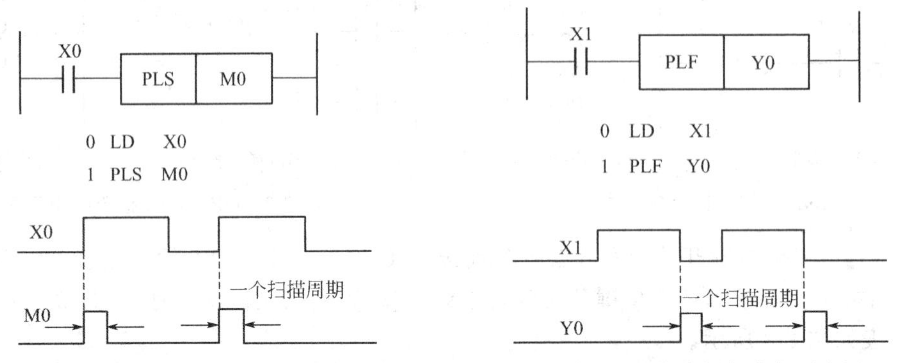

图2-5 梯形图、指令语句表与时序图（一）　图2-6 梯形图、指令语句表与时序图（二）

（5）电路块串、并联指令

ORB：多触点电路块的并联连接指令。

ANB：多触点电路块的串联连接指令。

ORB指令（图2-7）将多触点电路块（一般是串联电路块）与前面的电路块并联，它不带元件号。相当于电路块间右侧的一段垂直连线。要并联的电路块的起始触点使用LD或LDI指令，完成了电路块的内部连接后，用ORB指令将它与前面的电路并联。

【例2-6】 按下开关X0和X1，或按下开关X2和X3时，指示灯Y1亮。按此控制要求设计的控制梯形图和指令表如图2-7所示。

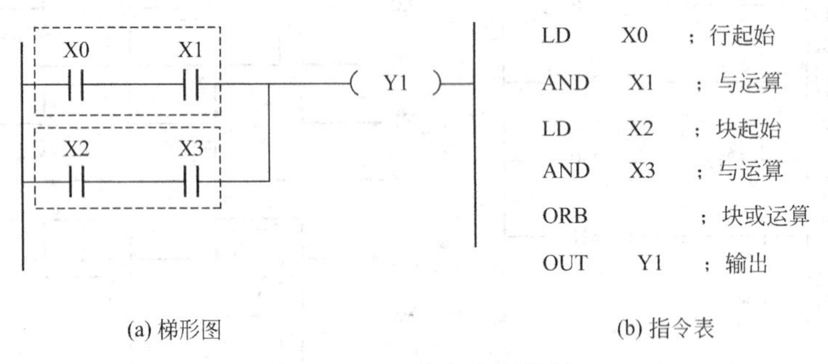

(a) 梯形图　(b) 指令表

图2-7 ORB指令应用举例

ANB指令（图2-8）将多触点电路块（一般是并联电路块）与前面的电路块串联，它不带元件号。ANB指令相当于两个电路块之间的串联连线，该点也可以视为它右边的电路块的LD点。要串联的电路块的起始触点使用LD或LDI指令，完成了两个电路块的内部连接后，用ANB指令将它与前面的电路串联。

【例2-7】 合上开关X0或X1，同时再合上开关X2或X3时，指示灯Y1亮。按此控制要求设计的控制梯形图和指令表如图2-8所示。

【例2-8】 将图2-9中的指令表程序转换为梯形图。

对于较复杂的程序，特别是指令中含有ORB和ANB时，在画梯形图之前，应分析清楚电路的串并联关系之后，再画梯形图。首先将电路划分为若干块，各电路块从含有LD的

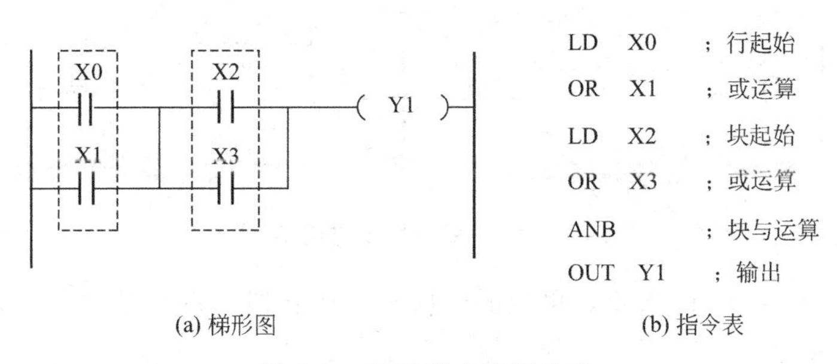

(a) 梯形图　　(b) 指令表

图 2-8　ANB 指令应用举例

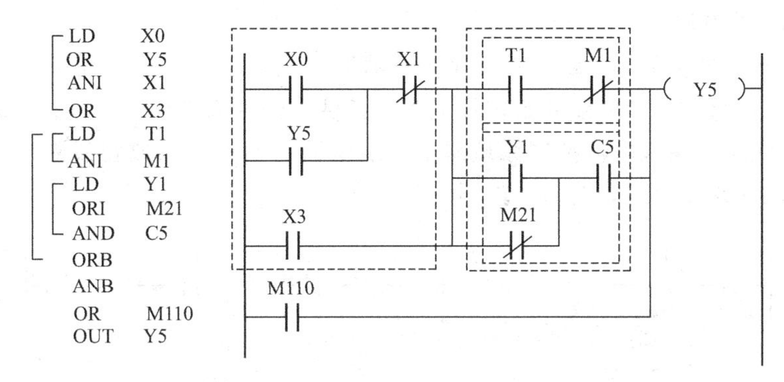

图 2-9　复杂程序分析

指令（例如 LD、LDI 和 LDP 等）开始，在下一条含有 LD 的指令或 ANB、ORB 之前结束。

在图 2-9 的指令表中，划分出 3 块电路。ORB 或 ANB 指令总是将它上面靠近它的已经连接好的电路并联或串联起来，所以 ORB 指令并联的是指令表中划分的第 2 块和第 3 块电路。

（6）取反指令

INV：取反指令，取该指令之前运算结果的反逻辑。

INV 指令无操作元件，在梯形图中用一条 45°短斜线表示。它不能直接与母线相连，也不能像 OR、ORI 等指令一样单独使用。其用法如图 2-10 所示。

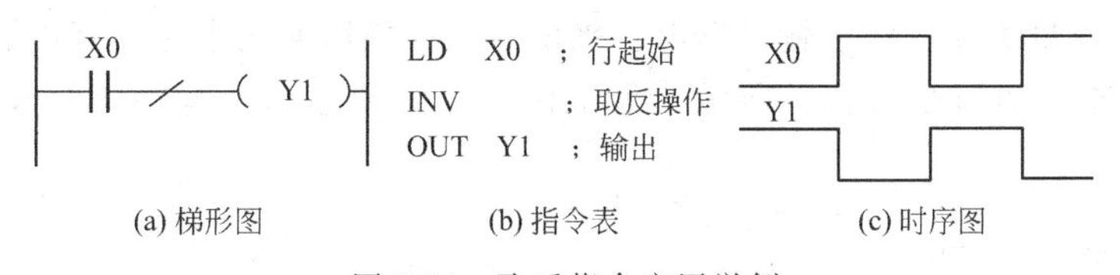

(a) 梯形图　　(b) 指令表　　(c) 时序图

图 2-10　取反指令应用举例

（7）空操作指令

NOP：空操作指令，使该步做空操作。

主要用于短路电路、改变电路功能及程序调试时使用。在程序中增加一些空操作指令后，对逻辑运算结果没有影响，但在以后更改程序时，用其他指令取代空操作指令，可以减少程序号的改变。图 2-11 为空操作指令应用举例。

（8）结束指令

END：结束指令，强制结束当前的扫描执行过程。

程序执行到 END 指令，END 指令以后的程序将不再执行，直接进行输出处理。在程序

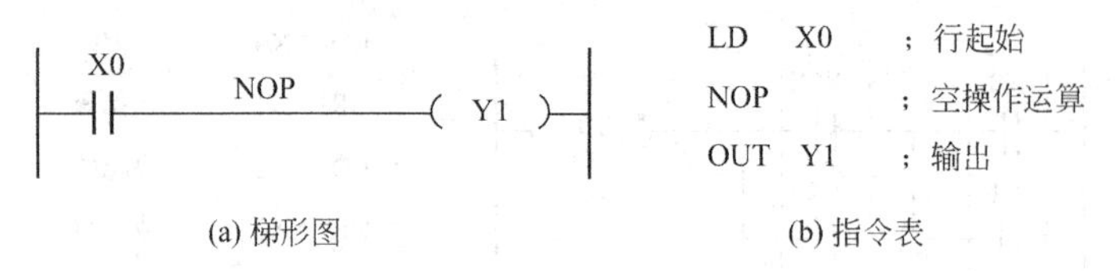

(a) 梯形图　　(b) 指令表

图 2-11　空操作指令应用举例

调试过程中，按段插入 END 指令，可以顺序检查程序各段的动作情况，在确认无误时，再删除多余的 END 指令，有利于程序的查错与调试。END 指令无操作元件，如图 2-12 所示。

[END]

图 2-12　END 指令图例

2.1.2　编程注意事项

① 在编写梯形图程序时，要按照程序执行的顺序从左至右，自上而下进行编写。每一行都是从左母线开始，加上逻辑条件，经过输出线圈，终止于右母线（右母线可以省略）。注意：在继电器控制原理图中，继电器的触点可以放在线圈的右边，但在梯形图中触点不允许放在线圈的右边。如图 2-13 所示。

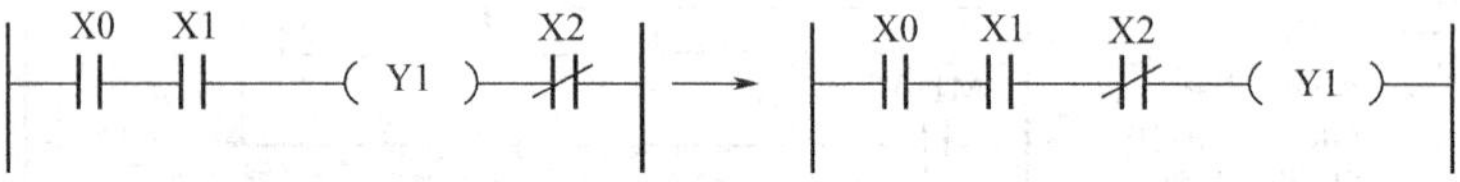

(a) 错误　　(b) 正确

图 2-13　触点不能放在线圈右边

② 线圈不能直接与左母线相连，也就是说线圈输出作为逻辑结果必须有条件。必要时可以使用一个内部继电器的常闭触点或内部特殊继电器来实现。如图 2-14 所示。

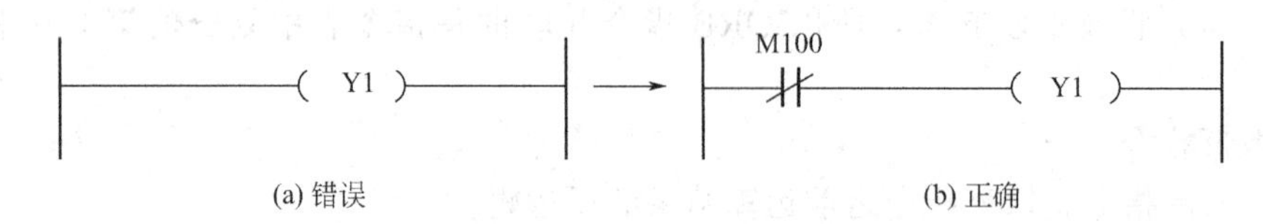

(a) 错误　　(b) 正确

图 2-14　线圈不能直接与左母线相连

③ 同一编号的输出元件在一个程序中使用两次，即形成双线圈输出。双线圈输出容易引起误操作，应尽量避免。对于输出继电器来说，在扫描周期结束时，真正输出的是最后一个 Y0 的线圈状态，如图 2-15(a) 所示。为了避免双线圈输出，电路可改成图 2-15(b) 的形式。

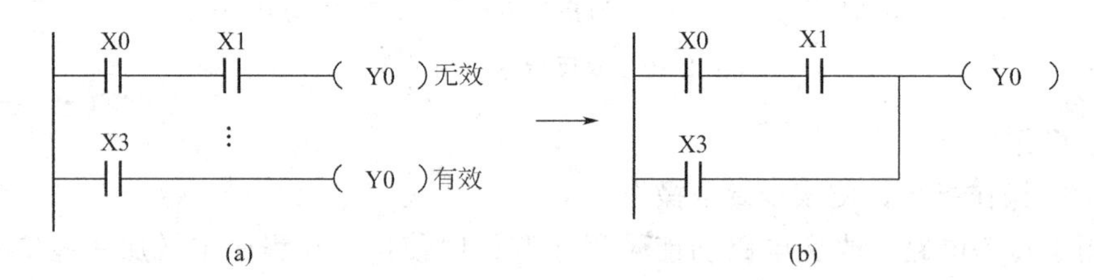

(a)　　(b)

图 2-15　避免双线圈输出

④ 梯形图程序必须符合顺序执行的原则，即从左到右，从上到下执行，不符合顺序执行的电路不能直接编程。图 2-16(a) 中 X2 触点画在了垂直分支线上，构成了桥式电路，不能直接编程。若要编程，需进行等效变换，如图 2-16(b) 所示。

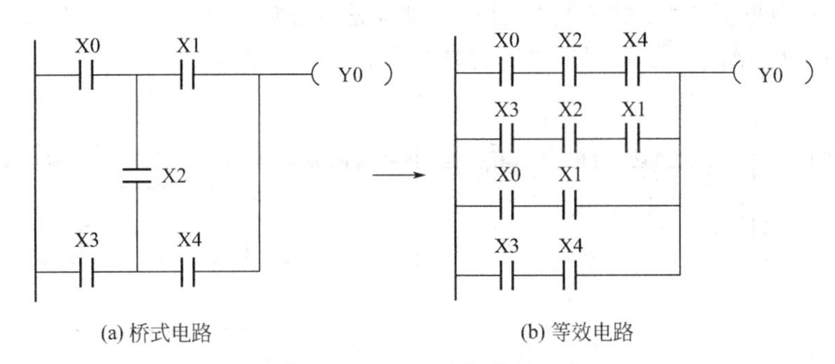

图 2-16　桥式电路与等效变换

⑤ 输入/输出继电器、定时器、计数器等软元件的触点可重复使用，没有必要特意采用复杂程序结构来减少触点的使用次数。梯形图中串、并联的触点个数没有限制，可以无限制的使用，如图 2-17 所示。

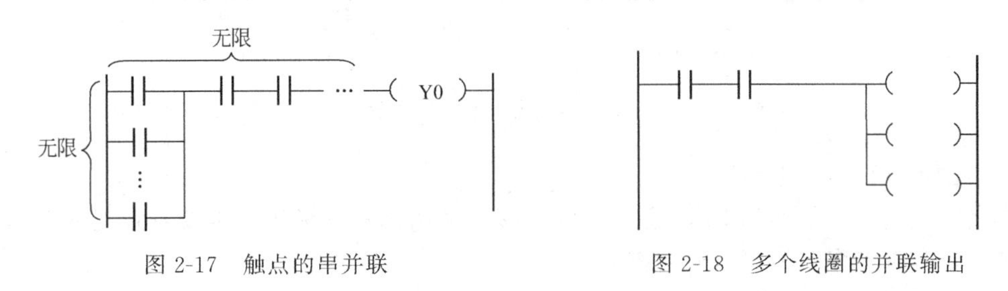

图 2-17　触点的串并联

图 2-18　多个线圈的并联输出

⑥ 两个或两个以上的线圈可以并联输出，如图 2-18 所示。

2.1.3　典型控制电路

如同继电器控制电路一样，熟悉并掌握典型控制电路，有助于复杂控制系统程序的编制与设计。

（1）启-保-停电路

启/停电路加上自锁环节构成启-保-停电路，该电路可将输入信号加以保持记忆。在图 2-19(a) 中，将输入触点（X1）与输出线圈的常开触点（Y1）并联，一旦有输入信号（超过一个扫描周期），就能保持（Y1）有输出。要注意的是，自锁电路必须有解锁设计，一般在电路中串入一个常闭触点用于自锁解除，如图 2-19(a) 中的 X0 触点。

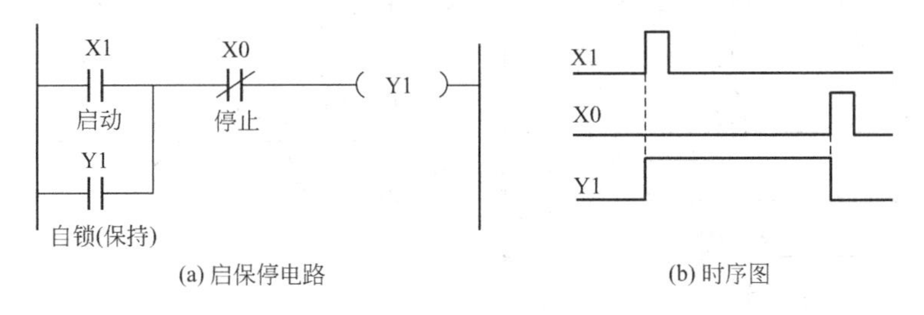

图 2-19　启-保-停电路

（2）优先（互锁）电路

优先（互锁）电路如图 2-20 所示。输入信号 X0 和 X1 中，先到者取得优先权，后到者无效。例如在抢答器程序设计中的抢答优先，又如防止控制电动机的正、反转按钮同时按下的保护电路等。在图 2-20(a) 中，X0 先接通，M10 线圈接通，则 Y0 线圈有输出；同时由于M10的常闭触点断开，X1输入再接通时，则无法使M11动作，Y1无输出。若X1先接通，情况正好相反。图中X2常闭触点为停止按钮。

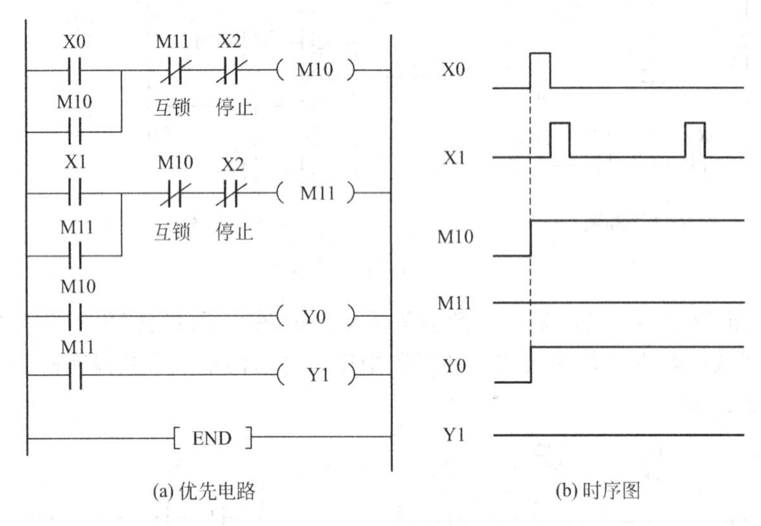

(a) 优先电路　　(b) 时序图

图2-20　优先（互锁）电路

(3) 比较（译码）电路

在实际应用中，如遇到PLC输入点数不够，采用比较（译码）电路，通过对输入信号的处理，可实现对多个输出信号的控制。

比较（译码）电路如图2-21所示。电路按预先设定的输出要求，通过对输入信号的比较（译码），实现两个输入信号对四个输出信号的控制。若X0、X1均不接通（即X0=0、X1=0），Y0有输出；若X0不接通而X1接通（即X0=0、X1=1），Y1有输出；若X0接通而X1不接通（即X0=1、X1=0），Y2有输出；若X0、X1同时接通（即X0=1、X1=1），则Y3有输出。

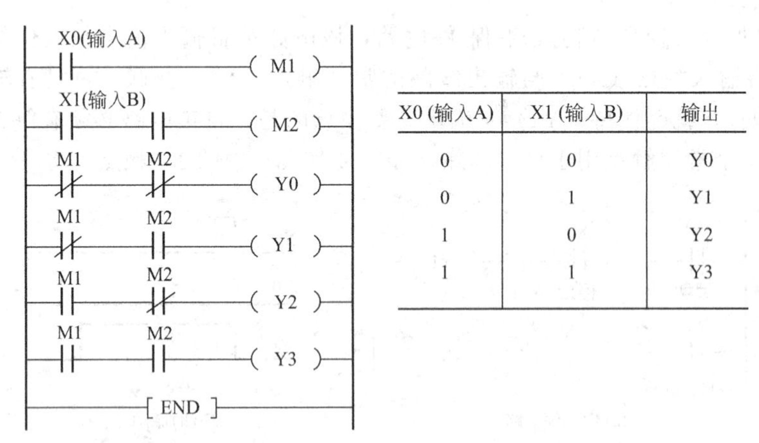

X0 (输入A)	X1 (输入B)	输出
0	0	Y0
0	1	Y1
1	0	Y2
1	1	Y3

图2-21　比较（译码）电路

2.1.4　常闭触点输入信号的处理

有些输入信号只能由常闭触点提供，图2-22是常闭触点输入电路，SB1和SB2分别是启动按钮和停止按钮，如果将它们的常开触点接到PLC的输入端，梯形图中触点的类型与图2-22(a)完全一致。如果接入PLC的是SB2的常闭触点，按下图2-22(b)中的SB2，其常闭触点断开，X1 变为 OFF，它的常开触点断开。显然在梯形图中应将 X1 的常开触点与 Y0 的线圈串联，如图 2-22(c)，但是这时在梯形图中所用的 X1 触点类型与 PLC 外接 SB2 的常开触点类型刚好相反，与继电器电路图中的习惯也是相反的。建议尽可能用常开触点作 PLC 的输入信号。

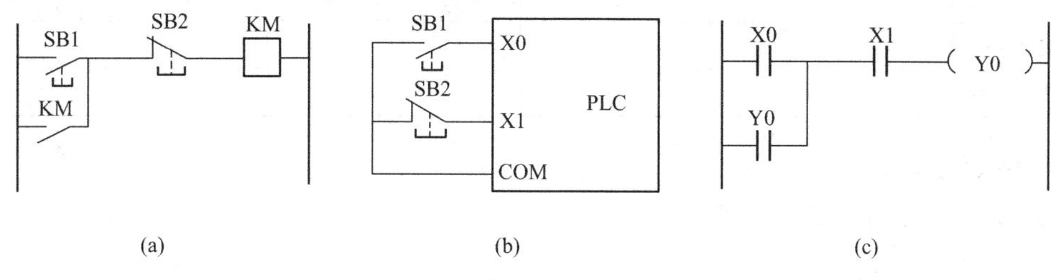

图 2-22　常闭触点输入电路

如果某些信号只能用常闭触点输入，可以按输入全部为常开触点来设计，这样可以直接将继电器电路图“翻译”为梯形图。然后再将梯形图中对应于外部电路常闭触点的输入继电器的触点改为相反的触点，即常开触点改为常闭触点，常闭触点改为常开触点。

【任务 2.2】　三相异步电动机的正反转控制程序设计

2.2.1　项目描述

某企业承担了一个电动机正反转的技术改造项目，该项目原是用继电接触控制系统实现，如图 2-23 所示，现要求改造成 PLC 控制。请分析该控制线路图的控制功能，用 PLC 设计其控制系统并调试。

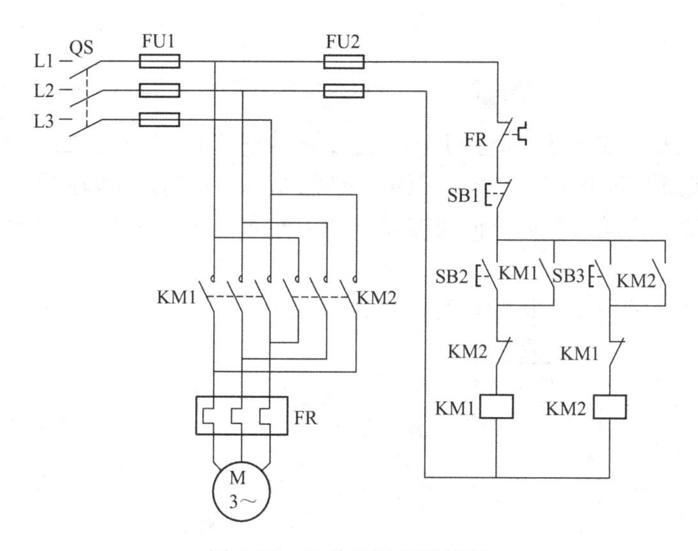

图 2-23　电动机正反转控制

图中，SB1 是停止按钮，SB2、SB3 是电动机的正转、反转启动按钮，KM1、KM2 分别为电动机的正转、反转交流接触器。FR 起过载保护作用。

2.2.2　I/O 地址分配

I/O 分配表如表 2-1 所示。

表 2-1 I/O分配表

输入信号			输出信号		
名称	代号	输入点编号	名称	代号	输出点编号
停止按钮	SB1	X0	正转交流接触器	KM1	Y0
正转启动按钮	SB2	X1	反转交流接触器	KM2	Y1
反转启动按钮	SB3	X2			
热继电器	FR	X3			

2.2.3 PLC接线图

PLC实物接线图如图2-24所示。

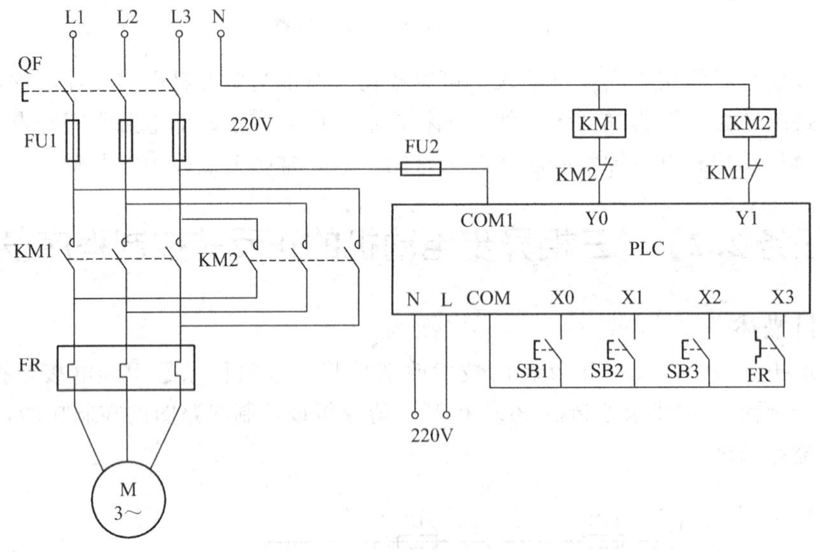

图2-24 PLC实物接线图

在实物接线图中，输出信号将两个交流接触器的常闭触点KM1、KM2分别连接在KM2、KM1的线圈回路中，形成硬件互锁，从而保证即使在控制程序错误或因PLC受到影响而导致Y0、Y1两个输出继电器同时有输出的情况下，避免正、反转接触器同时带电而造成的主电路短路。

利用实训设备上的发光二极管进行模拟的接线图如图2-25所示。学生可根据学院的不

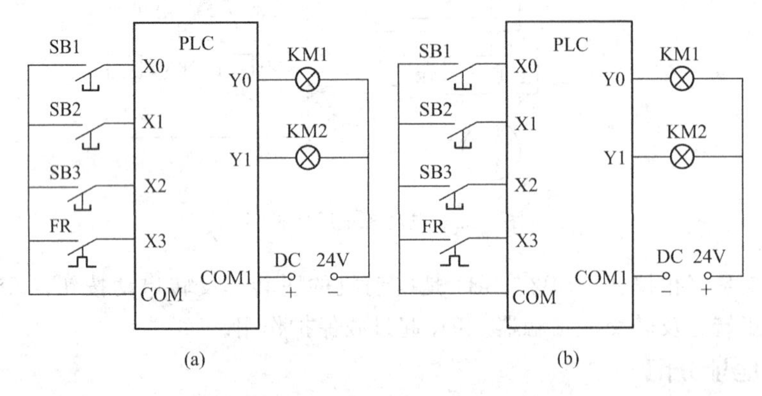

图2-25 PLC接线图

同设备按图 2-25 中的图（a）或图（b）进行接线。

2.2.4　梯形图程序设计

图 2-26 为三相异步电动机正反转控制程序，采用自锁和互锁控制。除采用硬件互锁外，在梯形图中还必须采用软件互锁，如用两个输出继电器 Y0、Y1 的常闭触点互锁。

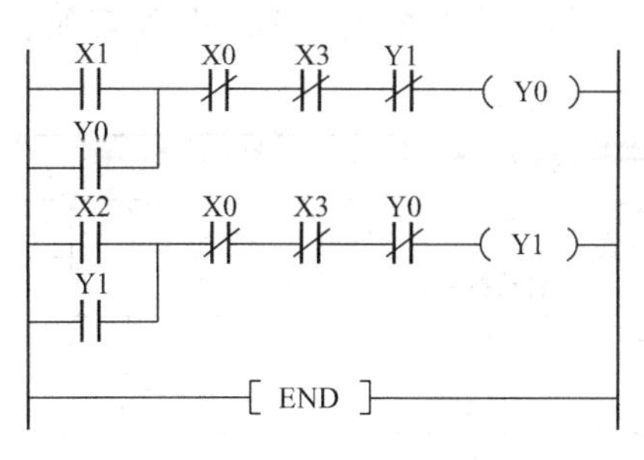

图 2-26　三相异步电动机正反转控制梯形图程序

在图 2-26 梯形图中，若先按下正转启动按钮 X1，正转交流接触器 KM1 得电，电动机正转，Y0 导通并自锁。同时，Y0 的常闭触点（互锁）断开，即使按反转按钮也就无法使电动机反转。

在电动机正转的情况下，要想实现反转，必须先按下停止按钮，使 Y0 失电，正转交流接触器断电后方可实现。当按下反转启动按钮时，Y1 导通并自锁，反转交流接触器 KM2 线圈得电，由于电源相序变化，电动机反转。在反转状态下要使电动机正转，同样需要先按下停止按钮。

2.2.5　调试并运行程序

① 将编写好的梯形图程序输入到计算机；

② 将程序下载到 PLC；

③ 调试并运行程序。

【任务 2.3】　三相异步电动机降压启动控制程序设计

2.3.1　项目描述

设计一个电动机 Y-△降压启动的 PLC 控制系统。要求按下启动按钮 SB1 时，电动机 Y 形联接启动，5s 后自动转为△联接运行。当按下停止按钮 SB2 时，电动机停止运行。

电动机 Y-△降压启动的主电路如图 2-27 所示。

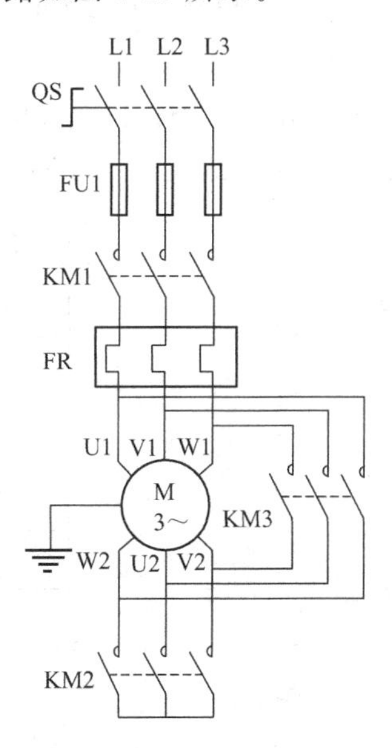

图 2-27　电动机 Y-△降压启动主电路

2.3.2 I/O地址分配

输入点和输出点I/O分配表如表2-2所示。

表2-2 I/O分配表

输入信号			输出信号		
名称	代号	输入点编号	名称	代号	输出点编号
启动按钮	SB1	X0	主交流接触器	KM1	Y0
停止按钮	SB2	X1	Y接交流接触器	KM2	Y1
热继电器	FR	X2	△接交流接触器	KM3	Y2

2.3.3 PLC接线图

PLC实物接线图如图2-28所示。

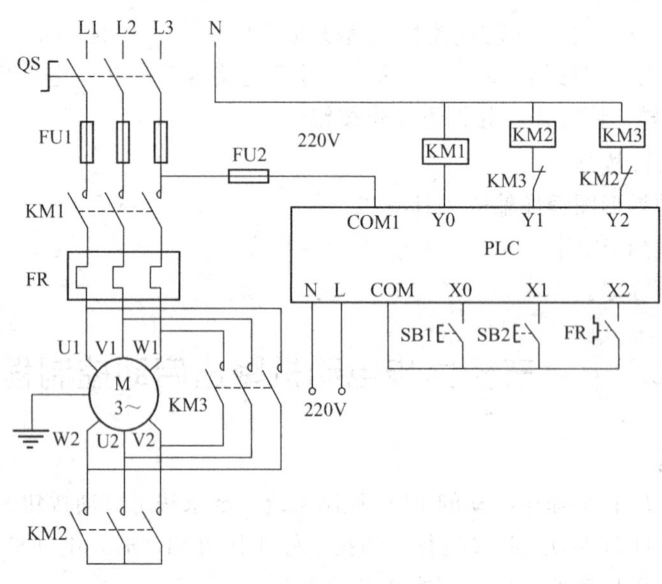

图2-28 PLC实物接线图

在实物接线图中，同样将Y交流接触器和△交流接触器的常闭触点KM2、KM3分别连接在KM3、KM2的线圈回路中，形成硬件互锁，以确保电动机能正常工作。

利用实训设备上的发光二极管进行模拟的接线图如图2-29所示。

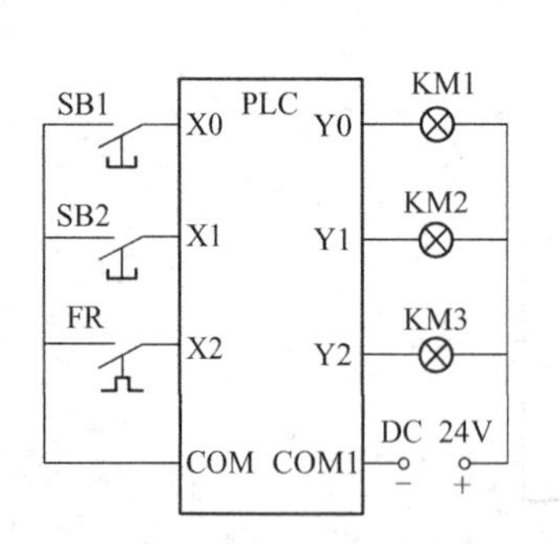

图2-29 电动机Y-△降压启动控制PLC接线图

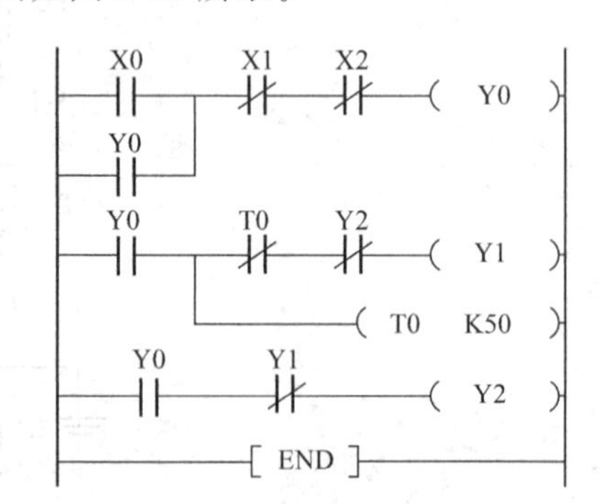

图2-30 电动机Y-△降压启动控制梯形图程序

2.3.4 梯形图程序设计

根据控制要求，设计Y-△降压启动梯形图程序，如图2-30所示。

2.3.5　调试并运行程序

① 将编写好的梯形图程序输入到计算机；

② 将程序下载到 PLC；

③ 调试并运行程序；

④ 观察运行效果并做好记录。

【任务 2.4】　拓展训练

训练项目：三相异步电动机正反转 Y-△降压启动控制程序设计。

2.4.1　项目描述

某拖动系统的电动机要求正反转，且正反转都采用 Y-△降压启动，即 Y 启动 5s 后自动切换到△运行，按下停止按钮时，电动机立即失电自由停车。请用可编程控制器设计其控制系统并调试。主电路如图 2-31 所示。

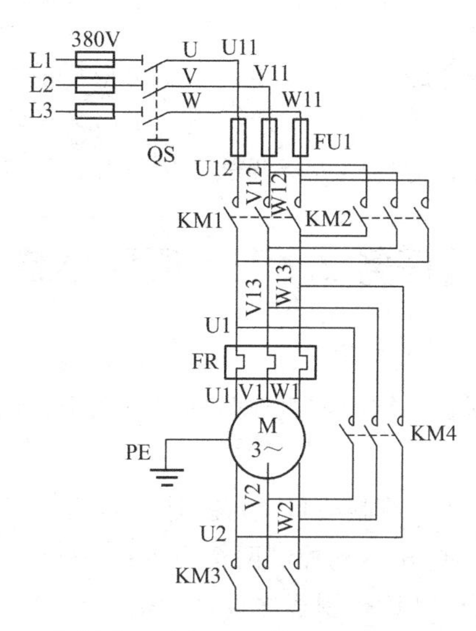

图 2-31　三相异步电动机正反转 Y-△降压启动主电路图

2.4.2　程序设计

在程序设计过程中，教师适时掌握学生完成任务情况，充分发挥教师主导、学生主体作用，学生之间可以展开讨论，取长补短，共同提高。学习活动内容、步骤及要求如下。

(1) I/O 地址分配

三相异步电动机正反转 Y-△降压启动控制可以接实物，也可以进行模拟。本设计利用实训装置上的发光二极管进行模拟操作。根据控制要求列出输入/输出地址分配表如表 2-3 所示。

表 2-3　I/O 分配表

输入信号			输出信号		
名称	代号	输入点编号	名称	代号	输出点编号
正转启动按钮	SB1	X0	正转主交流接触器	KM1	Y0
反转启动按钮	SB2	X1	反转主交流接触器	KM2	Y1
停止按钮	SB3	X2	星形交流接触器	KM3	Y2
热继电器	FR	X3	三角形交流接触器	KM4	Y3

（2）画出PLC接线图

PLC接线图是进行实物（系统）连接的基础，它主要指PLC的外部连接线路图。三相异步电动机正反转Y-△降压启动控制PLC接线如图2-32所示。

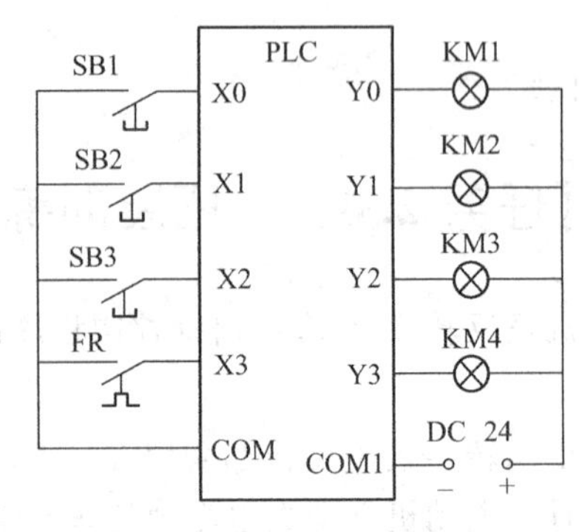

图2-32 PLC接线图

（3）设计梯形图程序

梯形图程序设计是完成任务最重要的一步，学生可根据前面所学的基本指令进行编写。

（4）运行和调试程序

进行系统连接，下载程序，对程序进行调试和运行并记录其运行结果。

【任务2.5】 项目小结

项目小结主要是学生对本项目所包含的知识点进行归纳和总结，同时记录项目的实施与完成情况，特别强调写实。项目小结内容主要包括以下两个方面。

2.5.1 基本要求

① 对三相异步电动机的PLC控制项目进行描述，包括三相异步电动机的正反转控制程序设计和三相异步电动机Y-△降压启动控制两个内容；

② 简述三相异步电动机的PLC控制程序设计的基本步骤；

③ 写出对应的I/O分配表；

④ 画出对应的PLC接线图；

⑤ 设计出对应的梯形图程序；

⑥ 记录程序运行结果。

2.5.2 回答问题

① 在电动机的正反转控制中，如果将停止按钮改用常闭按钮，梯形图作何改动？

② 普通定时器与积算定时器有什么区别？你在电动机过载保护控制中用的什么定时器？

③ 沿检出指令与微分输出指令有哪些异同？

④ 有哪些收获与体会？

【考核内容与配分】

学生应该掌握基本教学内容所包括的知识和技能，对一些基础比较好的学生，可适当增加拓展训练题以满足他们的学习要求。考核内容应涵盖知识掌握、程序设计和职业素养三个方面。考核采取自评、互评和师评相结合的方法，具体考核内容与配分情况如表 2-4 所示。

表 2-4　考核内容与配分

考核项目	考核内容	配分	考核要求及评分标准	得分
知识掌握	基本指令的功能与应用、典型控制电路	30	掌握基本指令的功能与应用，熟悉典型控制电路，了解编程注意事项	
程序设计	I/O 地址分配	15	分析系统控制要求，正确完成 I/O 地址分配	
	安装与接线	15	正确绘制系统接线图 按系统接线图在模拟配线板上正确安装，操作规范	
	控制程序设计	15	按控制要求完成控制程序设计，梯形图正确、规范 熟练操作编程软件，将所编写的程序下载到 PLC	
	功能实现	15	按照被控设备的动作要求进行模拟调试，达到控制要求	
职业素养	6S 规范	10	正确使用设备，具有安全用电意识，操作符合规范要求 操作过程中无不文明行为、具有良好的职业操守 作业完成后清理、清扫工作现场	

【思考题与习题】

2-1　填空题

① OUT 指令不能用于________继电器 X，线圈和输出类指令应放在梯形图的________。

② 常开触点串联连接指令为________、常闭触点并联连接指令为________。

③ LDP、ANDP 和 ORP 是用来检测________的触点指令，触点的中间有一个向上的箭头，对应的触点仅在指定位元件的上升沿（由 OFF 变为 ON）时接通________。

④ LDF、ANDF 和 ORF 是用来检测________的触点指令，触点的中间有一个向下的箭头，对应的触点仅在指定位元件的下降沿（由 ON 变为 OFF）时接通________。

⑤ 在编写梯形图程序时，要按照程序执行的顺序________，自上而下进行编写。每一行都是从左母线开始，加上逻辑条件，经过输出线圈，终止于________。

⑥ 在编写梯形图程序时，线圈不能直接与________相连。

2-2　将图 2-33 中梯形图程序转换成指令表。

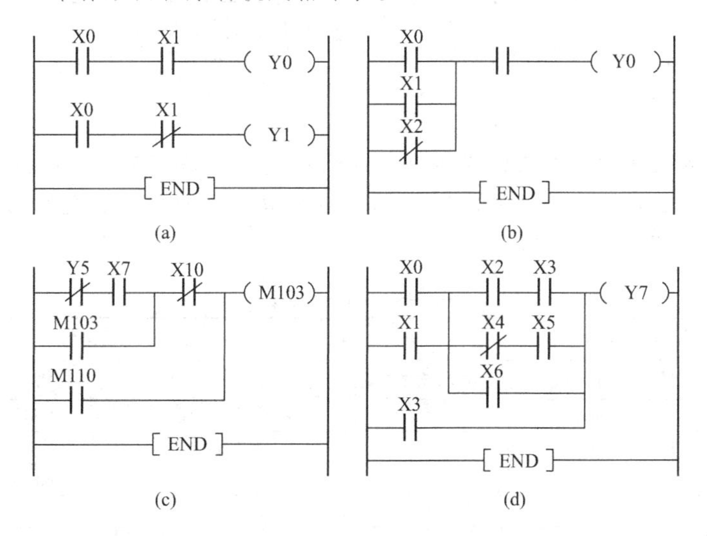

图 2-33　题 2-2 图

2-3 将下列两指令表用梯形图表示（图 2-34）。

0	LDI	Y5
1	AND	X7
2	OR	M103
3	ANI	X10
4	OR	M110
5	OUT	M103

(a)

0	LDI	X1
1	AND	T2
2	OUT	Y1
3	LD	X2
4	ANI	M1
5	OUT	Y2

(b)

图 2-34 题 2-3 图

2-4 完成图 2-35 各梯形图对应的时序图。

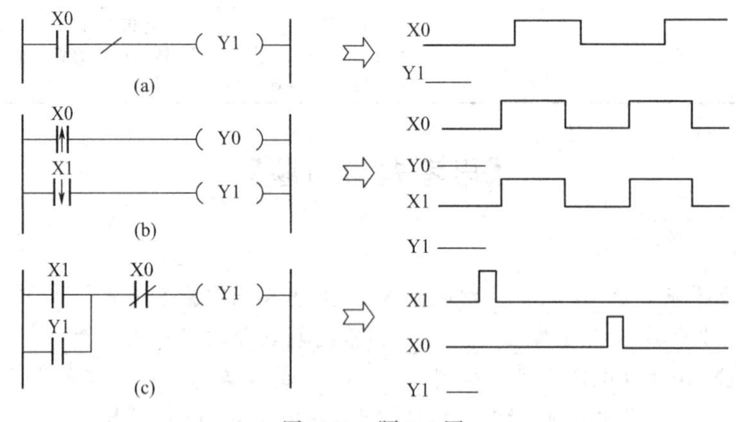

图 2-35 题 2-4 图

2-5 画出图 2-36 梯形图中 Y0 的波形。

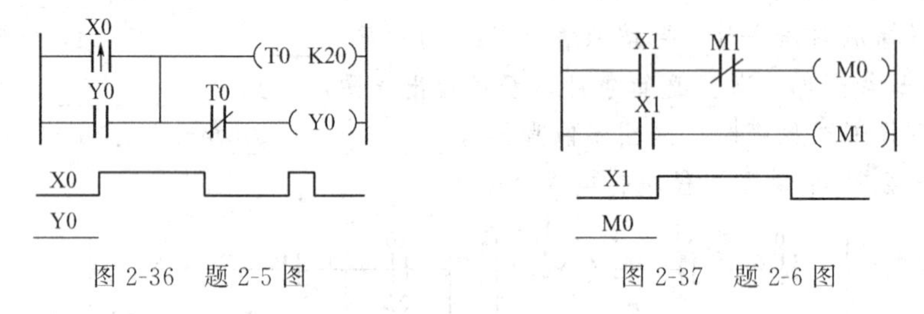

图 2-36 题 2-5 图　　图 2-37 题 2-6 图

2-6 画出图 2-37 梯形图中 M0 的波形图

2-7 某企业现在采用继电接触控制系统实现电动机两地控制。两地控制的电动机采用Y-△降压启动控制线路，电路如图 2-38 所示。请根据给出的 I/O 分配表（表 2-5）和 PLC 接线图（图 2-39），设计梯形图程序。

表 2-5 I/O 分配表

输入信号			输出信号		
名称	代号	输入点编号	名称	代号	输出点编号
甲地停止按钮	SB0	X0	主交流接触器	KM1	Y0
乙地停止按钮	SB1	X1	△交流接触器	KM2	Y1
甲地启动按钮	SB2	X2	Y 交流接触器	KM3	Y2
乙地启动按钮	SB3	X3			
热继电器	FR	X4			

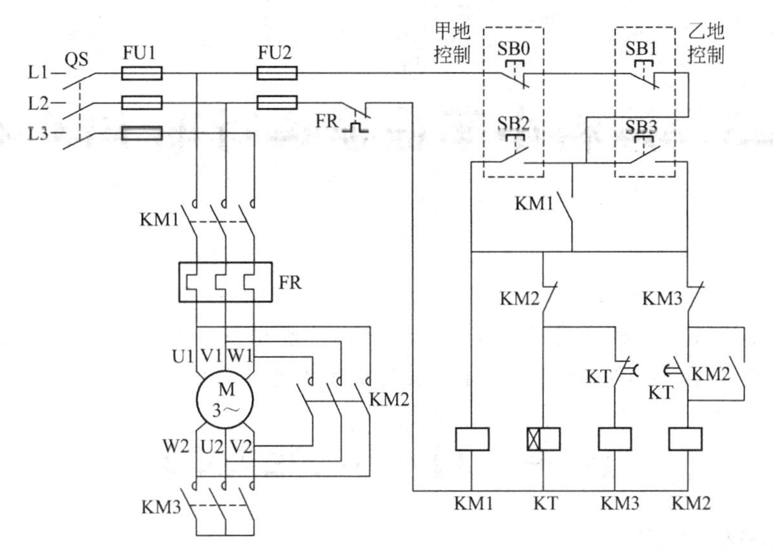

图 2-38　题 2-7 图（一）

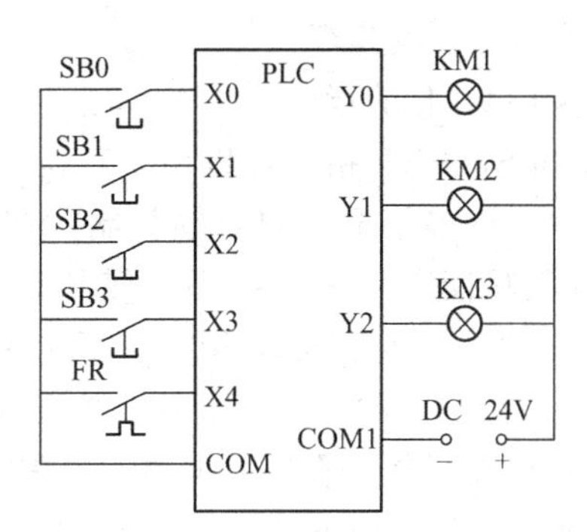

图 2-39　题 2-7 图（二）

项目 3　运料小车往返运行的 PLC 控制

【学习目标】

掌握 SET、RST、MPS、MRD、MPP、MC、MCR 等指令的功能及应用；掌握定时器的典型应用电路；进一步熟悉应用程序的设计方法；会进行运料小车往返运行的 PLC 控制程序设计，会搭接运料小车往返运行 PLC 控制系统并进行程序调试及运行。

【任务 3.1】　学习相关知识

3.1.1　基本指令

（1）置位与复位指令

SET：置位指令，使操作保持 ON 的指令。

RST：复位指令，使操作保持 OFF 的指令。

SET 指令可以用于 Y、M 和 S，RST 指令可以用于复位 Y、M、S、T 和 C，或将字元件 D、V 和 Z 清零。生产实际中，许多情况需要自锁控制。在 PLC 控制系统中，自锁控制可以用置位指令 SET 来实现。其功能是：驱动线圈，使其具有保持功能，维持接通状态。在图 3-1 中，当常开触点 X0 接通时，执行 SET 指令，YO 变为 ON 并保持该状态，即使 XO 的常开触点断开，它也仍然保持 ON 的状态。要使 Y0 变为 OFF，则必须使用复位指令 RST。RST 指令的功能是使 Y0 线圈复位。在图 3-1 中，当常开触点 X1 闭合时，执行 RST 指令，使 Y0 变为 OFF（线圈复位）。在 X1 断开后，Y0 线圈继续保持 OFF 状态。

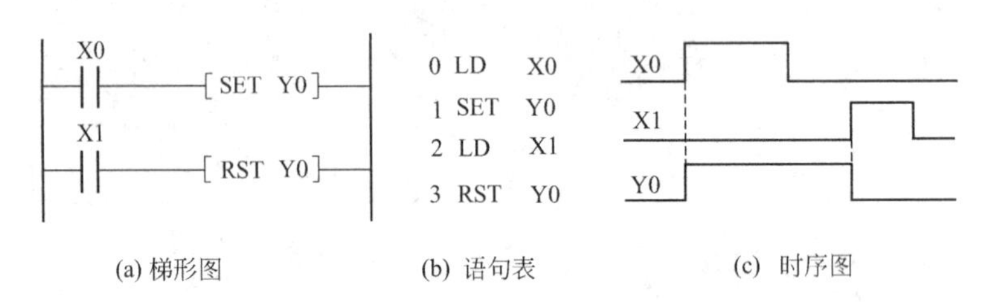

(a) 梯形图　　(b) 语句表　　(c) 时序图

图 3-1　梯形图、指令语句表与时序图

对于同一编程元件，可以多次使用 SET 和 RST 指令，最后一次执行的指令将决定当前的状态。RST 指令可用于对数据寄存器 D、变址寄存器 Z 和 V 的内容清零，也可以用来对积算定器 T246～T255 和计数器进行复位。

SET、RST 指令的功能与数字电路中 R-S 触发器的功能相似，SET 与 RST 指令之间可以插入别的程序。如果它们之间没有别的程序，最后的指令有效。

（2）区间复位指令

ZRST：区间复位指令，使指定的元件号范围内的同类元件成批复位。

区间复位指令 ZRST（Zone Reset）的操作功能：将目标操作数［D1・］～［D2・］指定的元件号范围内的同类元件成批复位，区间复位指令 ZRST 的使用说明如图 3-2 所示。图中，在 PLC 上电后的第一个扫描周期内，利用 M8002 的初始化脉冲信号，给指定范围的数据寄存器、计数器及辅助继电器全部复位为零状态。

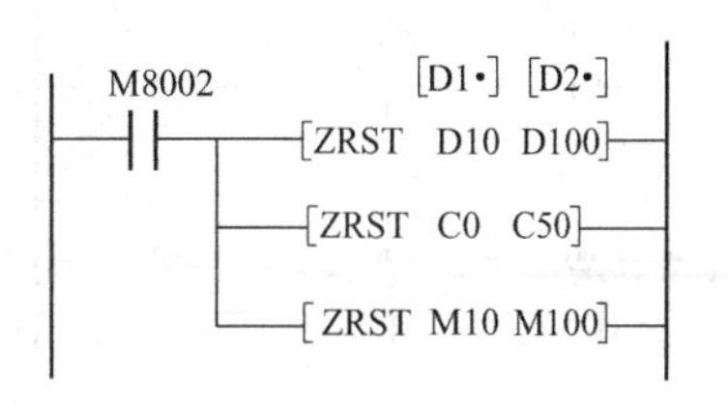

图 3-2　区间复位指令 ZRST 的使用说明

使用注意事项如下。

① 目标操作数可以取 T、C 和 D，或 Y、M 和 S，但 [D1·] 和 [D2·] 应为同一类型的元件。

② [D1·] 的元件号应小于 [D2·] 的元件号。若 [D2·] 的元件小于 [D1·] 的元件号，则只有 [D1·] 指定的元件被复位。

③ 虽然 ZRST 指令是 16 位数据处理指令，但 [D1·] 和 [D2·] 也可以指定 32 位计数器。

④ 可用于元件复位或清零的指令，还有 FMOV，RST 指令。

(3) 多重输出指令

MPS：进栈指令，用于存储运算结果。

MRD：读栈指令，用于读出存储内容。

MPP：出栈指令，用于读出存储内容和堆栈复位。

这组指令又称为堆栈指令，用于多输出的电路。在多重输出且逻辑条件不同的情况下，将连接点前面的逻辑结果存储起来，以便连接点后面的电路编程。

三菱的 FX_{2N} 系列 PLC 中有 11 个存储中间运算结果的堆栈存储器，被称为栈存储器，如图 3-3(a) 所示。多重输出指令进栈出栈工作方式是：后进先出、先进后出。

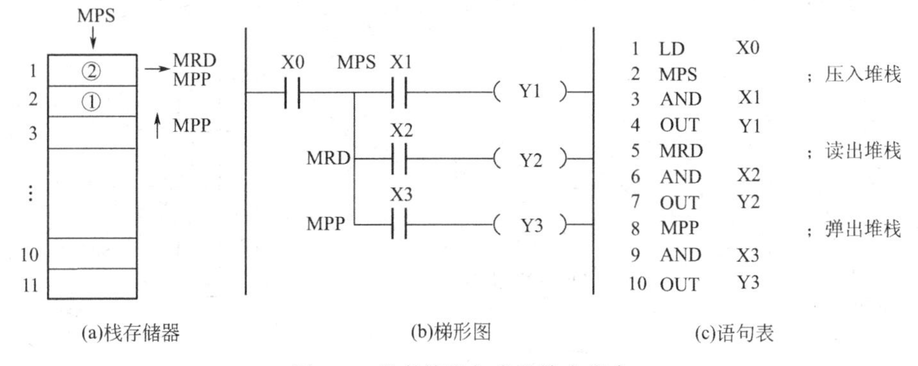

图 3-3　栈存储器与多重输出指令

MPS 指令用于储存电路中有分支处的逻辑运算结果，以便以后处理有线圈的支路时可以调用该运算结果。使用一次 MPS 指令，将当前的逻辑结果压入堆栈的第一层，再次使用 MPS 时，又将新的运算结果压入栈的第一层，堆栈中原来的数据依次向下一层推移。

MRD 指令读取存储在堆栈最上层的电路中分支点处的运算结果，将下一个触点强制性地连接在该点。读出时，栈内的数据不发生移动。

MPP 指令弹出存储在堆栈最上层电路中分支点对应的运算结果。将下一触点连接在该点，并从堆栈中去掉该点的运算结果。使用 MPP 指令时，堆栈中各层的数据向上移动一层，最上层的数据在读出后从栈内自动消失。

MPS、MPP 两指令必须成对出现，而 MPS、MPP 之间的 MRD 指令在只有两层输出时

(a) 梯形图

1	LD	X0
2	AND	X1
3	OUT	Y1
4	LD	X0
5	AND	X2
6	OUT	Y2
7	LD	X0
8	AND	X3
9	OUT	Y3

(b) 指令表

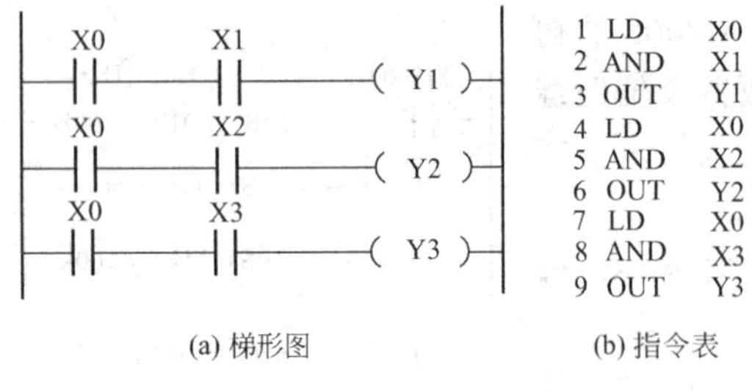

图 3-4 用其他指令取代多重输出指令

不用。若输出的层数多，则使用的次数就多。在用梯形图编程的情况下，多重输出指令可以不用过分关注。而且也可以用其它指令取代多重输出指令。图 3-4(a) 所示的梯形图就是用其他指令取代多重输出指令的例子，它与图 3-3(b) 所示的梯形图功能相同。

（4）主控指令

MC：主控指令，表示主控区的开始，用于公共串联触点连接。MC 指令只能用于输出继电器 Y 和辅助继电器 M（不包括特殊辅助继电器）。

MCR：主控复位指令，表示主控区的结束，用于公共串联触点的清除，是 MC 指令的复位指令。

在编程时，经常会遇到许多线圈同时受一个或一组触点控制的情况，如果在每个线圈的控制电路中都串入同样的触点，将占用很多存储单元，主控指令可以解决这一问题。使用主控指令的触点称为主控触点，它在梯形图中与一般的触点垂直，是与左母线直接相连的常开触点，它是控制一组电路的总开关。

与主控触点相连的触点必须用 LD 或 LDI 指令，使用 MC 指令后，母线向 MC 触点后移动，若要返回原母线必须用 MCR 指令。

图 3-5 中 X0 常开触点接通时，执行从 MC 到 MCR 之间的指令；输入 X0 断开时，不执行 MC 与 MCR 之间的指令。积算定时器、计数器、用复位/置位指令驱动的元件保持其当时的状态；其余的元件被复位，非积算定时器和用 OUT 指令驱动的元件变为 OFF。

(a) 梯形图

LD	X0
MC	N0 M100
LD	X1
OUT	Y0
LD	X2
OUT	Y1
MCR	N0
LD	X3
OUT	Y2

(b) 语句表

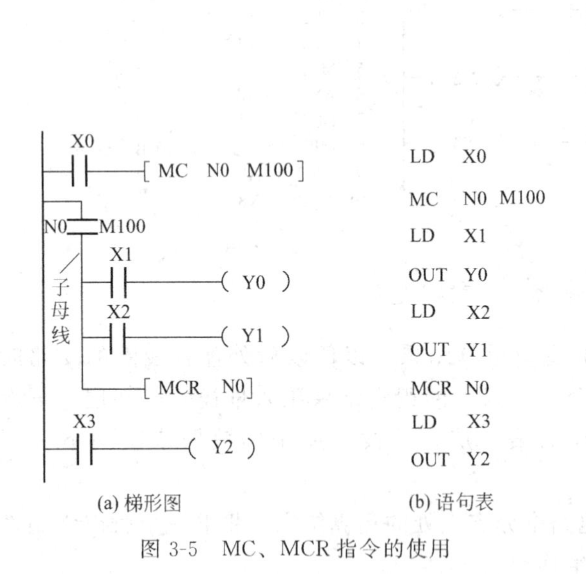

图 3-5 MC、MCR 指令的使用

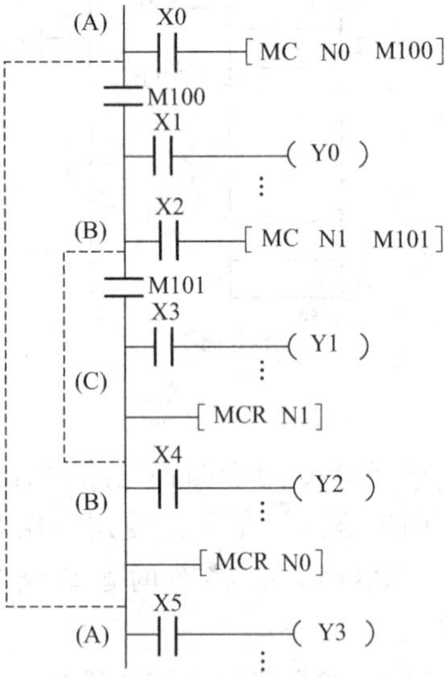

图 3-6 多重嵌套主控指令的使用

在 MC 指令区内使用 MC 指令称为嵌套，如图 3-6 所示。MC 和 MCR 指令中包含嵌套的层数 N0～N7 共 8 层，NO 为最高层，N7 为最低层。在没有嵌套结构时，通常用 N0 编程，N0 的使用次数没有限制。有嵌套时，MCR 指令将同时复位低的嵌套层，例如指令“MCR N2”将复位 2～7 层。

3.1.2　定时器的典型应用电路

（1）延时接通电路

① 短延时电路　PLC 提供了许多定时器，利用它们可构成通电延时电路，短延时电路如图 3-7(a) 所示。当 X0 接通，T0 线圈接通并开始延时，1s 后 T0 延时时间到，其常开触点闭合，Y0 线圈接通，Y0 置 1。

(a) 利用定时器产生延时　(b) 时序图

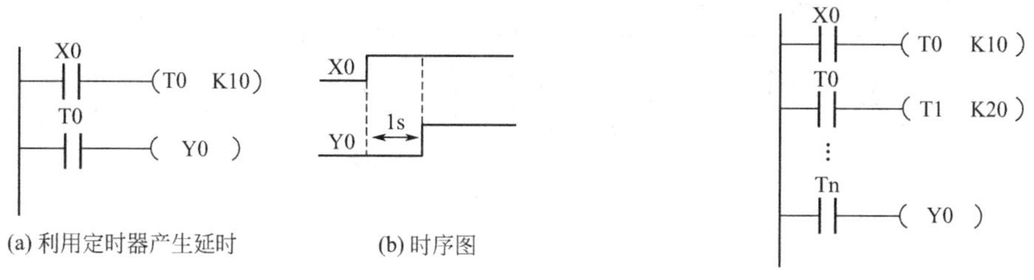

图 3-7　短延时电路

图 3-8　长延时电路

② 长延时电路　定时器的定时时间都有一个最大值，如 100ms 的定时器最大定时时间为 3276.7s。如果工程中所需的延时时间大于这个数值怎么办，简单的办法是采用定时器接力方式进行延时，即先启动一个定时器定时，定时时间到时，用第一个定时器的常开触点启动第二个定时器，再使用第二个定时器的常开触点启动第三个定时器，如此接力启动即可实现长延时，如图 3-8 所示。

（2）延时断开电路

延时断开电路如图 3-9 所示。当按下按钮 X0 时，X0 常开触点闭合，Y0 线圈接通并自锁；同时 X0 常闭触点断开，定时器 T1 线圈断开，定时器不工作。松开按钮 X0，X0 常闭触点闭合，由于 Y0 自锁，其常开触点闭合，定时器 T1 开始定时，5s 后，T1 延时时间到，其常闭触点断开，使 Y0 线圈断开，即当 X0 断开时，Y0 不是立即断开，而是经过 5s 延时后断开。

(a) 梯形图　(b) 时序图

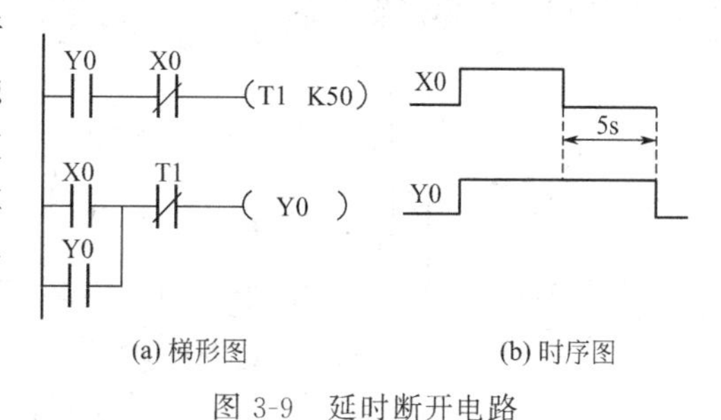

图 3-9　延时断开电路

（3）单稳态电路

图 3-10 为上升沿触发的单稳态电路，从 X0 由 OFF 变为 ON 的上升沿开始，Y0 输出一个宽度为 2s 的脉冲，2s 后 Y0 自动变为 OFF。X0 为 ON 的时间可以大于 2s，也可以小于 2s。X0 为 ON 的时间如果大于 2s，用 T0 的常闭触点断开 Y0 的线圈。X0 为 ON 的时间如果小于 2s，用起保停电路实现记忆功能。

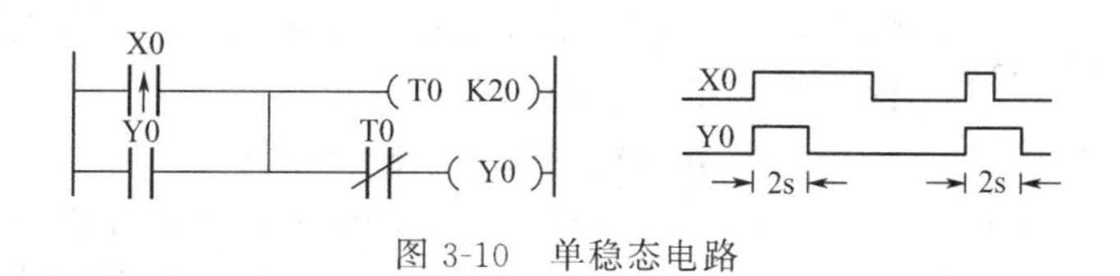

图 3-10　单稳态电路

（4）顺序脉冲发生电路

要求当输入继电器 X0 触点闭合时，输出继电器 Y0、Y1、Y2 按设定顺序产生脉冲信号；当 X0 断开时，所有输出复位。用定时器产生这种顺序脉冲，梯形图如图 3-11(b) 所示。

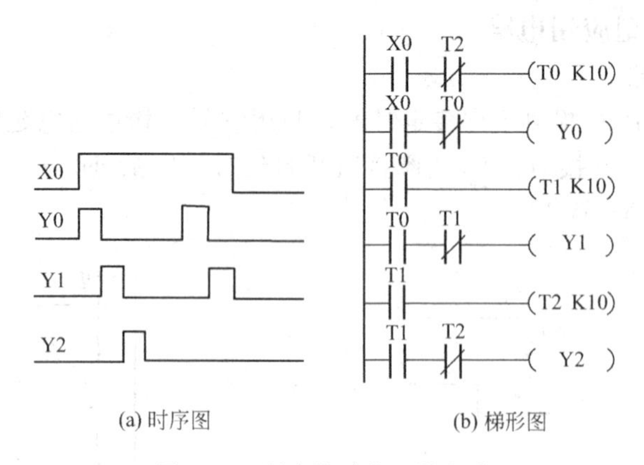

(a) 时序图　　(b) 梯形图

图 3-11　顺序脉冲发生器电路

当X0接通时，定时器T0开始计时，同时Y0输出脉冲，计时时间到时，T0常闭触点断开，Y0线圈断电；T0常开触点闭合，T1开始计时，同时Y1输出脉冲；T1定时时间到时，其常闭触点断开，Y1无输出；此时由于T1常开触点闭合，T2开始计时，Y2输出脉冲；T2定时时间到时，Y2输出断开，此时，如果X0还继续接通，则重新开始产生顺序脉冲，如此反复，直至X0断开为止。

(5) 周期脉冲发生电路

PLC内部通过特殊辅助继电器M8011、M8012、M8013、M8014可以产生周期和占空比固定的时钟脉冲。如果要产生周期和占空比都可调的时钟脉冲，可用两个定时器通过适当组合来实现，其梯形图如图3-12(a) 所示。

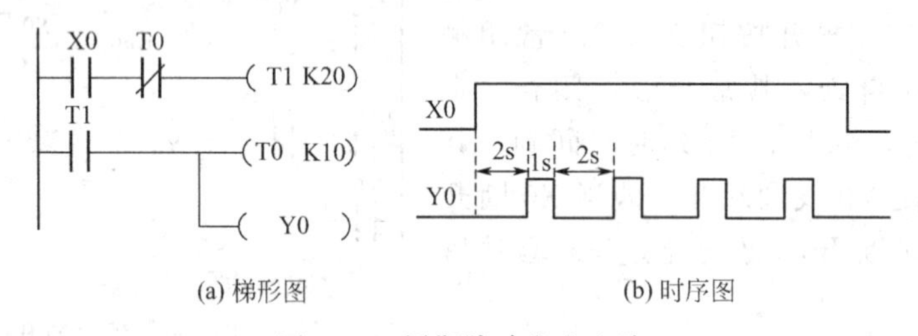

(a) 梯形图　　(b) 时序图

图 3-12　周期脉冲发生电路

当X0接通，其常开触点闭合，脉冲发生电路开始工作。只要X0是闭合的，输出Y0就能周期性地"通电"和"断电"，"通电"和"断电"的时间分别由T0和T1的设定值K来确定。通过改变T0和T1的设定值K，可改变输出脉冲的周期和占空比。周期脉冲发生电路实际上是一个具有正反馈的振荡电路，T0和T1的输出信号通过它们的触点分别控制对方的线圈，形成了正反馈。

(6) 电动机顺启逆停控制电路

有甲、乙两台电动机，要求按下常开启动按钮X0，甲电动机启动，5s后乙电动机启动；按下常开停止按钮X1，乙电动机停转，5s后甲电动机也停止转动。梯形图如图3-13所示。

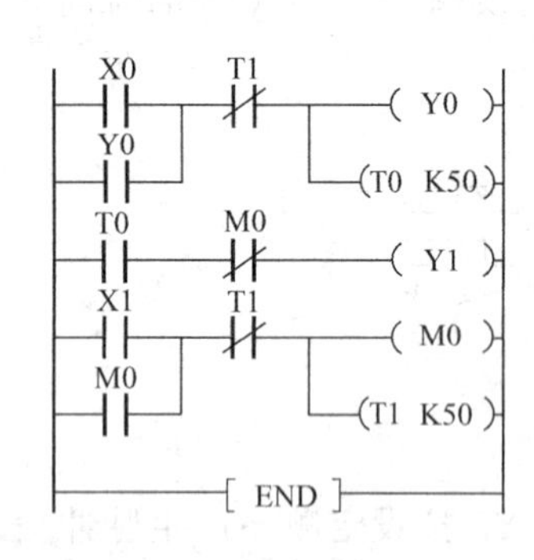

图 3-13　电动机顺启逆停控制梯形图

3.1.3　经验设计法

经验设计法也叫试凑法，是指设计者在掌握了大量的典型电路的基础上，充分理解实际控制问题，将实际控制问题分解成若干典型控制电路，再在典型控制电路的基础上不断修改且拼凑成梯形图。这种方法可能需要增加大量的中间元件来完成记忆、联锁等功能，需要反复调试和修改梯形图，没有普遍的规律可循，具有试探性和拼凑性，设计出来的梯形图不是唯一的。对于复杂的系统，经验设计方法一般设计周期较长，不易掌握，系统交付使用后维修困难。所以，经验设计方法一般只适合比较简单的或与某些典型系统相类似的控制系统的设计。用经验设计法编程，可归纳为以下几个步骤。

① 分解梯形图程序。认真分析和理解控制要求，将要编制的梯形图程序分解成功能独立的子梯形图程序。

② 进行输入信号逻辑组合。利用输入信号逻辑组合直接控制输出信号。在画梯形图时应考虑输出线圈的得电条件、失电条件、自锁条件等，注意程序的启动、停止、连续运行、选择输出分支和并行分支。

③ 使用辅助元件和辅助触点。如果无法利用输入信号逻辑组合直接控制输出信号，则需要增加一些辅助元件和辅助触点以建立输出线圈的得电和失电条件。

④ 使用定时器和计数器。如果输出线圈的得电和失电条件中需要定时和计数条件时，则使用定时器和计数器逻辑组合建立输出线圈的得电和失电条件。

⑤ 使用互锁和保护。画出各个输出线圈之间的互锁条件，互锁条件可以避免发生互相冲突的动作。保护条件可以在系统出现异常时，使输出线圈的动作保护控制系统生产过程。

⑥ 梯形图程序设计完成以后，需要对程序进行调试和运行。只有经过反复修改，才能使程序不断完善，最终达到控制要求。

在设计梯形图程序时，要注意先画基本梯形图程序，当基本梯形图程序的功能能够满足要求后，再增加其他功能。在使用输入条件时，注意输入条件是电平的脉冲边沿。一定要将梯形图分解成小功能块调试完毕后，再调试全部功能。

由于 PLC 组成的控制系统复杂程度不同，所以梯形图程序的难易程度也不同，因此上面提到的步骤并不是唯一和必须的，可以灵活运用。

【任务 3.2】　运料小车往返运行的控制程序设计

3.2.1　项目描述

在自动化生产线上经常使用运料小车装卸货物，图 3-14 为运料小车示意图。货物通过运料小车 M 从 A 地运到 B 地。SB1 和 SB2 分别为启动小车右行和左行的启动按钮，小车处在左端限位开关 SQ1 处装料，装料电磁阀 YV1 得电，延时 10s 后装料结束，接触器 KM1 得电，小车右行，碰到右端的限位开关 SQ2 时，KM1 失电，小车停止，电磁阀 YV2 得电，卸料开始，延时 8s 后卸料结束，接触器 KM2 得电，小车左行，碰到限位开关 SQ1 时，小车又停下来装料，这样不停地循环工作，直到按下停止按钮 SB3 才停止运行。画出 PLC 的外部接线图，用经验设计法设计小车送料控制系统的梯形图程序。

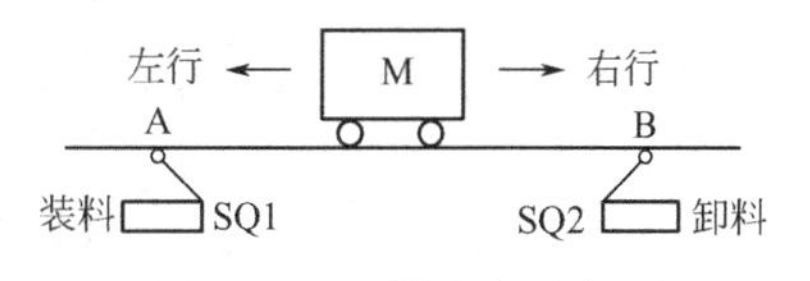

图 3-14　运料小车示意图

3.2.2　I/O 地址分配

从项目描述中的控制要求可知，要用 PLC 来实现运料小车往返控制，PLC 需要 5 个输入点和 4 个输出点，输入和输出点的分配如表 3-1 所示。

表 3-1 I/O分配表

输入信号			输出信号		
名称	代号	输入点编号	名称	代号	输出点编号
右行启动按钮	SB1	X0	小车右行	KM1	Y0
左行启动按钮	SB2	X1	小车左行	KM2	Y1
停止按钮	SB3	X2	小车装料	YV1	Y2
左限位开关	SQ1	X3	小车卸料	YV2	Y3
右限位开关	SQ2	X4			

3.2.3 PLC接线图

启动和停止按钮全部采用常开按钮，小车左行和右行加入硬件互锁。PLC接线图如图3-15所示。

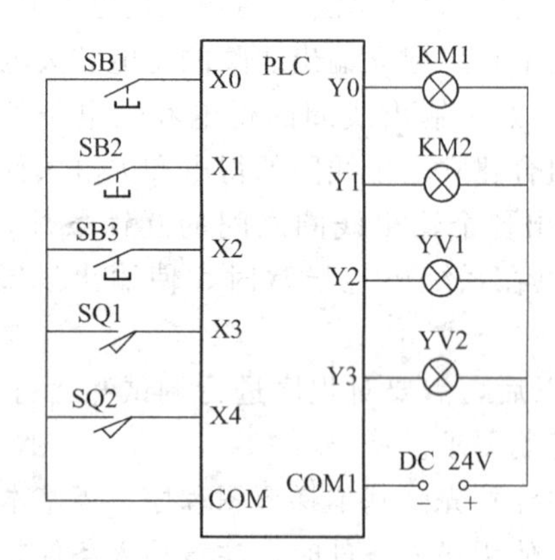

图 3-15 运料小车往返控制PLC接线图

3.2.4 梯形图程序设计

采用启保停电路，用经验设计法设计运料小车PLC控制梯形图程序如图3-16所示。

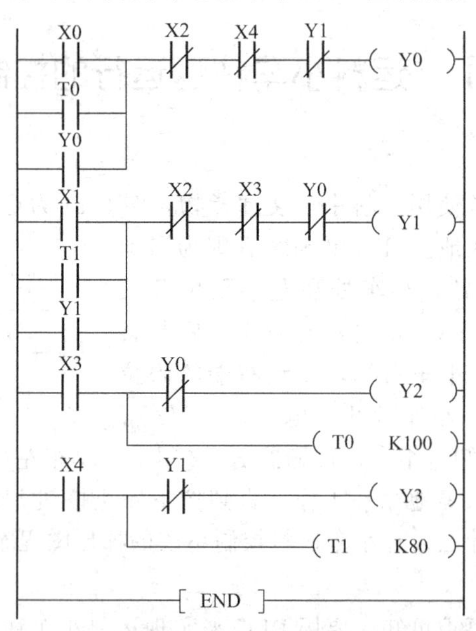

图 3-16 运料小车PLC控制梯形图程序

3.2.5 调试并运行程序

① 将设计好的运料小车往返控制梯形图程序输入到计算机；

② 将计算机中已编写好的程序下载到PLC；

③ 调试并运行程序。

【任务3.3】 拓展训练

训练项目：三节传送带运输控制程序设计。

3.3.1 项目描述

控制要求：三节传送带运输控制如图3-17所示。三节传送带顺序相连，为了避免运送物料在2号和3号传送带上堆积，要求按下常开启动按钮SB1后，3号传送带开始运行，5s后2号传送带自动启动，再过5s后1号传送带自动启动。停机的顺序与启动的顺序正好相反，即按下常开停止按钮SB2后，先停1号传送带，5s后停2号传送带，再过5s后3号传送带自动停止。请根据控制要求用可编程控制器设计其控制系统并调试。参考I/O分配表如表3-2所示。

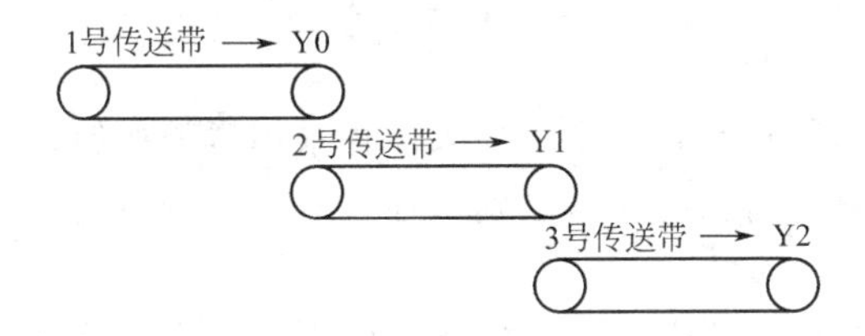

图3-17 三节传送带运输控制示意图

表3-2 I/O分配表

输入信号			输出信号		
名 称	代号	输入点编号	名 称	代号	输出点编号
启动按钮	SB1	X0	1号传送带	KM1	Y0
停止按钮	SB2	X1	2号传送带	KM2	Y1
			3号传送带	KM3	Y2

3.3.2 程序设计

学生明确了三节传送带运输控制要求之后，根据表3-2定义的I/O分配表，先画出PLC接线图，然后采用经验设计法进行梯形图程序设计。设计中，要求用SET、RST等基本指令来实现。学习活动内容、步骤及要求如下。

(1) 画出PLC接线图

画PLC接线图时，启动与停止全部采用常开按钮。

(2) 编写梯形图程序

梯形图程序设计是完成任务最重要的一步，学生可根据前面所学的基本指令进行编写。

(3) 运行和调试程序

按照PLC接线图进行系统连接，下载程序，对程序进行调试和运行并记录其运行结果。

【任务3.4】 项目小结

本项目在介绍了置位与复位指令、区间复位指令、多重输出指令和主控指令之后，重点叙述了定时器的典型应用和运料小车往返PLC控制程序设计。项目小结主要是对项目中的知识点和应掌握的基本技能进行归纳和总结，同时记录项目的实施与完成情况，它主要包括以下两个方面。

3.4.1 基本要求

① 总结基本指令的功能和定时器典型应用电路的特点；
② 归纳用经验设计法编程的基本步骤；
③ 对运料小车往返控制项目进行描述；
④ 简述运料小车往返控制程序设计的基本步骤；
⑤ 写出I/O分配表；
⑥ 画出运料小车往返控制PLC接线图；
⑦ 设计出梯形图程序；
⑧ 记录程序运行结果。

3.4.2 回答问题

① 在运料小车往返运行控制程序中，如果停止采用常闭按钮，梯形图作何改动？
② 普通定时器与积算定时器有什么区别？你在三节传送带运输PLC控制程序设计中用的什么定时器？
③ 利用FX_{2N}系列PLC中的定时器，如何实现5000s的延时控制？
④ 有哪些收获与体会？

【考核内容与配分】

本项目主要考核学生对基本指令、定时器的应用和运料小车往返控制程序设计的掌握情况。考核内容应涵盖知识掌握、程序设计和职业素养三个方面，重点考查学生的操作技能，具体考核内容与配分情况如表3-3所示。

表3-3 考核内容与配分

考核项目	考核内容	配分	考核要求及评分标准	得分
知识掌握	基本指令的功能与定时器的应用	30	掌握定时器的典型应用电路，熟悉指令功能，应用指令正确	
程序设计	I/O地址分配	15	分析系统控制要求，正确完成I/O地址分配	
	安装与接线	15	正确绘制系统接线图 按系统接线图在模拟配线板上正确安装，操作规范	
	控制程序设计	15	按控制要求完成控制程序设计，梯形图正确、规范 熟练操作编程软件，将所编写的程序下载到PLC	
	功能实现	15	按照被控设备的动作要求进行模拟调试，达到控制要求	
职业素养	6S规范	10	正确使用设备，具有安全用电意识，操作符合规范要求 操作过程中无不文明行为、具有良好的职业操守 作业完成后清理、清扫工作现场	

【思考题与习题】

3-1　填空题

① 定时器的线圈__________时开始定时，定时时间到时其常开触点__________，常闭触点__________。

② 通用定时器的线圈__________时被复位，复位后其常开触点__________，常闭触点__________，当前值为__________。

③ 定时器T1的设定值是K600，表示延时______秒。

④ 与主控指令下端相连的常闭触点应使用__________指令。

3-2　用定时器串接法实现300s的延时，画出梯形图。

3-3　用MPS、MRD和MPP指令写出如图3-18所示梯形图的助记符指令。

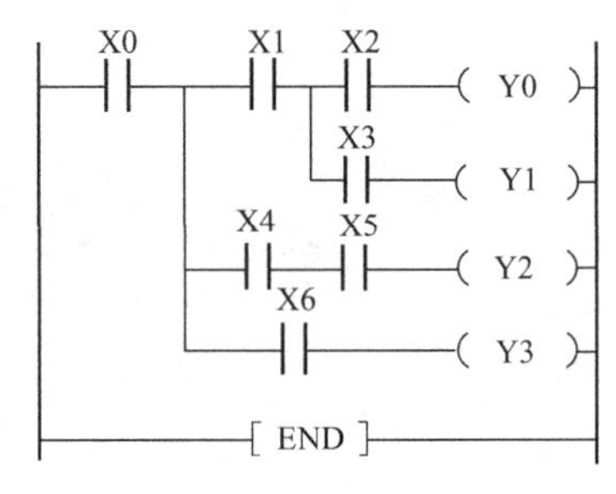

图3-18　题3-3图

3-4　画出图3-19中M0、M1和Y0的时序图。

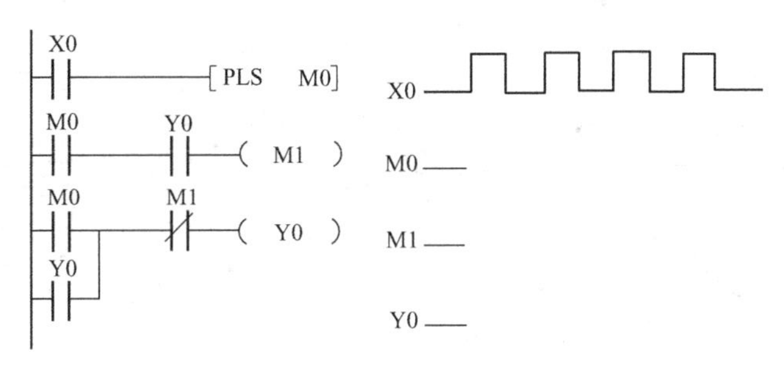

图3-19　题3-4图

3-5　三台电动机顺序启动、逆序停止时序图如图3-20所示。按下常开启动按钮，启动第1台电动机之后，每隔5s再启动一台；按下常开停止按钮，先停下第三台电动机，之后每隔5s逆序停下第二台和第一台电动机。采用PLC进行控制，I/O分配如表3-4，试画出

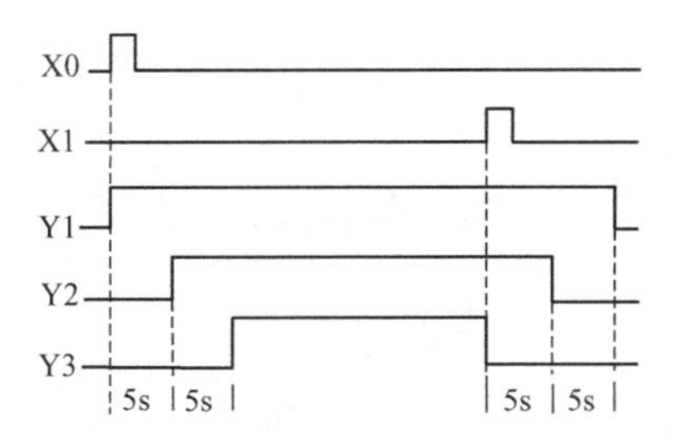

图3-20　题3-5图

PLC接线图并设计出梯形图程序。

表 3-4 I/O分配表

输入信号			输出信号		
名称	代号	输入点编号	名称	代号	输出点编号
启动按钮	SB1	X0	交流接触器 1	KM1	Y1
停止按钮	SB2	X1	交流接触器 2	KM2	Y2
			交流接触器 3	KM3	Y3

3-6 用接在X0～X11输入端的10个键输入十进制数0～9，将它们用二进制数的形式存放在Y0～Y3中，试用触点和线圈指令设计编码电路。

项目 4　交通信号灯的 PLC 控制

【学习目标】

掌握计数器的功能与使用方法；掌握顺序控制程序设计步骤及顺序功能图的画法。熟悉十字路口交通信号灯的控制要求。会画十字路口交通信号灯控制顺序功能图和进行梯形图程序设计；会搭接交通信号灯 PLC 控制系统并进行程序调试及运行。

【任务 4.1】　学习相关知识

4.1.1　计数器

4.1.1.1　内部计数器

内部计数器是在执行扫描操作时对内部元件（如 X、Y、M、S、T 和 C）的信号进行计数的计数器。其接通时间（ON）和断开时间（OFF）应该比 PLC 的扫描周期稍长。

(1) 16 位加计数器

设定值为 1～32767。其中，C0～C99 共 100 点是通用型，C100～C199 共 100 点是断电保持型，如表 4-1 所示。

表 4-1　计数器编号

计数器 / PLC	16 位加计数器 0～32767		32 位双向计数器 －2147483648～＋2147483647	
	通用	停电保持用	通用	停电保持用
FX_{2N}/FX_{2NC}	C0～C99 100 点	C100～C199 100 点	C200～C219 20 点	C220～C234 15 点

递加计数器的动作过程如图 4-1 所示。图中 X0 的常开触点接通后，C0 被复位，它对应的位存储单元被置 0，它的常开触点断开，常闭触点接通，同时其计数当前值被置为 0。X1 用来提供计数输入信号，当计数器的复位输入电路断开，计数输入电路由断开变为接通（即计数脉冲的上升沿）时，计数器的当前值加 1。在 4 个计数脉冲之后，C0 的当前值等于设定值 4，它的位存储单元被置 1，其常开触点接通，常闭触点断开。再来计数脉冲时其当前值不变，直到复位输入电路接通，计数器的当前值和计数器位被置 0。计数器也可以通过数据寄存器来指定设定值。

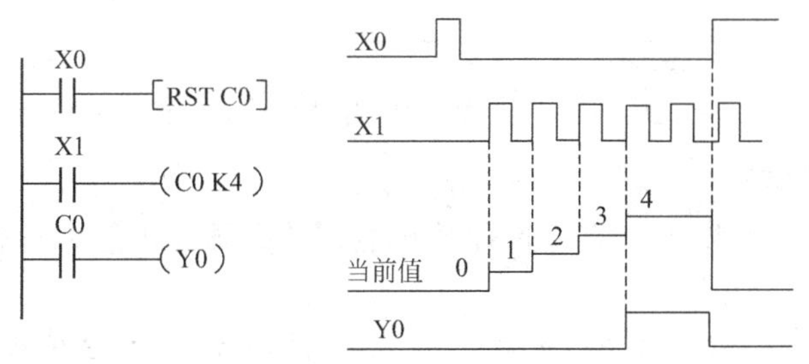

图 4-1　16 位加计数器

具有电池后备/锁存功能的计数器在电源断电时可以保持其状态信息，重新送电后立即按断电时的状态恢复工作。

（2）32位双向计数器

设定值为－2147483648～＋2147483647，其中，C200～C219共20点是通用型，C220～C234共15点为断电保持型计数器。

32位双向计数器是递加计数还是递减计数将由特殊辅助继电器M8200～M8234设定。特殊辅助继电器接通（置1）时为递减型计数；特殊辅助继电器断开（置0）时为递加型计数。

与16位计数器一样，可直接用常数K或间接用数据寄存器D的内容作为设定值。间接设定时，要用器件号紧连在一起的两个数据寄存器。用X3作为计数输入，驱动C200计数器线圈进行计数操作。

如图4-2所示。在计数器的当前值由－5→－4增加时，计数器输出触点接通（置1），在由－4→－5减少时，若输出已经接通，则其输出触点断开（置0）。若在由－4→－5减少时，输出Y1本来是未接通的，则不存在断开。当复位输入X2接通时，计数器的当前值为0，输出接点也复位。使用断电保持型计数器，其当前值和输出接点均能保持断电时的状态。32位计数器可当作32位数据寄存器使用。但不能用作16位指令的操作目标器件。

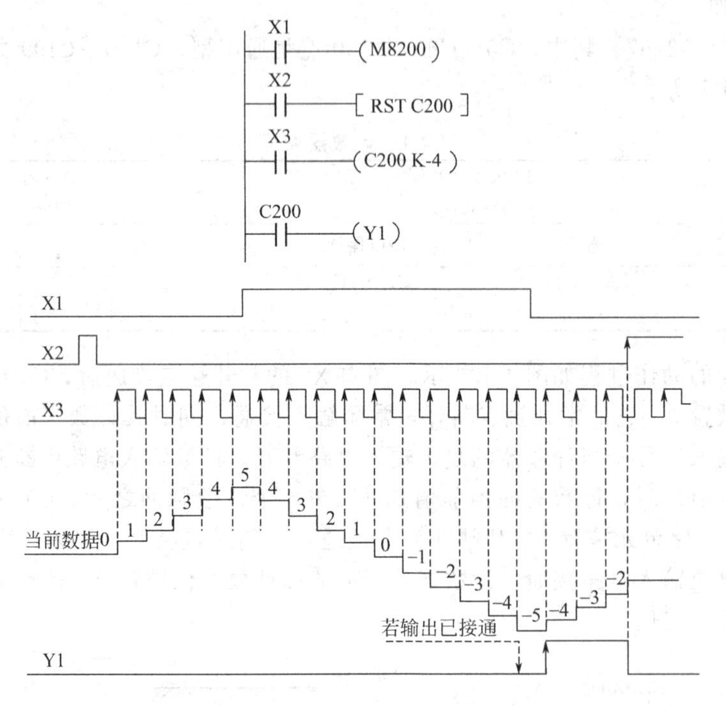

图4-2 双向计数器梯形图与时序图

4.1.1.2 高速计数器

在工业控制中有时要求PLC有快速计数功能，计数脉冲可能来自旋转编码器、机械开关、电子开关等。

高速计数器（C235～C255）共21点，这21个计数器均为32位加/减计数器，它们共用PLC的X0～X7八个输入端，但X0～X7不可重复使用，如表4-2所示。

表 4-2　高速计数器简表

输入		X0	X1	X2	X3	X4	X5	X6	X7
1 相无启动/复位	C235	U/D							
	C236		U/D						
	C237			U/D					
	C238				U/D				
	C239					U/D			
	C240						U/D		
1 相带启动/复位	C241	U/D	R						
	C242			U/D	R				
	C243					U/D	R		
	C244	U/D	R					S	
	C245			U/D	R				S
1 相 2 输入(双向)	C246	U	D						
	C247	U	D	R					
	C248				U	D	R		
	C249	U	D	R				S	
	C250				U	D	R		S
2 相输入（A-B 相型）	C251	A	B						
	C252	A	B	R					
	C253				A	B	R		
	C254	A	B	R				S	
	C255				A	B	R		S

注：U—递加计数输入；D—递减计数输入；A—A 相输入；B—B 相输入；R—复位输入；S—启动输入。

高速计数器的选择取决于所需计数器的类型及高速输入端子。高速计数器的类型有：1 相无启动/复位端子高速计数器 C235～C240；1 相带启动/复位端子高速计数器 C241～C245；1 相 2 输入（双向）高速计数器 C246～C250；2 相输入（A-B 相型）高速计数器 C251～C255。

表 4-2 给出了与各个高速计数器相对应的输入端子的名称。在高速计数器的输入端中，X0、X2、X3 的最高频率为 10kHz，X1、X4、X5 的最高频率为 7kHz。X6 和 X7 也是高速输入，但只能用作启动信号而不能用于高速计数。不同类型的计数器可同时使用，但它们的输入不能共用。输入端 X0～X7 不能同时用于多个计数器。例如，若使用了 C251，则 C235、C236、C241、C244、C246、C247、C249、C252 和 C254 等不能使用。因为这些高速计数器都要使用输入 X0 和 X1。

高速计数器是按中断原则运行的，因而它独立于扫描周期。选定计数器的线圈应以连续方式驱动，以表示这个计数器及其有关输入连续有效，其他高速处理不能再用其输入端子。图 4-3 为高速计数器的输入。当 X20 接通时，选中高速计数器 C235，而由表 4-2 可查出 C235 对应的计数器输入端为 X0，计数器输入脉冲应为 X0 而不是 X20。当 X20 断开时，C235 线圈断开，同时 C236 接通，选中计数器 C236，其计数脉冲输入端为 X1。特别提示，不要用计数器输入端接点作为计数器线圈的驱动接点。下面分别对四类高速计数器的应用加以说明。

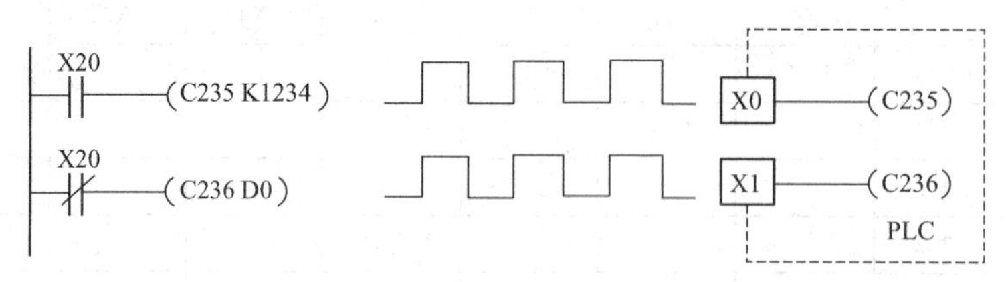

图 4-3　高速计数器输入

（1）1 相无启动/复位端子高速计数器 C235～C240

计数方式及接点动作与前述普通 32 位计数器相同。递加计数时，当计数值达到设定值时，接点动作保持；作递减计数时，到达计数值则复位。1 相 1 输入计数方向取决于其对应标志 M8XXX（XXX 为对应的计数器地址号），C235～C240 高速计数器各有一个计数输入端，如图 4-4 所示。现以 C235 为例说明此类计数器的动作过程。X10 接通时，方向标志 M8235 置位，计数器 C235 递减计数，反之递加计数。当 X11 接通时，C235 复位为 0，接点 C235 断开。当 X12 接通时，C235 选中，见表 4-2，对应计数器 C235 的输入为 X0，C235 对 X0 的输入脉冲进行计数。

图 4-4　C235 计数器

图 4-5　C245 计数器

（2）1 相带启动/复位端子高速计数器 C241～C245

这类高速计数器的计数方式、接点动作、计数方向与 C235～C240 相似。C241～C245 高速计数器各有一个计数输入和一个复位输入，计数器 C244 和 C245 还有一个启动输入。以图 4-5 所示的 C245 计数器为例说明此类高速计数器的动作过程。当方向标志 M8245 置位时，C245 计数器递减计数，反之递加计数。当 X14 接通时，C245 复位为 0，接点 C245 断开。从表 4-2 中可知，C245 还能由外部输入 X3 复位。计数器 C245 还有外部启动输入端 X7，当 X7 接通时，C245 开始计数，X7 断开时，C245 停止计数。当 X15 选通 C245 时，对 X2 输入端的脉冲进行计数。需要说明的是，对 C245 设置 D0，实际上是设置 D0、D1。因为计数器为 32 位，而外部控制启动 X7 和复位 X3 是立即响应的，它不受程序扫描周期的影响。

（3）1 相 2 输入（双向）高速计数器 C246～C250

这 5 个高速计数器有两个输入端，一个表示递加，一个表示递减。有的还有复位和启动输入。以 C246 为例，它们的计数动作过程如图 4-6 所示。当 X10 接通时，C246 以普通 32 位递加/递减计数器一样的方式复位。从表 4-2 可知，对计数器 C246，X0 为递加计数端，X1 为递减计数端。X11 接通时，选中 C246，使 X0、X1 输入有效。X0 接通，C246 递加计数；X1 接通，C246 递减计数。

图 4-7 以 C250 为例说明带复位和启动端的 1 相 2 输入高速计数器的动作过程。由表 4-2 可知，对计数器 C250，X5 为复位输入，X7 为启动输入。因此可由外部复位，而不必用 RST C250 指令。要选中 C250，必须接通 X11，启动输入 X7 接通时开始计数，X7 断开时停

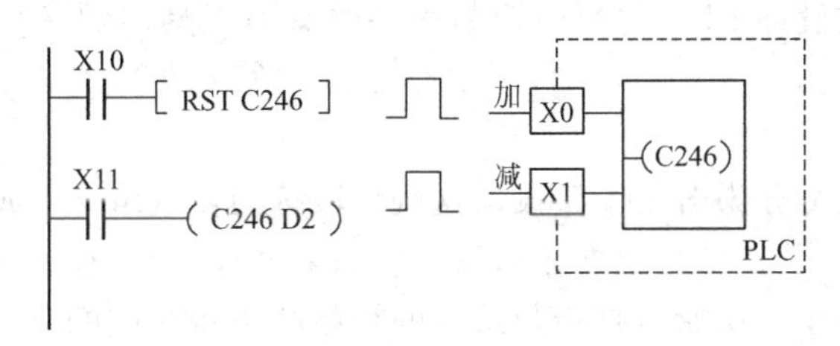

图 4-6　C246 计数器

止计数。递加计数输入为 X3，递减计数输入为 X4。而计数方向由特殊辅助继电器 M8XXX 决定。M8XXX 为 ON 时，表示递减计数，M8XXX 为 OFF 时，表示递加计数。

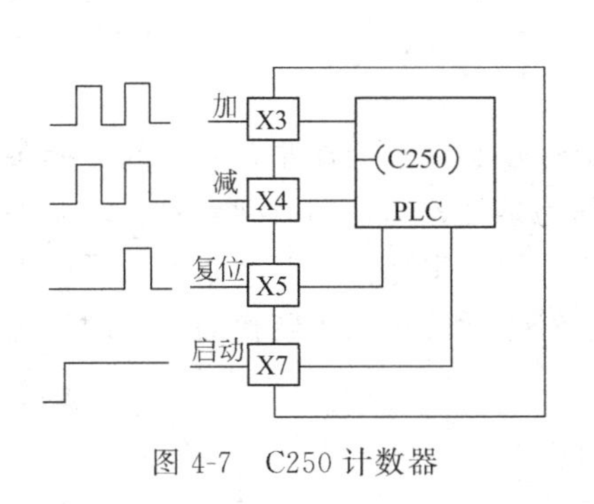

图 4-7　C250 计数器

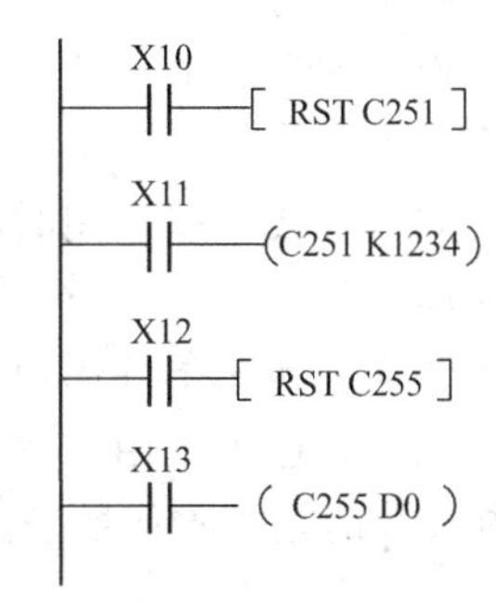

图 4-8　C251、C255 计数器

(4) 2 相输入（A/B 相型）高速计数器 C251～C255

在 2 相输入计数器中，最多可有两个 2 相 32 位二进制递加/递减计数器，其计数的动作过程与前面所讲的普通型 32 位递加递减型相同。对这些计数器，只有表 4-2 中列出的输入端可用于计数。A 相和 B 相信号决定计数是递加计数还是递减计数。当 A 相为 ON 状态时，B 相输入由 OFF 变为 ON，为递加计数；而 B 相输入由 ON 变为 OFF 时，为递减计数。以图 4-8 中的 C251 和 C255 为例来说明此类计数器的计数过程。

在 X11 接通时，C251 对输入 X0（A 相）、X1（B 相）的 ON/OFF 过程计数。选中信号 X13 接通时，一旦 X7 接通，C255 立即开始计数，计数输入为 X3（A 相）和 X4（B 相）。X5 接通，C255 复位，在程序中编入第三行所示指令，则 X12 接通时也能够使 C255 复位。检查对应的特殊辅助继电器 M8XXX 可知计数器是递加计数还是递减计数。

4.1.2　顺序控制设计法与顺序功能图

4.1.2.1　顺序控制设计法

用经验设计法设计梯形图时，没有固定的方法和步骤可以遵循，具有很大的试探性和随意性。特别是对于一些较为复杂的控制系统，用经验设计法设计非常困难，并且设计出来的梯形图往往很难阅读，给系统的维修和改进带来了较大的困难。下面介绍顺序控制设计方法。

顺序控制就是按照生产工艺预先规定的顺序，在各个输入信号的作用下，根据内部状态和时间的顺序，在生产过程中各个执行机构自动地有秩序地进行操作。顺序控制设计方法是一种先进的设计方法，很容易被初学者接受，对于有经验的工程师，也会提高设计的效率，程序的调试、修改和阅读也很方便。使用顺序控制设计法时首先根据系统的工艺过程，画出顺序功能图，然后根据顺序功能图画出梯形图。有的 PLC 编程软件为用户提供了顺序功能图（SFC）语言，在编程软件中生成顺序功能图后便完成了编程工作。

4.1.2.2　顺序功能图及三要素

顺序功能图 SFC（Sequential Function Chart）就是描述控制系统的控制过程、功能及特性的一种图形，也是设计PLC的顺序控制程序的有力工具。顺序功能图有三个要素，分别为步、转换条件与动作。

（1）步

一个顺序控制过程可分为若干个阶段，这些阶段称为步（Step）或状态，可用辅助继电器M或状态继电器S表示。步是根据输出量的状态来划分的，因此每个步都有不同的动作，但初始步有可能没有动作。初始步是指与系统的初始状态相对应的步，初始状态一般是系统等待启动命令的相对静止的状态。初始步用双线框表示，一般步用单线框表示，每一个顺序功能图至少应该有一个初始步。当系统正处于某一步所在的阶段时，该步处于活动状态，称该步为“活动步”。步处于活动状态时，相应的动作被执行；处于不活动状态时，相应的非存储型动作被停止执行。在当前步为活动步且相邻两步之间的转换条件满足时，就将实现步与步之间的转换，即上一个步的动作结束而下一个步的动作开始。

（2）转换条件

步与步之间实现转换应该同时满足两个条件：前级步必须是活动步，对应的转换条件成立。例如，在前级步为活动步时，如果将控制时间作为条件，当控制时间到时，转换条件成立，则可进行转换。转换条件用短划线表示，在旁边可用文字标注。转换条件除了可以用文字语言来标注以外，还可以用布尔代数表达式或图形符号标注在表示转换的短线的旁边（图4-9），使用得最多的是布尔代数表达式。

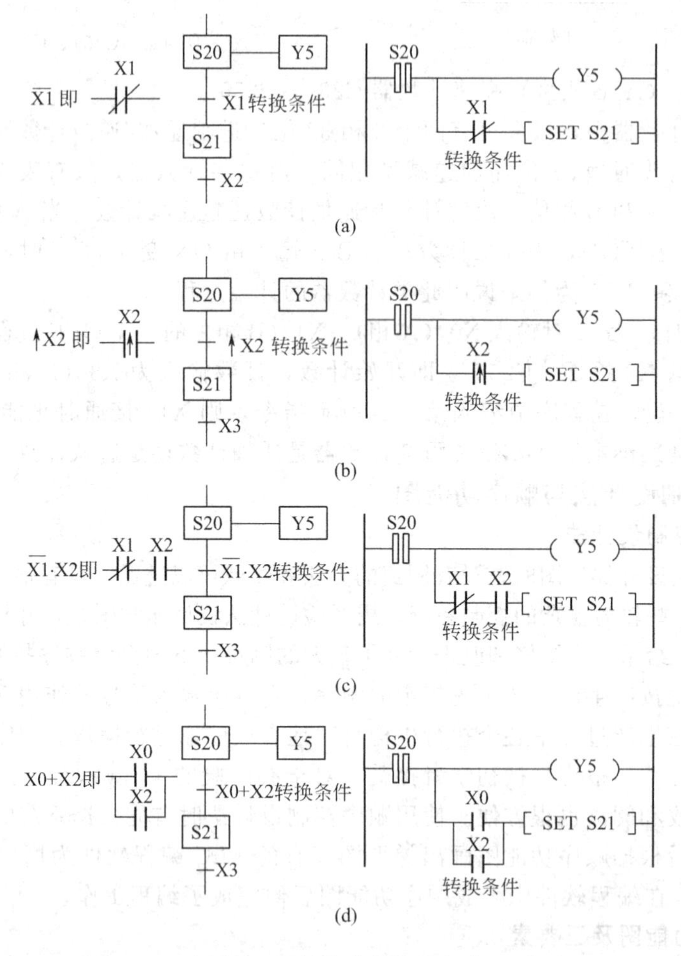

图4-9 转换条件的表示方式

转换条件X0和$\overline{X0}$分别表示当输入信号X0为ON和OFF时的转换实现。↑X0和↓X0分别表示当X0从0→1的上升沿和从1→0下降沿时转换实现。转换条件$\overline{X1}\cdot X2$表示X1的常闭触点与X2的常开触点同时闭合，在梯形图中则用两个触点的串联来表示这样一个“与”转换条件。转换条件X0＋X2表示X0的常开触点与X2的常开触点只要其中一个闭合，在梯形图中则用两个触点的并联来表示这样一个“或”转换条件。

为了便于将顺序功能图转换为梯形图，最好用代表各步的编程元件的元件号作为步的代号，并用编程元件的元件号来标注转换条件和各步的动作命令。

（3）动作

一个控制系统可以划分为被控系统和施控系统，例如在数控车床系统中，数控装置是施控系统，而车床是被控系统。对于被控系统，在某一步中要完成某些“动作”，对于施控系统，在某一步中则要向被控系统发出某些“命令”。为了叙述的方便，这里将命令或动作统称为动作，并用矩形框中的文字或符号表示，该矩形框应与相应的步的符号相连。如果某一步有几个动作，但并不隐含这些动作之间的任何顺序。

为了便于将顺序功能图转换为梯形图，最好用代表各步的编程元件的元件号作为步的代号，并用编程元件的元件号来标注转换条件和各步的动作或命令。

4.1.2.3 顺序功能图的基本结构

顺序功能图有单序列、选择序列和并行序列三种基本结构，如图4-10所示。

单序列如图4-10(a)所示。它由一系列相继激活的步组成，每一步的后面仅有一个转换，每一个转换的后面只有一个步。

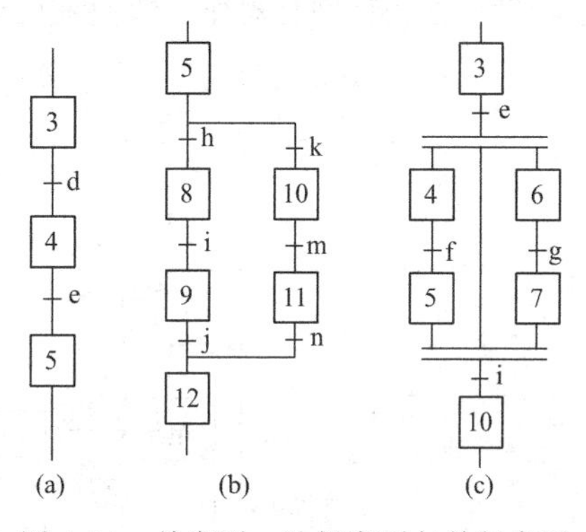

图4-10 单序列、选择序列与并行序列

选择序列如图4-10(b)所示。它的开始称为分支，转换符号只能标在水平连线之下。如果步5是活动步，且转换条件h=1，将发生由步5→步8的转换。如果步5是活动步，且k=1，将发生由步5步→10的转换。选择序列的结束称为合并，几个选择序列合并到一个公共序列时，用需要重新组合的序列相同数量的转换符号和水平连线来表示，转换符号只允许标在水平连线之上。如果步9是活动步，并且转换条件j=1，将发生由步9→步12的转换。如果步11是活动步，且n=1，将发生由步11→步12的转换。

并行序列如图4-10(c)所示。它的开始称为分支，当转换的实现导致几个序列同时激活时，这些序列称为并行序列。图中，当步3是活动步，且转换条件e=1，步4和步6同时变为活动步，同时步3变为不活动步。为了强调转换的同步实现，水平连线用双线表示。步4和步6被同时激活后，每个序列中活动步的转换将是独立的。在表示同步的水平双线之上，只允许有一个转换符号。并行序列用来表示系统的几个同时工作的独立部分的工作情况。并行序列的结束称为合并，在表示同步的水平双线之下，只允许有一个转换符号。当直接连在双线上的所有前级步（步5和步7）都处于活动状态，并且转换条件i=1时，才会发生步5和步7到步10的转换，即步5和步7同时变为不活动步，而步10变为活动步。

4.1.2.4 绘制顺序功能图注意事项

① 两个步之间绝对不能直接相连，必须用一个转换将它们分开。

② 两个转换也不能直接相连，必须用一个步将它们分开。

③ 顺序功能图中的初始步一般对应于系统等待启动的初始状态，初始步一般没有输出，

因此初学者容易遗漏这一步。初始步是必不可少的，如果没有该步，无法表示初始状态，系统也无法返回停止状态。

④ 自动控制系统应能多次重复执行同一过程，因此顺序功能图应该是一个由步和有向连线组成的闭环系统，即在完成一个过程的全部操作之后，应从最后一步返回至下一过程开始的初始步。

⑤ 在顺序功能图中，只有当某一步的前级步是活动步时，该步才有可能变成活动步。如果用没有断电保持功能的编程元件代表各步，PLC进入RUN工作方式时，它们均处于OFF状态，必须用初始化脉冲M8002的常开触点作为转换条件，将初始步预置为活动步，否则因顺序功能图中没有活动步而使系统无法工作。顺序功能图是用来描述自动工作过程的，如果系统有自动、手动两种工作方式，这时还应在系统由手动工作方式进入自动工作方式时，用一个适当的信号将初始步置为活动步。

⑥ 定时器在下一次运行之前，首先应将它复位，否则将导致定时器的非正常工作。

4.1.3 以转换为中心的编程方法

图4-11是单序列顺序功能图与梯形图，由M0步转换到M1步必须满足两个条件，即前级步M0是活动步，M0=1；转换条件满足，X0=1。在梯形图中，用M0和X0的常开触点组成串联电路来表示上述条件，当该电路接通时，即两个条件同时满足，应完成两个操作，即通过使用SET指令将后序步M1变为活动步，使用RST指令将前级步M0变为不活动步，这种设计方法特别有规律，即使是设计复杂的顺序功能图的梯形图，也容易掌握和不易出错。

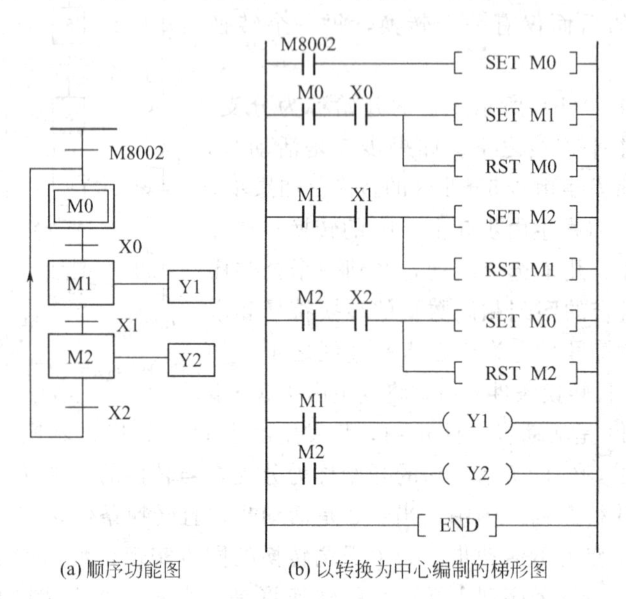

(a) 顺序功能图　(b) 以转换为中心编制的梯形图

图4-11　单序列顺序功能图与梯形图

选择序列的顺序功能图与梯形图如图4-12所示。它有两个或两个以上的分支可供选择，当其中某一分支条件满足时，即选择该分支执行，其余分支不执行。

图4-13(a) 是并行序列的顺序功能图，其梯形图程序如图4-13(b) 所示。这里要注意并行序列的分支与合并的编程方法，如M1为活动步时，只要X1转换条件成立，则M2、M4要同时变为ON；M6步前有一个并行序列的合并，该转换实现的条件是所有的前级步（M3、M5）都是活动步且X4转换条件满足，因此应将它们串联作为启动条件。最后可集中编写执行动作控制程序，用每步号驱动对应的执行装置。

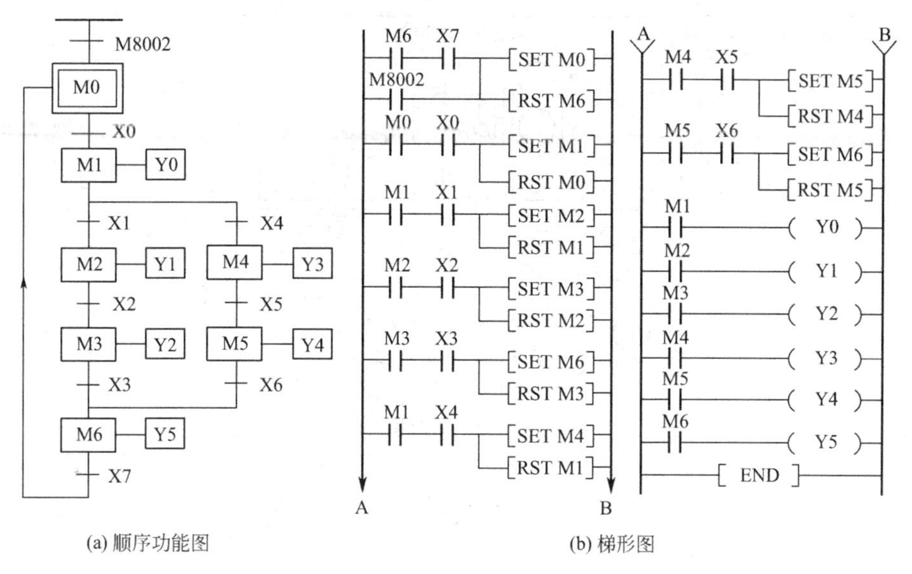

(a) 顺序功能图　　　(b) 梯形图

图 4-12　选择序列顺序功能图与梯形图

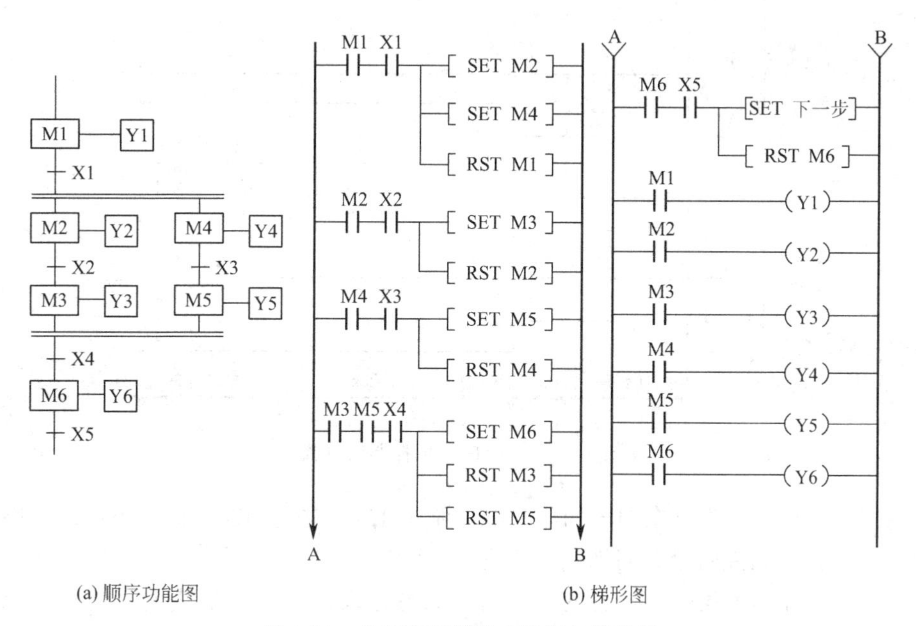

(a) 顺序功能图　　　(b) 梯形图

图 4-13　并行序列顺序功能图与梯形图

【任务 4.2】　交通信号灯控制程序设计

4.2.1　项目描述

图 4-14 是十字路口交通灯控制示意图。东西方向、南北方向的车辆都要从十字路口经过。信号灯分东西、南北两组，分别有红黄绿三种颜色，红灯亮时车辆不能通过，只有绿灯亮、绿灯闪烁的亮或黄灯亮时车辆才能通过。假设东西方向交通比南北方向繁忙一倍，因此东西方向绿灯亮的时间要多一倍，交通信号灯控制时序图如图 4-15 所示。具体控制要求如下。

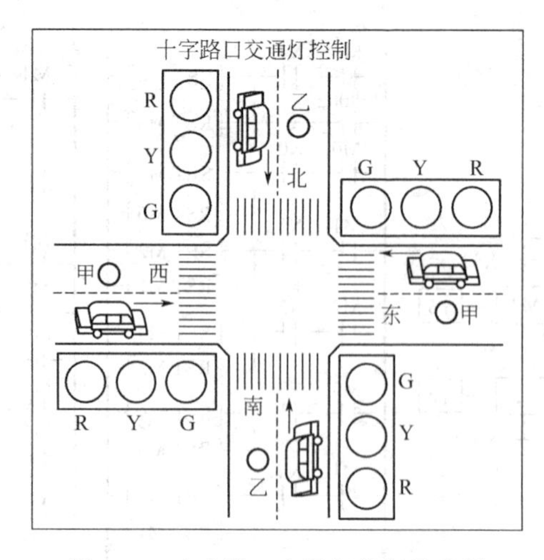

图 4-14 十字路口交通灯控制示意图

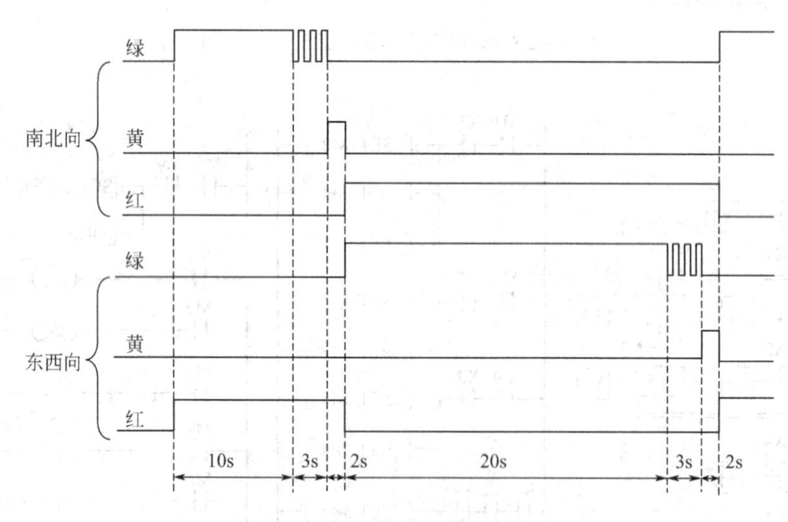

图 4-15 交通信号灯控制时序图

① 系统工作后，首先是东西方向红灯亮并维持 15s；与此同时，南北方向绿灯亮并维持 10s，到 10s 时，南北方向绿灯闪烁亮，闪亮 3s 后熄灭。

② 南北方向绿灯熄灭时，接着南北方向黄灯亮并维持 2s，然后南北方向黄灯熄灭、红灯亮，东西方向红灯熄灭、绿灯亮。

③ 南北方向红灯亮并维持 25s；与此同时，东西方向绿灯亮并维持 20s；然后，东西方向绿灯闪烁亮 3s 后熄灭。

④ 东西方向绿灯熄灭时，接着东西方向黄灯亮，维持 2s 后熄灭。至此，结束一个工作循环。

当合上开关时，系统开始工作，断开开关时，所有灯全部熄灭，试根据上述控制要求进行程序设计。

4.2.2 I/O 地址分配

用一个开关进行启停控制。根据控制要求，本项目有 1 个输入信号和 6 个输出信号，输入和输出地址分配如表 4-3 所示。

表 4-3　I/O 分配表

输入信号			输出信号		
名称	代号	输入点编号	名称	代号	输出点编号
启停开关	S	X0	南北红灯	HL3	Y2
输出信号			东西绿灯	HL4	Y3
名称	代号	输出点编号	东西黄灯	HL5	Y4
南北绿灯	HL1	Y0	东西红灯	HL6	Y5
南北黄灯	HL2	Y1			

4.2.3　PLC 接线图

PLC 接线图如图 4-16 所示。

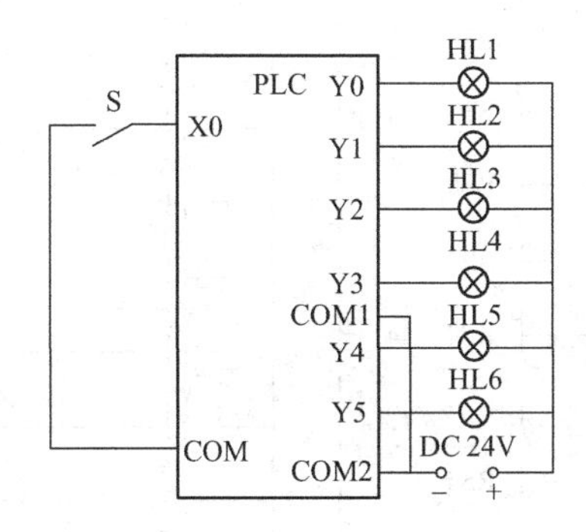

图 4-16　交通信号灯控制 PLC 接线图

4.2.4　梯形图程序设计

① 根据项目控制要求和输入、输出点分配表设计出顺序功能图如图 4-17 所示。

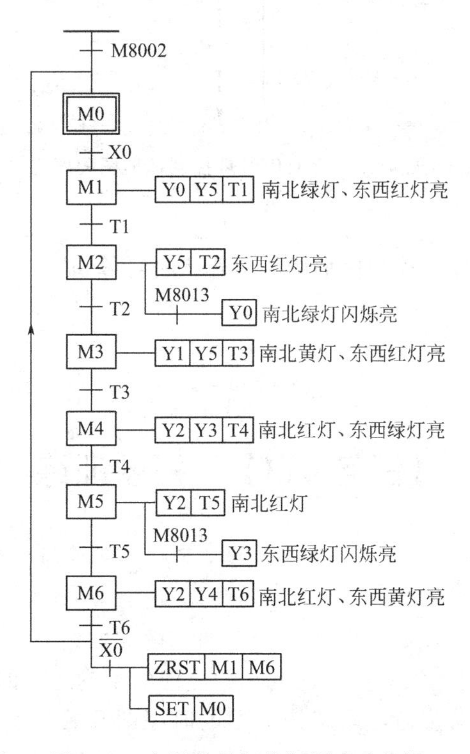

图 4-17　交通信号灯控制顺序功能图

② 按照顺序功能图，采用以转换为中心的方法设计梯形图程序，参考梯形图程序如图4-18所示。

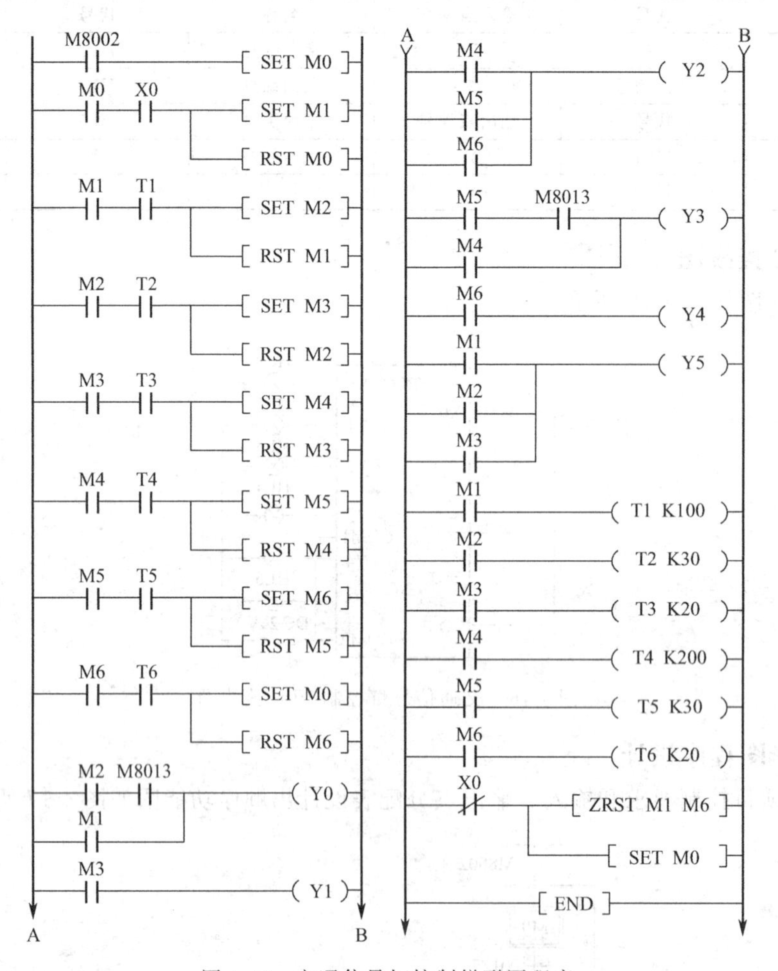

图4-18 交通信号灯控制梯形图程序

4.2.5 调试并运行程序

① 将编写好的交通信号灯控制梯形图程序输入到计算机；

② 将程序下载到PLC；

③ 调试并运行程序；

④ 记录运行结果。

【任务4.3】 拓展训练

训练项目：增加“白天/黑夜”选择开关的十字路口交通灯控制程序设计。

4.3.1 项目描述

某交通信号灯采用PLC控制。信号灯分东西、南北两组，分别有红黄绿三种颜色，假设东西方向交通比南北方向繁忙一倍，因此东西方向的车辆通行的时间多一倍。其控制时序图如图4-19所示，按下启动按钮，系统按下面的时序图开始工作，按下停止按钮马上停止工作，“白天/黑夜”选择开关闭合时为黑夜工作状态，这时只有黄灯闪烁，断开时按时序控制图工作。请按上述控制要求进行 PLC 程序设计。

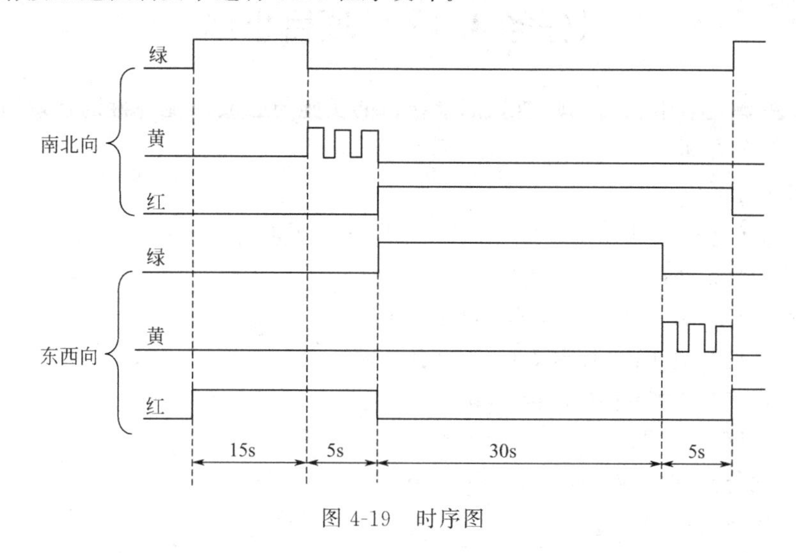

图 4-19　时序图

4.3.2　程序设计

学生在明确了控制要求之后，开始进行程序设计。在程序设计过程中，充分发挥教师主导、学生主体作用。学习活动内容、步骤及要求如下。

（1）I/O 地址分配

东西南北四组红、绿、黄三色发光二极管模拟十字路口的交通灯，根据控制要求列出输入/输出点分配表如表 4-4 所示，请在输入与输出点编号栏目中填入相应的输入、输出继电器编号。

表 4-4　I/O 分配表

输入信号			输出信号		
名称	代号	输入点编号	名称	代号	输出点编号
启动按钮	SB1		南北红灯	HL1	
停止按钮	SB2		南北黄灯	HL2	
白天/黑夜开关	S		南北绿灯	HL3	
			东西红灯	HL4	
			东西黄灯	HL5	
			东西绿灯	HL6	

（2）画出 PLC 接线图

PLC 接线图是进行实物（系统）连接的基础，它主要指 PLC 的外部连接线路图。

（3）设计顺序功能图

在设计程序之前，先画出顺序功能图是确保程序设计成功的关键。

（4）编写梯形图程序

梯形图程序设计是完成任务最重要的一步，学生可根据前面画出的顺序功能图，采用以转换为中心的编程方法进行编写。

（5）运行和调试程序

梯形图程序编写完成以后，即可对程序进行调试和运行。

【任务4.4】 项目小结

项目小结主要是学生总结、归纳和记录项目的实施与完成情况，特别强调写实。其主要内容包括以下两个方面。

4.4.1 基本要求

① 对计数器的分类、特点和顺序控制程序设计方法进行总结；
② 对交通信号灯PLC控制项目进行描述；
③ 简述顺序控制程序设计的基本步骤；
④ 写出交通信号灯PLC控制I/O分配表；
⑤ 画出交通信号灯控制PLC接线图；
⑥ 设计出顺序功能图；
⑦ 将顺序功能图转换成梯形图程序；
⑧ 记录程序运行结果。

4.4.2 回答问题

① 交通信号灯控制程序中“ZRST M1 M6”的功能是什么？
② M8012及M8013有什么不同？有何用途？
③ 程序设计中遇到了哪些问题？你是如何解决的？
④ 有哪些收获与体会？

【考核内容与配分】

本项目主要考核学生对计数器、顺序功能图、以转换为中心的编程方法和交通信号灯的PLC控制程序设计等知识和技能。考核是全方位和全过程的，要求师生共同参与，考核内容应涵盖知识掌握、程序设计和职业素养三个方面。具体考核内容与配分情况如表4-5所示。

表4-5 考核内容与配分

考核项目	考核内容	配分	考核要求及评分标准	得分
知识掌握	内部计数器及其应用、顺序控制设计法	30	熟悉计数器的功能与应用，掌握顺序设计法和以转换为中心的编程方法	
程序设计	I/O地址分配	15	分析系统控制要求，正确完成I/O地址分配	
	安装与接线	15	正确绘制系统接线图 按系统接线图在模拟配线板上正确安装，操作规范	
	控制程序设计	15	按控制要求完成控制程序设计，梯形图正确、规范 熟练操作编程软件，将所编写的程序下载到PLC	
	功能实现	15	按照被控设备的动作要求进行模拟调试，达到控制要求	
职业素养	6S规范	10	正确使用设备，具有安全用电意识，操作符合规范要求 操作过程中无不文明行为、具有良好的职业操守 作业完成后清理、清扫工作现场	

【思考题与习题】

4-1　采用以转换为中心的编程方法对十字路口交通信号灯控制进行编程，你主要用到了哪些基本指令？

4-2　如何用计数器和定时器来实现 M8013 的功能，请画出梯形图程序。

4-3　FX_{2N}系列 PLC 计数器有几种类型？

4-4　梯形图如图 4-20 所示，当合上开关 X1 时，请问多长时间 Y0 有输出？

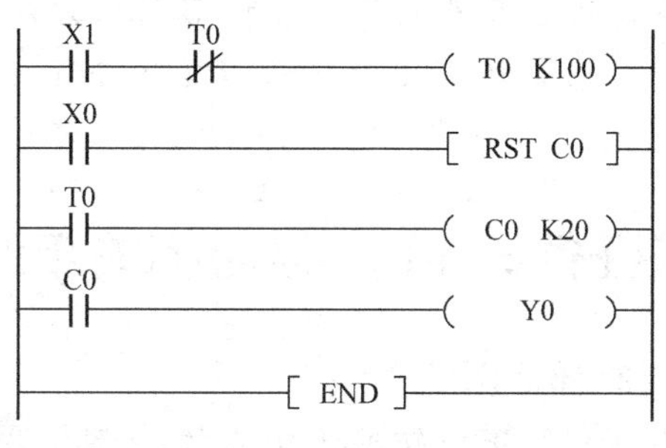

图 4-20　题 4-4 图

4-5　人行横道处的交通信号灯控制时序图如图 4-21 所示，按下常开按钮 X0，交通灯将按时序图进行变化。要求写出 I/O 分配表，画出 PLC 接线图，并设计出顺序功能图和梯形图程序。

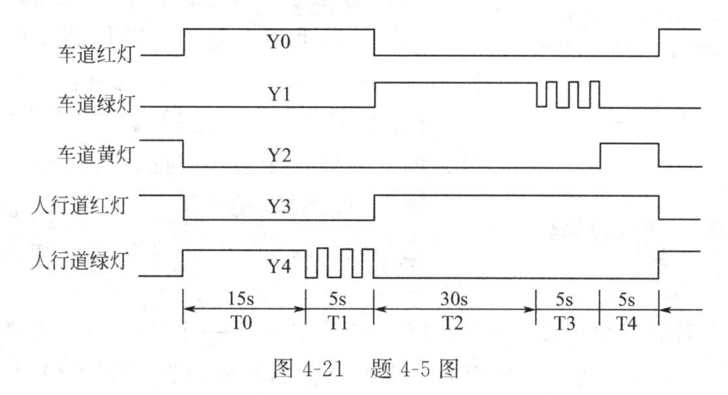

图 4-21　题 4-5 图

4-6　试分析图 4-22 梯形图的功能，并将其转换成指令表。

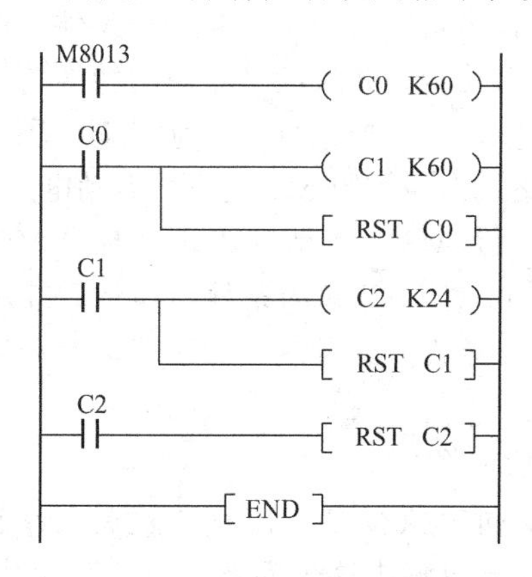

图 4-22　题 4-6 图

项目 5　某化学品生产过程的 PLC 控制

【学习目标】

进一步掌握顺序控制程序设计步骤及顺序功能图的画法；掌握并行序列顺序功能图的特点及其设计要领；掌握采用启保停电路设计梯形图的方法；会用启保停电路完成某化学品生产过程典型控制程序的设计，会用启保停电路进行液体混合装置控制系统程序设计。

【任务 5.1】　学习相关知识

5.1.1　采用启保停电路编制梯形图的方法

对于顺序控制，项目四已介绍了以转换为中心的编程方法，这里主要介绍采用启保停电路编制梯形图程序。启保停电路仅仅使用与触点和线圈有关的指令，任何一种 PLC 的指令系统都有该类指令，因此这是一种通用的编程方法，所有型号的 PLC 都适应。图 5-1 中 M1、M2 和 M3 是顺序功能图中顺序相连的 3 步，X1 是步 M2 之前的转换条件。M1 为活动步时，M1 为 ON。该步之后的转换条件 X1 满足时，X1 的常开触点接通，因此，可以将 M1 和 X1 的常开触点组成的串联电路作为转换实现的两个条件，用它来使后续步对应的 M2 变为 ON，同时使 M1 变为 OFF。

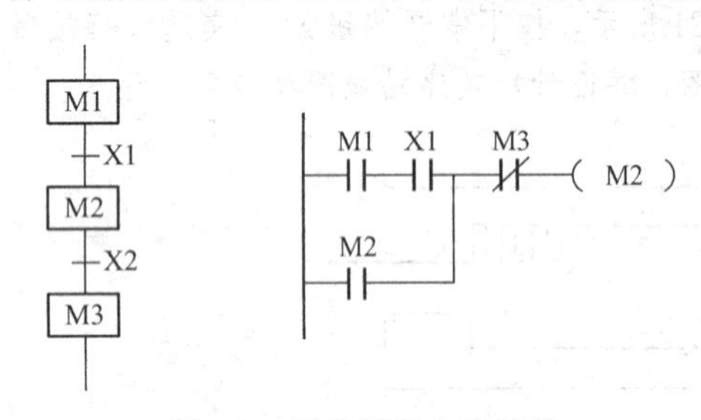

图 5-1　用启保停电路编程

为了使后续步对应的编程元件变为 ON 后能保持到下一个转换条件满足，应使用有记忆（或保持）功能的电路来控制代表步的辅助继电器。启保停电路和有置位复位指令的电路就是两种典型的具有记忆功能的电路。

设计启保停电路的关键是找出它的启动条件和停止条件。根据转换实现的基本规则，转换实现的条件是它的前级步为活动步，并且满足相应的转换条件，所以步 M2 变为活动步的条件是它的前级步 M1 为活动步，且转换条件 X1 为 ON。所以在启保停电路中，用 M1 和 X1 的常开触点组成的串联电路，作为控制 M2 线圈的启动电路。

当 M2 和 X2 均为 ON 时，步 M3 变为活动步，这时步 M2 应变为不活动步，因此可以将 M3＝1 作为使辅助继电器 M2 变为 OFF 的条件，即将后续步 M3 的常闭触点与 M2 的线圈串联，作为启保停电路的停止条件。这种使用后续步的常闭触点控制前级步的停止方法非常简单方便。

5.1.2　并行序列及其顺序功能图

在生产过程中，有时需要同时执行多个流程。这就要求同时执行两个或两个以上的分支程序，用并行序列就可以方便解决这个问题。图 5-2 为某控制系统的并行序列顺序功能图。

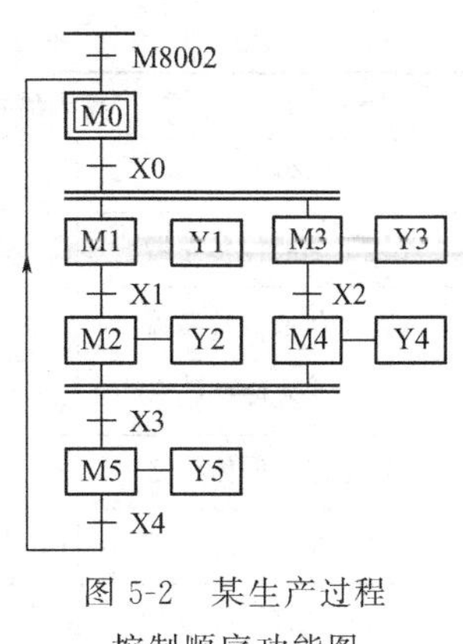

图5-2　某生产过程控制顺序功能图

采用启保停电路编制梯形图程序的关键是找出启动条件和停止条件。如图5-2中M0的启动条件是PLC运行时，M8002瞬间接通，使M0成为活动步，或在运行中，当M5为活动步时，如果X4常开触点闭合，则可转换到M0。而M0的停止条件是M1成为活动步，因此用M1的常闭触点接到M0的线圈回路中，用M0的常开触点实现自保持，其他各步的转换与上面类似，不再重复叙述。这里特别要注意是并行序列的分支与合并的编程特点，如M0为活动步时，只要X0转换条件成立，M1、M3就会同时变为ON；另外，M5步前有一个并行序列的合并，该转换实现的条件是所有的前级步（M2、M4）都是活动步且X3转换条件成立，因此应将它们串联作为启动条件。在编写执行动作控制程序时，如果某个动作要持续到几个动作以后，则可用置位指令SET自锁。

【任务5.2】　某化学品生产过程PLC控制程序设计

本项目最好能与学院化工生产实训车间结合起来。也可以采用实训设备中的发光二极管进行系统模拟与调试。

5.2.1　项目描述

图5-3为某化学品生产过程控制工艺流程图。图中A罐、B罐的容量相等且为C罐、D罐容量的一半。要求将溶液A和溶液B分别由泵1和泵2抽到A罐和B罐中，B罐满后将溶液B加热到80℃，然后用泵3和泵4把A罐和B罐中的溶液全部抽到C罐中以1比1的比例混合（边抽边搅拌），C罐装满后要继续搅拌30s进行充分的化学反应，然后由泵5把C罐中的成品全部经由过滤器送到成品D罐中，D罐装满后开启泵6把整罐成品全部抽走，接着开始新一周期的循环。注意，当罐空时，设传感器处于断开状态。请根据控制要求，进行PLC程序设计。

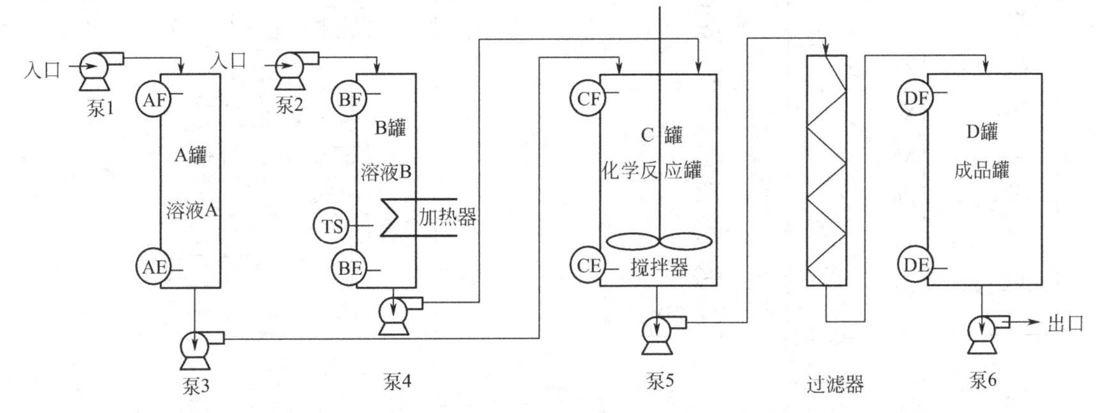

图5-3　某化学品生产过程控制工艺流程图

5.2.2　I/O地址分配

根据控制要求，本项目需要9个输入信号和8个输出信号，输入/输出地址分配如表5-1所示。

表 5-1 I/O 分配表

输入信号			输出信号		
名称	代号	输入点编号	名称	代号	输出点编号
A罐下部液位传感器	AE	X0	加热器	EE	Y0
A罐上部液位传感器	AF	X1	泵1	PU1	Y1
B罐下部液位传感器	BE	X2	泵2	PU2	Y2
B罐上部液位传感器	BF	X3	泵3	PU3	Y3
C罐下部液位传感器	CE	X4	泵4	PU4	Y4
C罐上部液位传感器	CF	X5	泵5	PU5	Y5
B罐内液体达80℃	TS	X6	泵6	PU6	Y6
D罐下部液位传感器	DE	X7	搅拌器电机	M	Y7
D罐上部液位传感器	DF	X10			

5.2.3 PLC接线图

按照项目描述中的控制要求和输入与输出点分配表，设计出某化学品生产过程控制PLC接线图如图5-4所示。图中液位传感器用开关模拟。

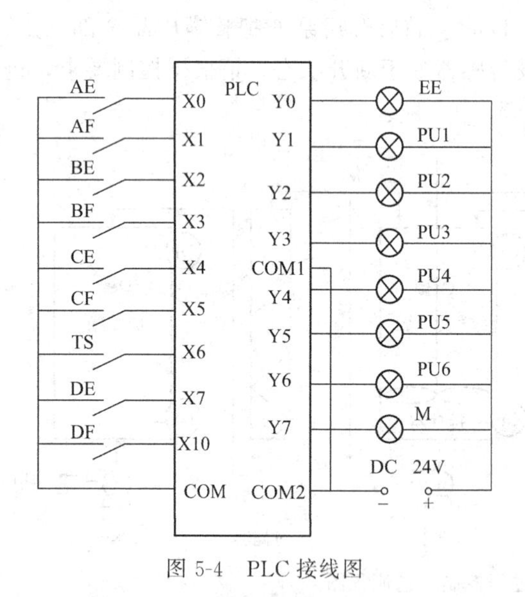

图 5-4 PLC接线图

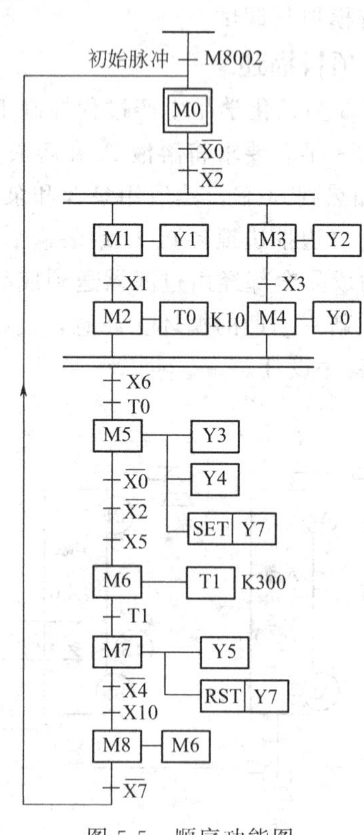

图 5-5 顺序功能图

5.2.4 梯形图程序设计

根据项目控制要求和输入、输出点分配表，设计出某化学品生产过程控制顺序功能图如图5-5所示。图5-6是对应的梯形图程序。

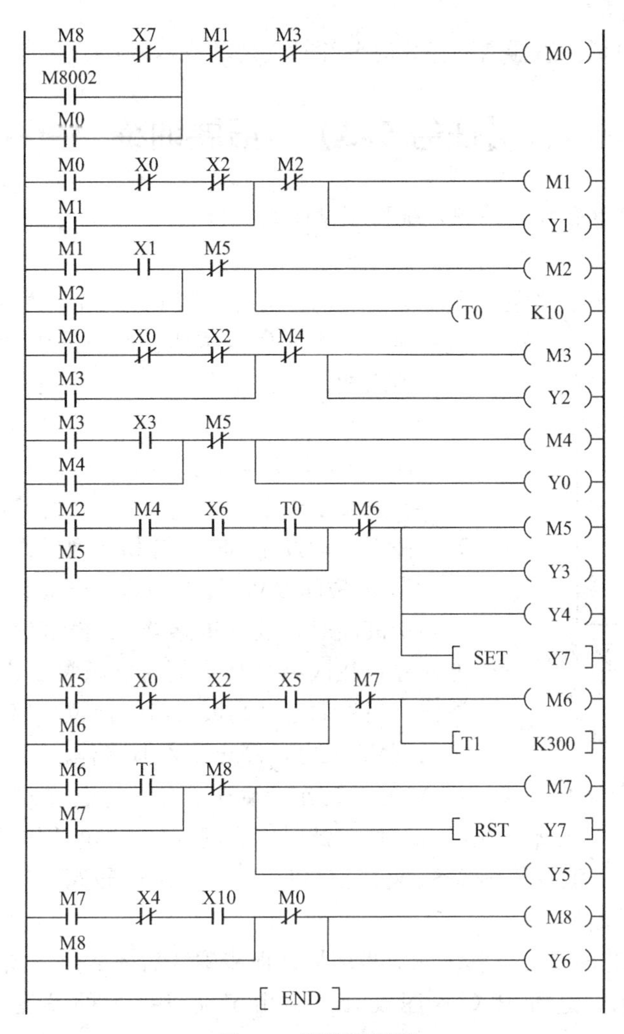

图 5-6　梯形图程序

顺序功能图中各步用辅助继电器表示，用 M8002 激活初始步 M0，在 A、B 两罐无液体的条件下，程序分别进入 M1、M3，即 A、B 两罐的 A 液、B 液注入程序。由于 B 罐要进行加热，因此，比 A 罐要多一步，为了同时开始将 A、B 两液体注入反应罐 C，在程序中人为增加一个时间定时步，关掉 A 罐注入泵 1，完成对 M1 步的复位。

当 B 罐加热到 80℃且 T0 延时到，开始进入将 A、B 两种液体注入 C 罐进行反应的 M5 步。在打开泵 3、4 输送 A、B 两种液体的同时，搅拌器开始搅拌，为了延续该动作到反应结束，在 M5 步用 SET 指令使 Y7 置位，直到 M7 复位。

当 A 罐和 B 罐空，且 C 罐满时，注入结束。进入反应计时步 M6。30s 后反应结束，C 罐反应液将通过泵 5 经过滤器输送到 D 罐。

当 D 罐满时，则 C 罐已空。D 罐成品液体通过泵 6 抽出，当 D 罐空时，进入下一个循环。

5.2.5　调试并运行程序

① 将编写好的某化学品生产过程 PLC 控制梯形图程序输入到计算机；

② 将程序下载到 PLC；

③ 调试并运行程序。

注意：用开关模拟传感器通断操作时要注意接通的先后顺序。

【任务 5.3】 拓展训练

训练项目：液体混合装置控制系统程序设计。

5.3.1 项目描述

某企业承担了一个液体混合装置设计任务。如图 5-7 所示。该装置由一台储水器、一台搅拌机、三个液位传感器、两个进水电磁阀和一个出水电磁阀所组成。初始状态：储水器中没有液体，电磁阀 YV1、YV2、YV3 没有动作，搅拌机 M 停止工作，液位传感器 S1、S2、S3 均没有信号输出。

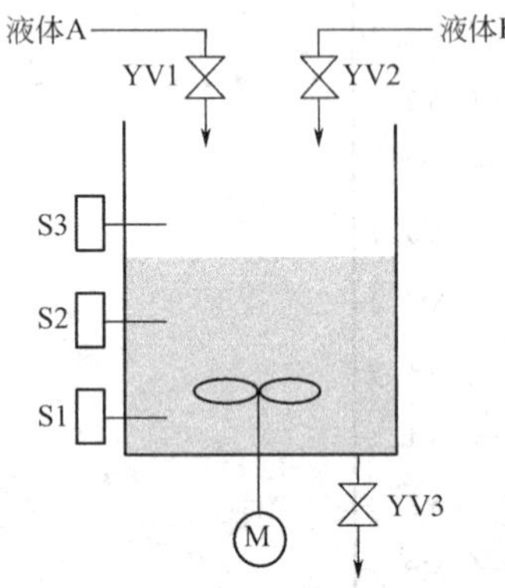

图 5-7 液体混合装置示意图

工艺要求如下。

按下启动按钮 SB1，开始下列操作。

① 电磁阀 YV1 得电动作，开始注入 A 液体，当液面达到中液面时，液位传感器 S2 输出信号，电磁阀 YV1 失电，停止注入 A 液体，同时电磁阀 YV2 动作，开始注入 B 液体，当液面达到高液面时，液位传感器 S3 输出信号，电磁阀 YV2 失电，停止注入 B 液体。

② 停止 B 液体注入时，搅拌机 M 开始动作，搅拌混合时间为 10s。

③ 当搅拌停止后，开始放出混合液体，此时电磁阀 YV3 得电动作，液体开始放出，当液面下降到低液面时，液位传感器 S1 输出信号后，再经 5s 电磁阀 YV3 失电，停止放出液体。完成一个周期后循环。

④ 按下停止按钮 SB2 时，系统完成当前周期即步骤③后才能停止操作。

请根据控制要求，进行 PLC 程序设计，利用实训设备上的发光二极管进行模拟并调试。

(1) I/O 地址分配

根据控制要求，要完成项目提出的任务需要 5 个输入信号，4 个输出信号，输入和输出地址分配如表 5-2 所示。

表 5-2 I/O 分配表

输入信号			输出信号		
名称	代号	输入点编号	名称	代号	输出点编号
启动按钮	SB1	X0	进水电磁阀	YV1	Y0
停止按钮	SB2	X1	进水电磁阀	YV2	Y1
下液位传感器	S1	X2	搅拌机	M	Y2
中液位传感器	S2	X3	出水电磁阀	YV3	Y3
上液位传感器	S3	X4			

(2) PLC 接线图

由 I/O 地址分配表画出 PLC 接线图如图 5-8 所示。

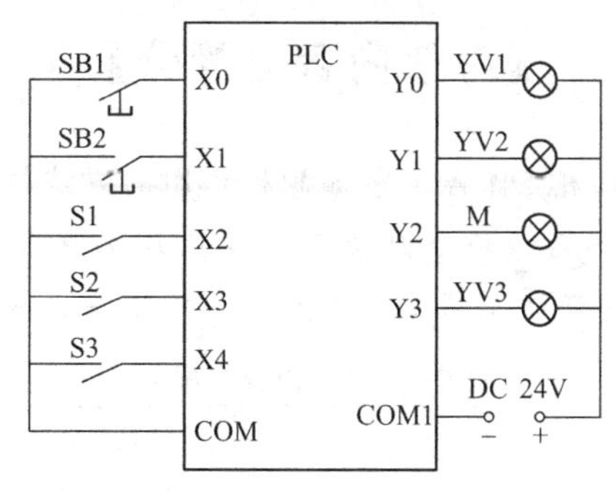

图5-8 PLC接线图

5.3.2 顺序功能图和梯形图程序设计

学生在分析控制要求之后，根据给出的I/O分配表和PLC外部接线图，设计出顺序功能图和梯形图程序。

(1) 设计顺序功能图

液体混合装置的工作周期划分为液体A流入容器、液体B流入容器、搅动液体、放出混合液、容器放空和初始步共六步。学生首先应明确各“步”驱动的负载、启动或停止的条件，最后根据顺序功能图的特点画出该控制系统顺序功能图。

(2) 编写梯形图程序

学生可根据前面画出的顺序功能图完成梯形图的编写。

(3) 运行和调试程序

梯形图程序编写完成以后，即可对程序进行调试和运行。在调试程序时，应先熟悉化学反应的过程和明确操作的步骤。

【任务5.4】 项目小结

本项目在介绍了采用启保停电路编制梯形图的方法和并行序列顺序功能图之后，重点叙述了某化学品生产过程PLC控制程序设计。学生在进行项目小结时，主要针对项目中的知识点和应掌握的基本技能进行归纳和总结，同时记录项目的实施与完成情况，它主要包括下面两个方面：

5.4.1 基本要求

① 对某化学品生产过程的PLC控制项目进行描述；

② 简述某化学品生产过程PLC控制程序设计的基本步骤；

③ 写出该控制系统的I/O分配表；

④ 画出该控制系统的PLC接线图；

⑤ 设计出对应的顺序功能图；

⑥ 写出梯形图程序；

⑦ 记录程序运行效果。

5.4.2 回答问题

① 采用启保停电路编制梯形图程序的关键是什么？

② 程序设中遇到了哪些问题？你是如何解决的？

③ 有哪些收获与体会？

【考核内容与配分】

本项目主要考核学生对采用启保停电路编制梯形图的方法的掌握情况，考核学生操作某化学品生产过程PLC控制的基本技能，具体内容涵盖知识掌握、程序设计和职业素养三个方面。考核采取自评、互评和师评相结合的方法，具体考核内容与配分情况如表5-3所示。

表5-3 考核内容与配分

考核项目	考核内容	配分	考核要求及评分标准	得分
知识掌握	启保停电路的应用,并行序列顺序控制程序设计方法	30	会用启保停电路进行并行序列顺序控制程序设计	
程序设计	I/O地址分配	15	分析系统控制要求,正确完成I/O地址分配	
	安装与接线	15	正确绘制系统接线图 按系统接线图在模拟配线板上正确安装,操作规范	
	控制程序设计	15	按控制要求完成控制程序设计,梯形图正确、规范 熟练操作编程软件,将所编写的程序下载到PLC	
	功能实现	15	按照被控设备的动作要求进行模拟调试,达到控制要求	
职业素养	6S规范	10	正确使用设备,具有安全用电意识,操作符合规范要求 操作过程中无不文明行为、具有良好的职业操守 作业完成后清理、清扫工作现场	

【思考题与习题】

5-1 采用以转换为中心的编程方法编写化学品生产过程PLC控制程序。

5-2 根据图5-9顺序控制功能图，采用启保停电路编制出梯形图程序。

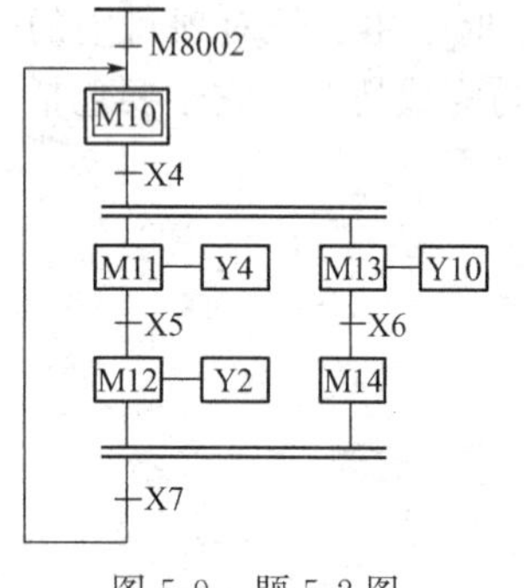

图5-9 题5-2图

5-3 有一台四级皮带运输机，分别由M1、M2、M3、M4四台电动机拖动，其动作顺序如下：

① 启动时要求按M1→M2→M3→M4顺序启动；

② 停止时要求按M4→M3→M2→M1顺序停车；

③ 上述电动机的启动和停止时间间隔均为5s。

要求：写出I/O分配表、画出PLC接线图、设计出顺序功能图和梯形图程序。

5-4 图5-10给出了某组合机床的运动示意图和顺序功能图，请用启保停电路的编程方法，将它转化为梯形图程序。运动过程描述：工作台开始停在左边，限位开关X1为ON。按下常开启动按钮X0，通过Y5使液压系统加载，同时工件被夹紧。夹紧后压力继电器X2变为ON，主电动机因Y0置位被启动，工作台快进。碰到限位开关X3，由快进变为工进，开始切削加工。碰到限位开关X4时变为快退，回到起始位置时X1变为ON，Y1使夹紧装置松开，用复位指令使主电动机停转。

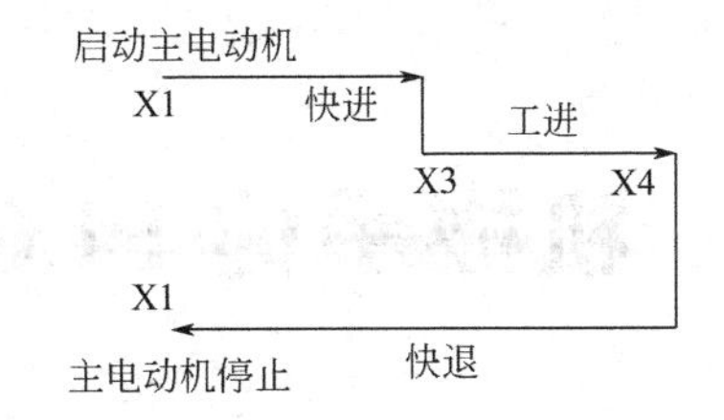
启动主电动机
X1
快进
工进
X3
X4
X1
主电动机停止
快退

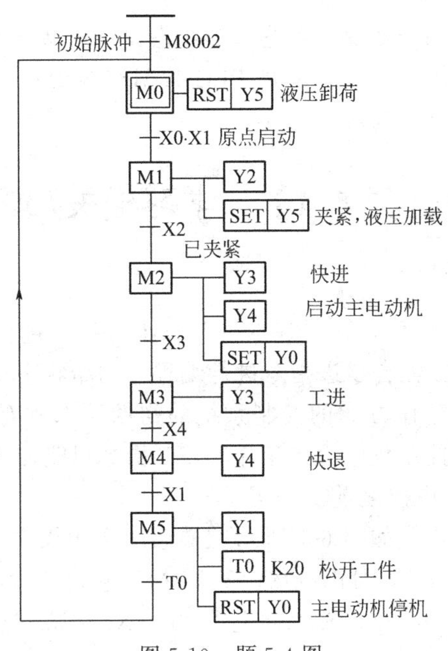
初始脉冲
M8002
M0
RST Y5
液压卸荷
X0·X1 原点启动
M1
Y2
SET Y5
夹紧，液压加载
X2
已夹紧
M2
Y3
快进
Y4
启动主电动机
X3
SET Y0
M3
Y3
工进
X4
M4
Y4
快退
X1
M5
Y1
T0 K20
松开工件
T0
RST Y0
主电动机停机

图5-10 题5-4图

项目6　机械手的PLC控制

【学习目标】

掌握步进指令的特点及编程方法，熟悉初始状态指令的功能与应用；会用步进指令进行机械手顺序控制程序设计和深孔钻组合机床PLC控制程序设计；会利用实训装置搭接机械手顺序控制系统并进行程序调试及运行。

【任务6.1】　学习相关知识

6.1.1　初始状态指令

在PLC控制系统中，不仅可以采用基本指令和步进指令进行顺序控制，而且可以采用初始状态指令IST（FNC60）配合步进指令进行编程。初始状态指令IST和步进指令一起使用，专门用来设置具有多种工作方式的控制系统的初始状态和有关的特殊辅助继电器的状态，它可以简化复杂的顺序控制程序设计工作。IST指令只能使用一次，它应放在程序开始的地方，而且必须放在STL电路之前。

初始状态指令的梯形图格式如图6-1所示。梯形图中源操作数［S·］表示的是首地址号，可以取X、Y和M，它由8个相连号的软元件组成，图6-1中由输入继电器X0～X7组成。这8个输入继电器各自的功能如表6-1所示。与工作方式开关对应的X0～X4中只能同时有一个处于ON状态，因此必须选用转换开关，以保证5个输入中不可能有两个同时为ON。目标操作数［D1·］和［D2·］只能选用状态继电器S，其范围为S20～S899，其中［D1·］表示在自动工作方式时所使用的最低状态继电器号，［D2·］表示在自动工作方式时所使用的最高状态继电器号，［D2·］的地址号必须大于［D1·］的地址号。

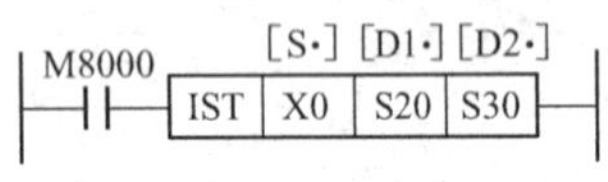

图6-1　IST指令梯形图

表6-1　输入继电器功能表

输入继电器	功　能	输入继电器	功　能
X0	手动方式	X4	连续运行方式
X1	回原位方式	X5	回原位启动
X2	单步方式	X6	自动启动
X3	单周期方式	X7	停　止

IST指令的执行条件满足时，初始状态继电器S0～S2的功能被自动指定，S0是手动操作的初始状态继电器，S1是回原点操作的初始状态继电器，S2是自动操作的初始状态继电器。另外，与IST指令有关的特殊辅助继电器有8个，其功能如表6-2所示。

由用户程序控制的特殊辅助继电器及功能如下。

表 6-2　与 IST 指令有关的特殊辅助继电器及功能

序号	特殊辅助继电器	功　　能
1	M8040	为 ON 时，禁止状态转移；为 OFF 时，允许状态转移
2	M8041	为 ON 时，允许在自动工作方式下，从[D1]所表示的最低位状态开始，进行状态转移；为 OFF 时，禁止从最低位状态开始进行状态转移
3	M8042	是脉冲继电器，与它串联的触点接通时，产生一个扫描周期的宽度的脉冲
4	M8043	为 ON 时，表示返回原位工作方式结束；为 OFF 时，表示返回原位工作方式还没有结束
5	M8044	表示原位的位置条件
6	M8045	为 ON 时，所有输出 Y 均不复位；为 OFF 时，所有输出 Y 允许复位
7	M8046	当 M8047 为 ON 时，只要状态继电器 S0～S999 中任何一个状态为 ON，M8046 就为 ON；当 M8047 为 OFF 时，不论状态继电器 S0～S999 中有多少个状态为 ON，M8046 都为 OFF，且特殊数据寄存器 D8040～D8047 内的数据不变
8	M8047	为 ON 时，S0～S999 中正在动作的状态继电器号从最低号开始按顺序存入特殊数据寄存器 D8040～D8047，最多可存 8 个状态号。也称 STL 监控有效

① 回原点完成标志 M8043：在回原点方式，系统自动返回原点时，通过用户程序用 SET 指令将它置位。进入自动程序之前，先进入回原点方式，待 M8043 变为 ON 后，切换到自动方式（单步、单周期和连续）其初始步才会变为 ON。

② 原点条件标志 M8044：在系统满足初始条件（或称原点条件）时为 ON。

③ STL 监控有效标志 M8047：其线圈“通电”时，当前活动步对应的状态继电器的元件号按从大到小的顺序排列，存放在特殊数据寄存器 D8040～D8047 中，由此可以监控 8 点活动步对应的状态继电器的元件号。此外，若有任何一个状态继电器为 ON，特殊辅助继电器 M8046 将为 ON。

6.1.2　步进指令

步进梯形图指令简称为 STL 指令，FX 系列 PLC 还有一条使 STL 指令复位的 RET 指令。利用这两条指令，可以很方便地编制顺序控制梯形图程序。

用 FX 系列 PLC 的状态继电器编制顺序控制程序时，应与 STL 指令一起使用。S0～S9 用于初始步，S10～S19 用于自动返回原点。STL 指令的状态继电器的常开触点称为 STL 触点，习惯称为“胖”触点，从图 6-2 中可以看出顺序控制功能图、梯形图与指令表三者的对应关系。STL 触点驱动的电路块有三个功能，即对负载的驱动处理、指定转换条件和指定转换目标。图 6-2 中，当 S20 状态激活时，驱动负载 Y0（Y0 为 ON）；当 S20 状态激活且转换条件 X1 满足（状态为 ON）时，状态 S21 被激活，同时关闭上一个状态 S20。从而实现状态的转换。当 S20 关闭后，负载 Y0 复位。

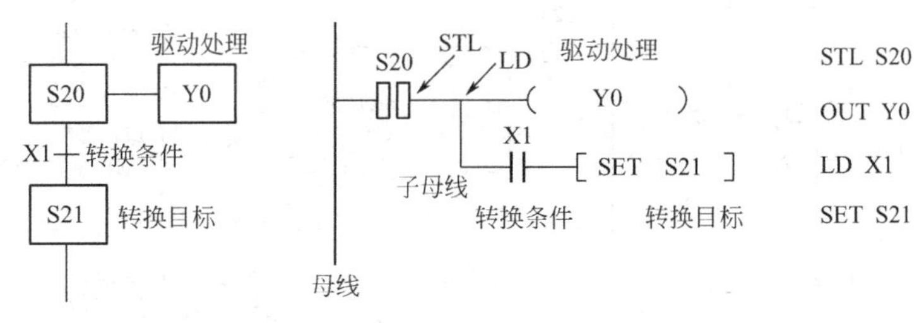

图 6-2　顺序功能图与梯形图的对应关系

系统的初始步应使用初始状态继电器S0～S9，初始状态用双线框（如S0）表示，在一个顺序控制功能图中，至少应有一个初始状态，它应放在顺序功能图的最上面，根据控制要求，初始状态可以驱动负载，也可以不驱动任何负载。在由STOP状态切换到RUN状态时，可用此时只ON一个扫描周期的初始化脉冲M8002来将初始状态继电器置为ON，为后面步的转换做好准备。需要从某一步返回初始步时，可以对初始步的状态继电器使用OUT指令或SET指令。

使用步进指令具有如下优点。

① 实现状态转换是由系统程序完成的，而不是靠运算用户程序完成的，这就节省了程序的运行时间。

② 当步进指令驱动的状态继电器为OFF时，CPU不执行状态继电器驱动的程序块。在顺序控制图中，如果没有并行分支程序，那么就只有一个状态被激活，这样CPU只需执行一个状态的程序块。这样就显著节约了程序执行时间，提高了PLC的响应速度。

③ 不采用步进指令设计程序时，一般不允许双线圈输出。而在使用步进指令时，由于只有一个状态被激活，所以可以在不同的状态（步）驱动同一个负载。所以在设计时，只需要考虑每一步需要驱动的负载，而不必考虑其他步是否也要驱动同一负载。从而大大地节约了设计时间，这一点在设计大型程序时显得尤为重要。

6.1.3 单序列的编程方法

运用步进指令编写顺序控制程序时，首先应确定整个控制系统的流程，然后将复杂的任务或过程分解成若干个工序（状态），最后弄清各工序成立的条件、工序转移的条件和转移的方向，这样就可画出顺序功能图。根据控制要求，采用STL、RET指令的步进顺序控制可以有多种方式，图6-3所示是单流程顺序功能图、梯形图、语句表。图中M8002是特殊辅助继电器，PLC上电时进入RUN状态，初始化脉冲M8002的常开触点闭合一个扫描周

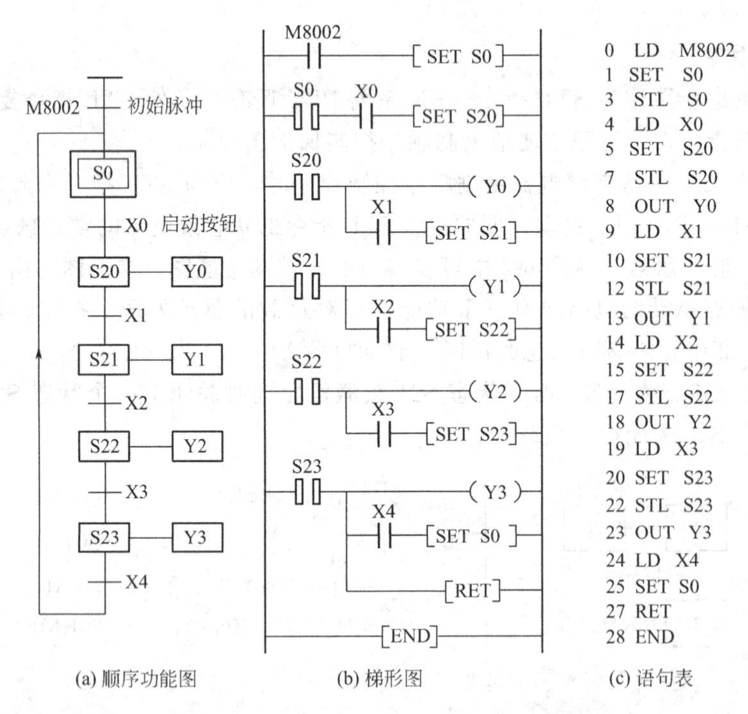

图6-3 单流程顺序功能图、梯形图、语句表

期，梯形图中第一行的 SET 指令将初始步 S0 置为活动步。

在梯形图的第二行中，S0 的 STL 触点和 X0 的常开触点组成的串联电路代表转换实现的两个条件，S0 的 STL 触点闭合表示转换 X0 的前级步 S0 是活动步，X0 的常开触点闭合表示转换条件满足。在初始步时按下启动按钮 X0，两个触点同时闭合，转换实现的两个条件同时满足。此时置位指令“SET S20”被执行，后续步变为活动步，同时系统程序自动地将前级步 S0 复位为不活动步。

S20 的 STL 触点闭合后，该步的负载被驱动，Y0 线圈通电，Y0 变为 ON。当转换条件 X1 满足时，下一步的状态继电器 S21 被指令“SET S21”置位，同时前级步的状态继电器 S20 被系统程序自动复位，系统将一步一步地工作下去。

在最后一步，当 X4 的条件满足时，用指令“SET S0”使初始步对应的 S0 变为 ON 并保持，系统返回并停止在初始步。在图 6-4 中梯形图的结束处，RET 指令使 LD 点回到左侧母线上。

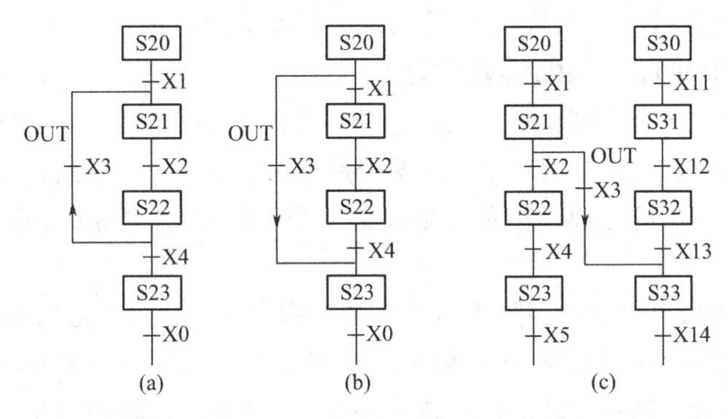

图 6-4 顺序功能图中的跳步

使用 STL 指令应注意以下问题。

① 与 STL 触点相连的触点应使用 LD 或 LDI 指令，即 LD 点移到 STL 触点的右侧，该点成为临时母线。下一条 STL 指令的出现意味着当前 STL 程序区的结束和新的 STL 程序区的开始。RET 指令意味着整个 STL 程序区的结束，LD 点返回左侧母线。各 STL 触点驱动的电路一般放在一起，最后一个 STL 电路结束时一定要使用 RET 指令，否则程序出错，PLC 不能执行用户程序。

② 步进指令驱动的状态继电器触点可以直接驱动 Y、M、S、T、C 的线圈和应用指令，但是不能使用入栈指令 MPS。如果在状态继电器触点后面使用 SET 指令驱动 Y、M 元件，则在当前状态关闭后 Y、M 元件仍然保持 ON 的状态，除非在后续步中使用复位指令 RST 才能使 Y、M 的状态从 ON 变为 OFF。同样，如果驱动计数器 C 的线圈，当计数器 C 的常开触点为 ON 时，如果要使计数器触点复位，也应在后续步中使用复位指令 RST。

③ 虽然步进指令驱动的状态继电器触点后面允许双线圈输出，但是在并行分支程序中，同一元件的线圈不能在不同的活动步中出现。

④ 在相邻的状态转移过程中，会出现两个状态继电器同时保持为 ON 一个周期的时间，如果这两个状态继电器所驱动的元件不允许同时输出，除了在梯形图中设置软件互锁电路外，还应在 PLC 外部设置由常闭触点组成的硬件互锁电路。

⑤ 用 OUT 及 SET 指令均可实现状态的转换，将原来的活动步对应的状态继电器复位，将后续步置为活动步，此外还有自动保持功能。SET 指令激活的状态继电器的元件号要比当前的状态继电器的元件号要大。在 STL 区内的 OUT 指令用于顺序功能图中的闭环和跳步，如果想跳回已经处理过的步，或向前跳过若干步，可以对状态继电器使用 OUT 指令

（图 6-4）。OUT 指令还可以用于远程跳步，即从顺序功能图中的一个序列跳到另外一个序列［图 6-4(c)］，以上各种情况虽然可以使用 SET 指令，但最好使用 OUT 指令。

⑥ STL 指令不能和主控指令 MC-MCR 一起使用，在 FOR-NEXT 结构、子程序和中断程序中不能有 STL 程序块。在 STL 程序块中，最多只能有四级 FOR-NEXT 嵌套结构。

⑦ 并行序列或选择序列中分支处的支路数不能超过 8 条。在同一个顺序控制功能图中，总的支路数不能超过 16 条。

⑧ 在转换条件电路中，不能使用 ANB、ORB、MPS、MRD、MPP 指令。可以使用辅助电路实现 ANB、ORB、MPS、MRD、MPP 指令的功能并驱动辅助继电器，辅助继电器可以在当前活动步中作为负载来驱动。再用辅助继电器的常开触点作为转换条件。

⑨ 与条件跳步指令（CJ）类似，CPU 不执行处于断开状态的 STL 触点驱动的电路块中的指令，在没有并行序列时，同时只有一个 STL 触点接通，因此使用 STL 指令可以显著地缩短用户程序的执行时间，提高 PLC 的输入、输出响应速度。

6.1.4 选择序列和并行序列的编程方法

复杂控制系统的顺序功能图由单序列、选择序列和并行序列组成，掌握了选择序列和并行序列的编程方法，就可以将复杂的顺序功能图转换为梯形图。选择序列和并行序列编程的关键在于对它们的分支与合并的处理，转换实现的基本规则是设计复杂系统梯形图的基本准则。

（1）选择序列

对于选择序列的编程主要掌握分支与合并的编程方法。图 6-5 是选择序顺序功能图与梯形图，图中步 S20 之后有一个选择序列的分支。当 S20 是活动步（S20 为 ON）时，如果转换条件 X1 满足，将转换到步 S21；如果转换条件 X4 满足，将转换到步 S23。如果在某一步的后面有 N 条选择序列的分支，则该步的 STL 触点开始的电路块中应有 N 条分别指明各转换条件和转换目标的并联电路。

图 6-5 中的 S25 之前有一个由两条支路组成的选择序列的合并，当 S22 为活动步，且转换条件 X3 得到满足，或者 S24 为活动步，转换条件 X6 得到满足，都必将使 S25 变为活动步，同时系统程序将步 S22 或步 S24 复位为不活动步。在梯形图中，由 S22 和 S24 的 STL

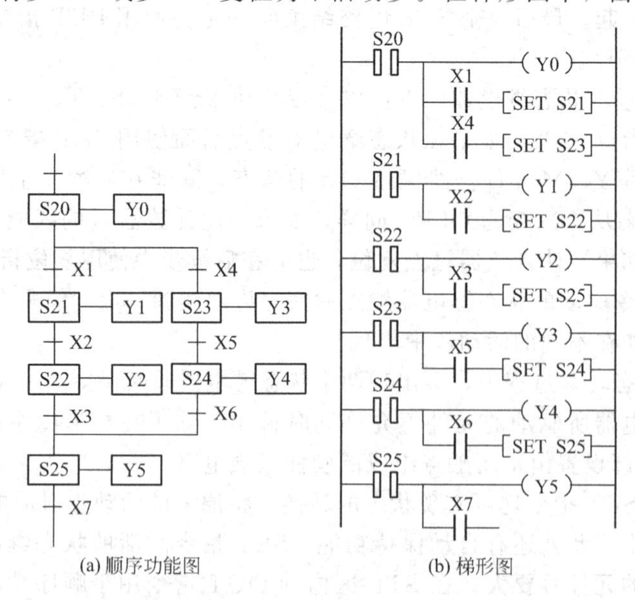

(a) 顺序功能图　　(b) 梯形图

图 6-5　选择序列顺序功能图与梯形图

触点驱动的电路块中均有转换目标 S25，对它们的后续步 S25 的置位是用 SET 指令实现的，对相应前级步的复位是由系统程序自动完成的。其实在设计梯形图时，没有必要特别留意选择序列的合并，只要正确地确定每一步的转换条件和转换目标，就很自然地实现选择序列的合并。

（2）并行序列

对于并行序列的编程同样要掌握分支与合并的编程方法，不过它与选择序列的分支与合并编程方法不同，并行序列顺序列功能图与梯形图如图 6-6 所示。图中步 S30 之后有一个并行序列的分支，当 S30 是活动步，并且转换条件 X1 满足时，步 S31 与步 S33 应同时变为活动步，这是用 S30 和 X1 的常开触点组成的串联电路使 S31 和 S33 同时置位来实现的。与此同时，步 S30 应变为不活动步，这一任务是系统程序自动完成的。

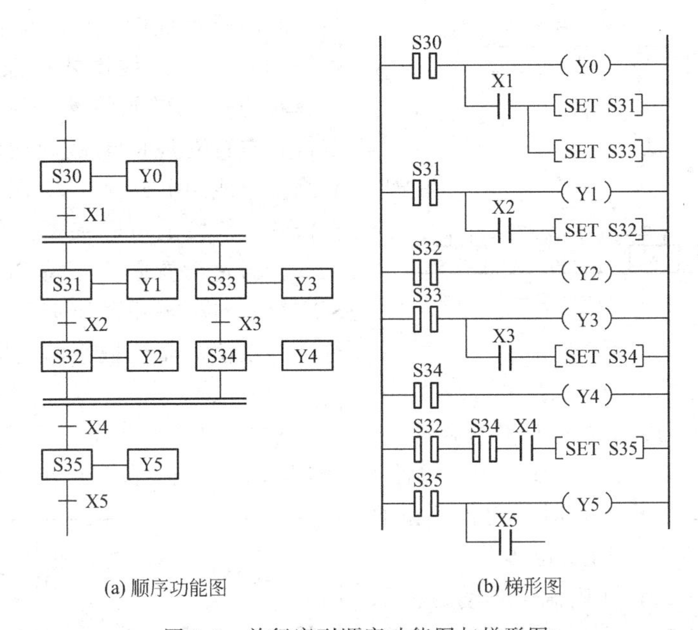

(a) 顺序功能图　(b) 梯形图

图 6-6 并行序列顺序功能图与梯形图

步 S35 之前有一个并行序列的合并，该转换实现的条件是所有的前级步（步 S32 和步 S34）都是活动步，且转换条件 X4 满足，所以，只需将 S32、S34 的 STL 触点和 X4 常开触点串联，作为使 S25 置位的条件，步 S32 和 S34 变为不活动步是系统程序完成的。S32 和 S34 的串联触点均使用 STL 指令。

STL 指令有以下优点。

① 在转换实现时，对前级步的状态继电器和由它驱动的输出继电器的复位是由系统程序完成的，而不是由用户程序在梯形图中完成的，因此用 STL 指令设计的程序最短。

② STL 触点具有与主控指令（MC）相同的特点，即 LD 点移到了 STL 触点的右侧，对于选择序列的分支对应的指明转换条件和转换目标的并联电路的设计是很方便的。

③ 与条件跳步（CJ）指令类似，CPU 不执行处于断开状态的 STL 触点驱动的电路块中的指令，在没有并行序列时，同时只有一个 STL 触点接通，因此使用 STL 指令可以显著地缩短用户程序的执行时间。

④ 对于不用 STL 指令的编程方法，一般不允许双线圈输出，惟一例外的是允许同一元件的线圈分别在跳步条件相反的跳步区内各出现一次。在使用 STL 指令的编程方法时，

不同的STL触点可以分别驱动同一编程元件的一个线圈，输出电路实际上分散到STL触点驱动的电路块中。设计时只需注意某一步有哪些输出继电器应被驱动，不必考虑同一输出继电器是否在其他步也被驱动，因此大大简化了复杂系统输出电路的设计，节省了设计时间。

【任务6.2】 机械手的PLC控制程序设计

6.2.1 项目描述

图6-7是一气动机械手示意图，其功能是将工件从A处搬运到B处。气动机械手的升降和左右移动都是使用的双线圈电磁阀，在某方向的驱动线圈失电时能保持在原位，必须驱动反方向的线圈才能反向运动。上升、下降对应的电磁阀线圈分别是YV2、YV1，右行、左行对应的电磁阀线圈分别是YV3、YV4。单线圈电磁阀YV5用于机械手的夹紧与松开，线圈通电时夹紧工件，断电时松开工件。通过设置限位开关SQ1、SQ2、SQ3、SQ4分别对机械手的下降、上升、右行、左行进行限位，而机械手的夹紧与松开是通过延时1.7s来实现的。

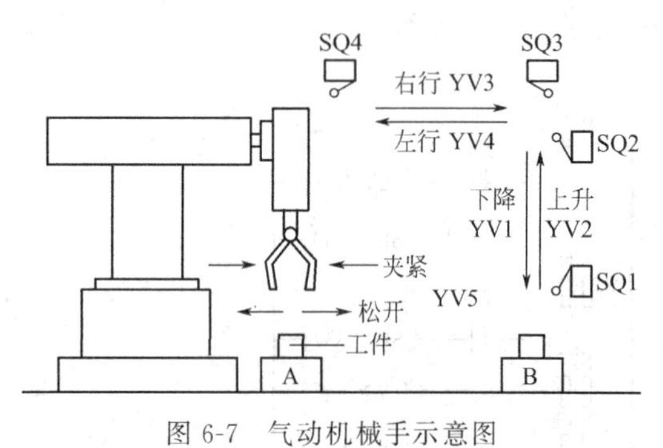

图6-7 气动机械手示意图

机械手在最上面、最左边且夹紧装置松开时，机械手处于原位状态（或称为初始状态）。

图6-8所示为机械手的操作面板，机械手能实现手动、回原位、单步、单周期和连续五种工作方式。手动工作方式时，用各按钮的点动实现相应的动作；回原位工作方式时，按下“回原位”按钮，则机械手自动返回原位；单步工作方式时，从初始步开始，每按一次启动按钮，机械手向前执行一步；单周期工作方式时，从初始步开始，每按一次启动按钮，机械手只运行一个周期，返回并停留在初始步；连续工作方式时，在初始状态按下启动按钮，机械手从初始步开始连续循环工作，当按下停止按钮时，机械手并不马上停止工作，而是完成最后一个周期的全部工作后，系统才返回并停留在初始步；在搬运工件的过程中，机械手必须升到最高位置才能左右移动，以防止机械手在较低位置运行时碰到其他工件。操作面板左下部的6个按钮是手动按钮，右边X15是回原点启动按钮，X16是自动操作启动按钮，X17是停止按钮。

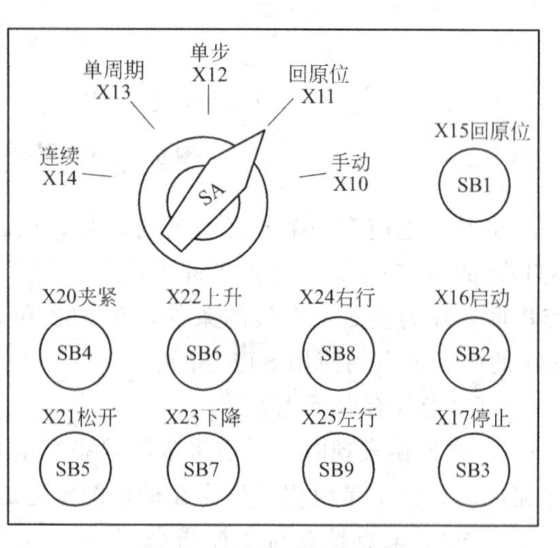

图6-8 机械手操作面板

在选择单周期、连续和单步工作方式之前，机械手应处于原位状态；如果不满足这一条件，可以选择回原位工作方式，在初始状态按下回原位启动按钮，机械手自动返回原位，为进入单周期、连续和单步工作方式做好准备。

6.2.2 I/O地址分配

如何实现多种工作方式，并将它们融合到一个程序中，是梯形图设计的难点之一。根据控制要求，考虑机械手的五种工作方式，编写出输入/输出点分配如表6-3所示。

表6-3 I/O分配表

输入信号			夹紧按钮	SB4	X20
名称	代号	输入点编号	松开按钮	SB5	X21
下限位开关	SQ1	X1	上升按钮	SB6	X22
上限位开关	SQ2	X2	下降按钮	SB7	X23
右限位开关	SQ3	X3	右行按钮	SB8	X24
左限位开关	SQ4	X4	左行按钮	SB9	X25
手动选择	SA	X10	输出信号		
回原点选择	SA	X11	名称	代号	输出点编号
单步选择	SA	X12	下降	YV1	Y0
单周期选择	SA	X13	夹紧	YV2	Y1
连续选择	SA	X14	上升	YV3	Y2
回原点按钮	SB1	X15	右行	YV4	Y3
启动按钮	SB2	X16	左行	YV5	Y4
停止按钮	SB3	X17	原点	HL	Y5

6.2.3 PLC接线图

图6-9为PLC接线图。如果用实训台上机械手模块进行模拟操作，则电源改用操作台自带的直流24V供电。

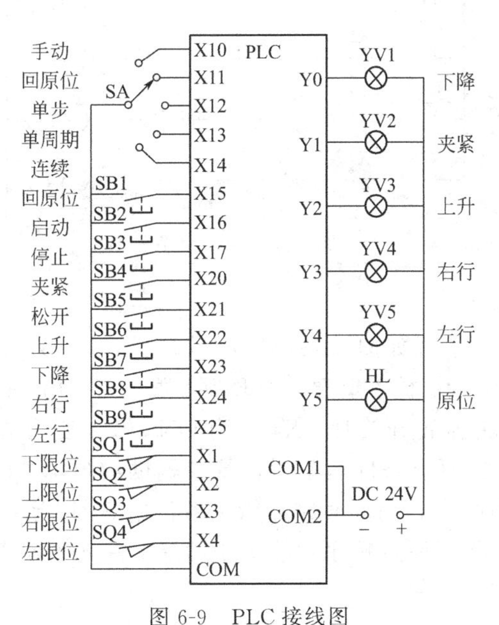

图6-9 PLC接线图

6.2.4 梯形图程序设计

（1）初始化程序

初始化程序如图6-10所示。图中X10用来指定与工作方式有关的输入继电器的首元件，它实际上指定从X10开始的8个输入继电器，它们分别具有以下意义。

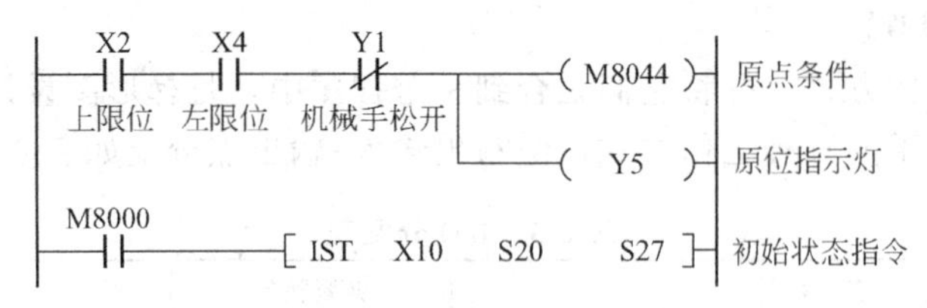

图 6-10 初始化程序

X10：手动　　X11：回原点

X12：单步运行　　X13：单周期运行（半自动）

X14：连续运行（全自动）　　X15：回原点启动

X16：自动操作启动　　X17：停止

X10～X14中同时只能有一个处于接通状态，必须使用选择开关（图6-8）。以保证5个输入中不可能有两个同时为ON。

（2）手动程序

手动程序如图6-11所示。手动程序由初始状态继电器S0控制，因为手动程序、自动程序和回原点程序均用STL触点驱动，这三部分程序不会同时被驱动，所以用STL指令和IST指令编程来完成机械手的五种操作方式。

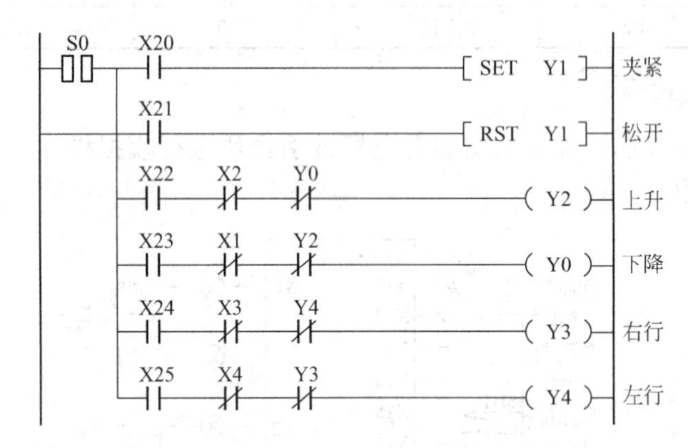

图 6-11 手动程序

（3）自动返回原点程序

自动返回原点的顺序功能图如图6-12(a)所示，图6-12(b)是它的梯形图。按下启动按钮X15，S10变为活动步，机械手上升，上升到上限位开关时X2变为ON，S11变为活动步，机械手左行，左行到左限位开关时，X4变为ON，S12变为活动步，Y1被复位，夹紧装置松开，回原点完成。当原点条件满足时，特殊辅助继电器M8044（原点条件）为ON（如图6-10中的初始化程序）。自动返回原点结束后，用SET指令将M8043（回原点完成）置为ON，并用RST指令将回原点顺序功能图中的最后一步S12复位，注意返回原点的顺序功能图中的步应使用S10～S19。

（4）自动程序

用STL指令设计的自动程序的顺序功能图如图6-13所示。特殊辅助继电器M8041（转换启动）和M8044（原点条件）是从自动程序的初始步S2转换到下一步S20的转换条件。使用IST指令后，系统的手动、单周期、单步、连续和回原点这几种工作方式的切换是系统程序自动完成的，但是必须按照前面的规定，安排IST指令中指定的控制工作方式用的

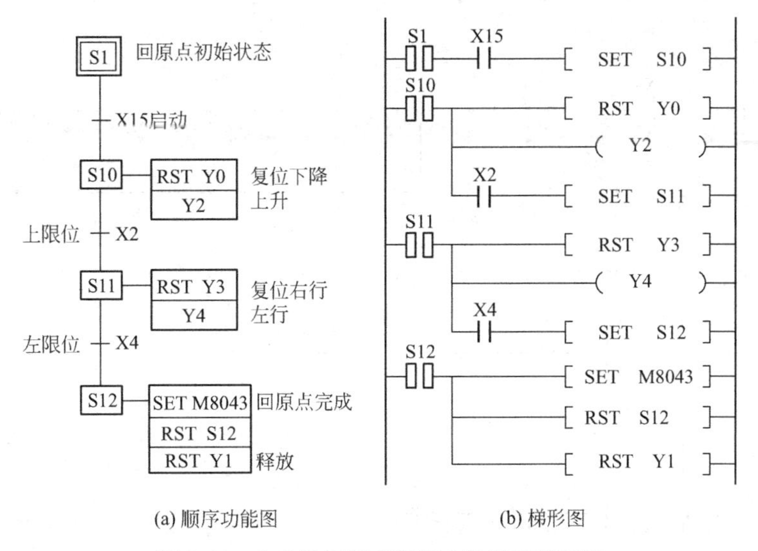

(a) 顺序功能图　　(b) 梯形图

图 6-12　自动返回原点顺序功能图和梯形图

输入继电器X10～X17的元件号顺序。工作方式的切换是通过特殊辅助继电器M8040～M8042来实现，M8040～M8042由IST指令自动驱动。

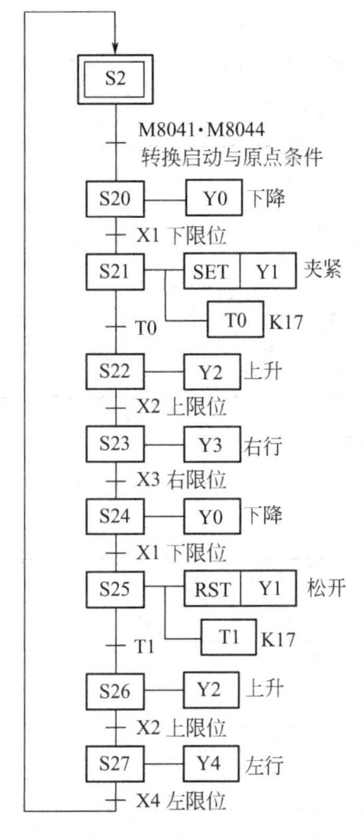

图 6-13　机械手控制系统顺序功能图

图6-14给出了机械手控制系统梯形图程序。当工作方式开关选择X10时，为手动操作；选择X11时，为回原位操作；选择X12时，为单步操作；选择X13时，为单周期操作；选择X14时，为连续操作。

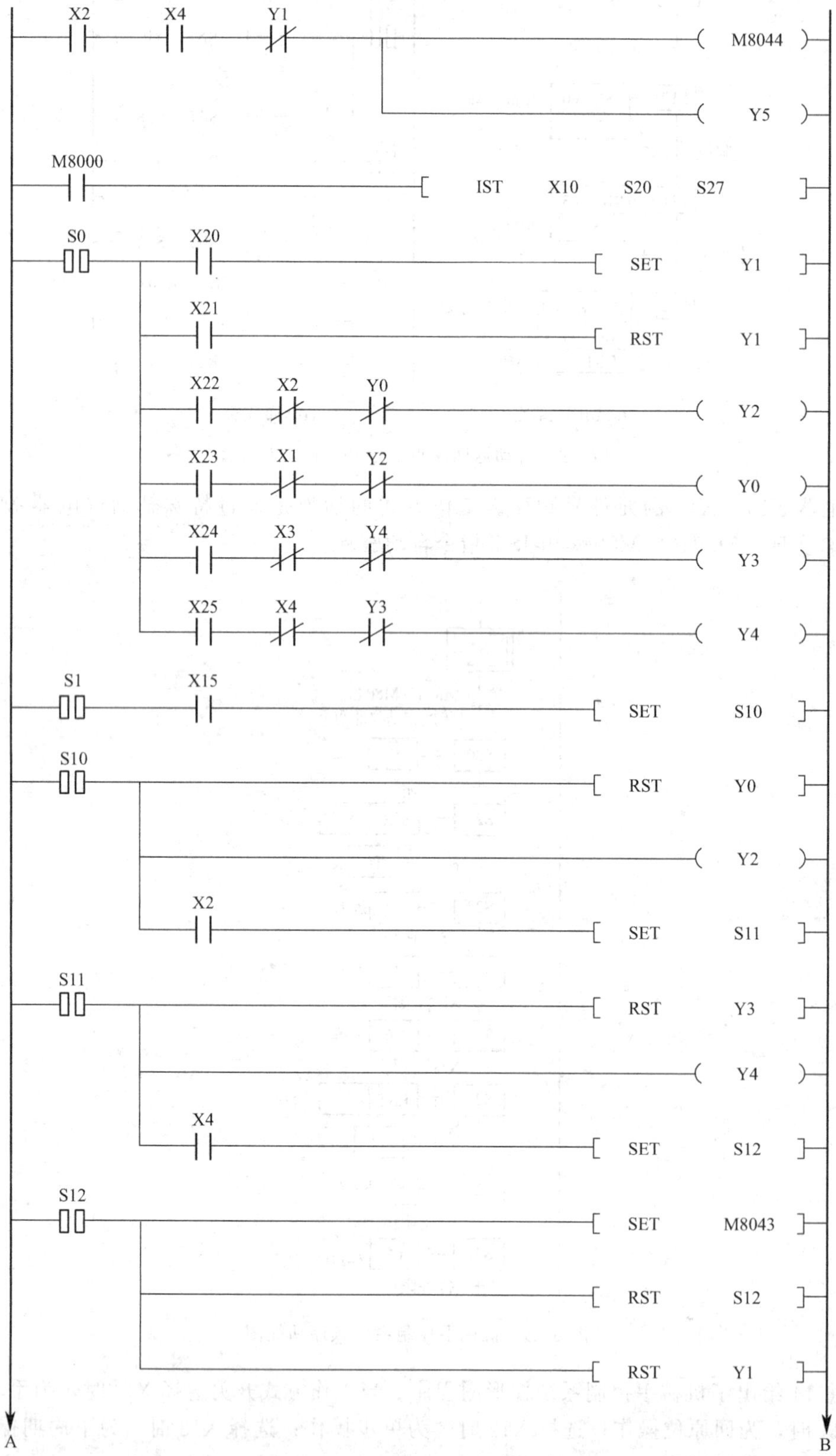

X2 X4 Y1 M8044
Y5

M8000 IST X10 S20 S27

S0 X20 SET Y1
X21 RST Y1
X22 X2 Y0 Y2
X23 X1 Y2 Y0
X24 X3 Y4 Y3
X25 X4 Y3 Y4

S1 X15 SET S10

S10 RST Y0
Y2
X2 SET S11

S11 RST Y3
Y4
X4 SET S12

S12 SET M8043
RST S12
RST Y1

A B

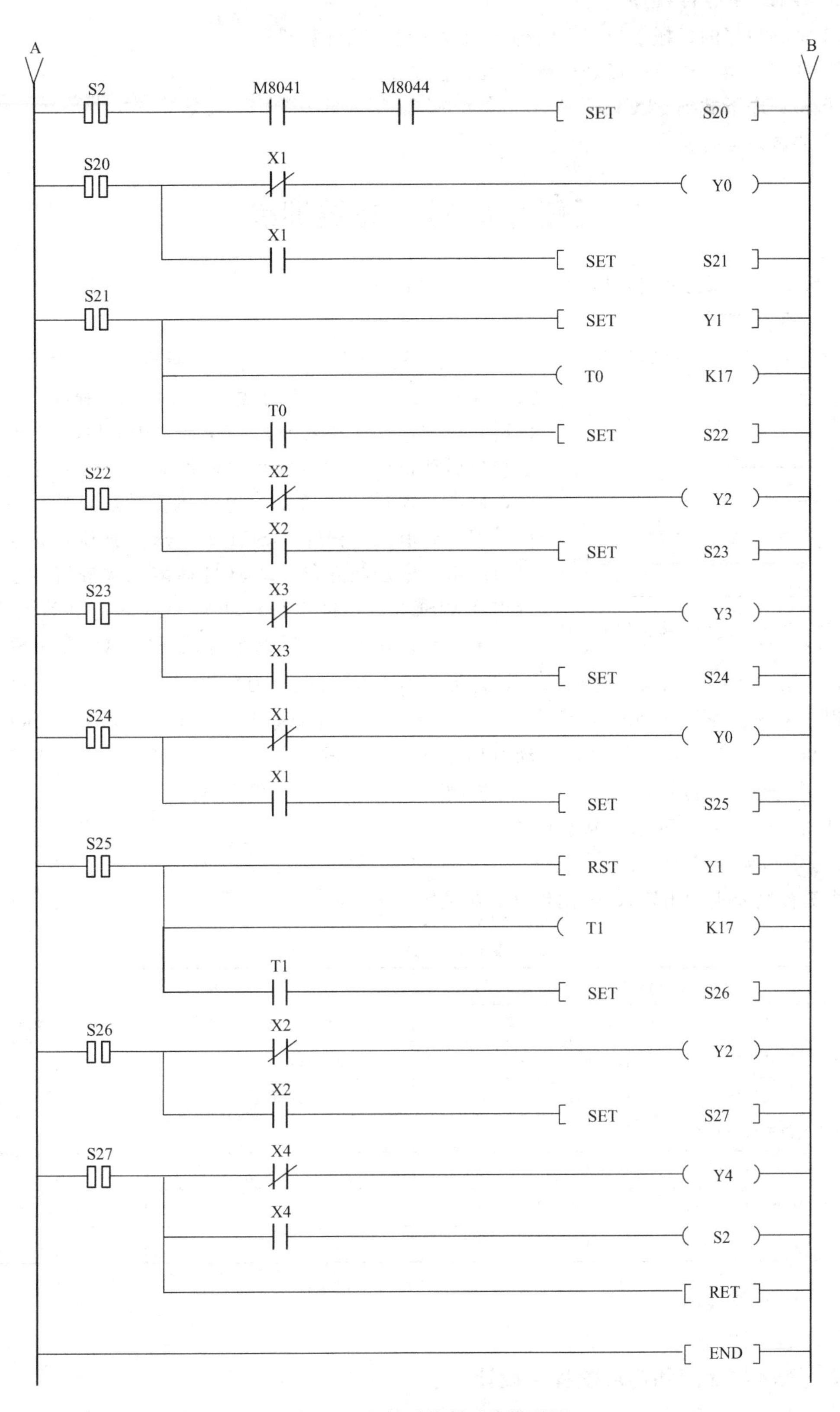

图 6-14 机械手控制系统梯形图

6.2.5 调试并运行程序

① 将编写好的机械手控制系统梯形图程序输入到计算机；

② 利用机械手模块搭接好机械手 PLC 控制系统；

③ 将程序下载到 PLC；

④ 调试并运行程序。

【任务 6.3】 拓展训练

训练项目：深孔钻组合机床 PLC 控制程序设计。

6.3.1 项目描述

深孔钻组合机床进行钻孔时，为了利于钻头排屑及冷却，需要周期性地从工件中退出钻头。深孔钻组合机床工作示意图如图 6-15 所示。在初始位置 0 点时，行程开关 SQ1 被压合，按下启动按钮 SB1，电动机启动正向运转，刀具前进；前进至行程开关 SQ2 处，撞击行程开关 SQ2 后，电动机反转，刀具第一次自动退刀；后退至行程开关 SQ1 处，SQ1 被压合，第一次退刀结束，电动机正转，刀具自动第二次进刀；进刀至行程开关 SQ3 处，撞击行程开关 SQ3 后，电动机反转，刀具第二次自动退刀；后退至行程开关 SQ1 处，SQ1 又被压合，第二次退刀结束，电动机正转，刀具自动第三次进刀；进刀至行程开关 SQ4 处，撞行程开关 SQ4 后，电动机又反转，刀具进行第三次自动退刀；后退至行程开关 SQ1 处，SQ1 被压合，第三次退刀结束，电动机停止运行，完成一个钻孔工作过程。当按下停止按钮 SB2 时能在任何位置停止。请按上述控制要求，进行 PLC 程序设计。

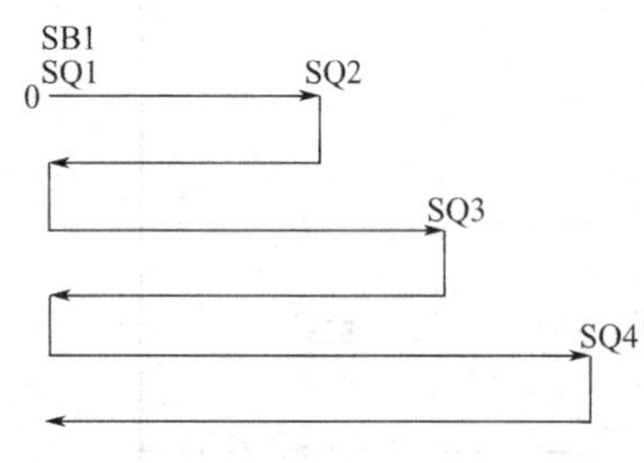

图 6-15 深孔钻组合机床工作示意图

已知 I/O 分配表和 PLC 接线图如下。

(1) I/O 地址分配

根据控制要求列出输入/输出地址分配表如表 6-4 所示。

表 6-4 I/O 分配表

输入信号			输出信号		
名称	代号	输入点编号	名称	代号	输出点编号
启动按钮	SB1	X0	电动机正转接触器	KM1	Y0
停止按钮	SB2	X1	电动机反转接触器	KM2	Y1
初始位置行程开关	SQ1	X2			
第一次退刀行程开关	SQ2	X3			
第二次退刀行程开关	SQ3	X4			
第三次退刀行程开关	SQ4	X5			

(2) PLC 接线图

PLC 接线图如图 6-16 所示。

6.3.2 顺序功能图和梯形图程序设计

(1) 设计顺序功能图

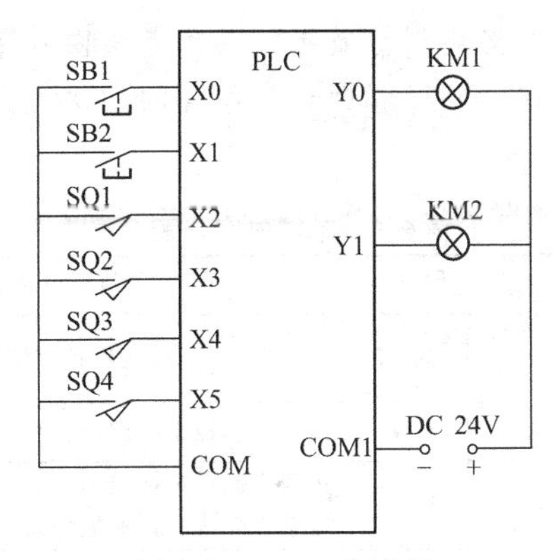

图 6-16 PLC 接线图

利用步进指令进行编程，按照控制要求设计出顺序功能图。

(2) 编写梯形图程序

根据设计的顺序功能图编写梯形图程序；也可根据控制要求直接设计梯形图程序。

(3) 运行和调试程序

完成顺序控制功能图和梯形图程序设计后，将程序下载至 PLC，根据控制要求完成程序调试和运行并记录调试结果。

【任务 6.4】 项目小结

本项目在介绍了初始状态指令和步进指令之后，对选择序列与并行序列的编程方法进行了详细说明，重点叙述了机械手控制程序设计的方法与步骤。项目小结主要是对机械手的 PLC 控制项目中的知识点和应掌握的基本技能进行归纳和总结，同时记录该项目的实施与完成情况，它主要包括以下两个方面。

6.4.1 基本要求

① 对机械手 PLC 控制项目进行描述；

② 简述机械手控制程序设计的基本步骤；

③ 写出 I/O 分配表；

④ 画出 PLC 接线图；

⑤ 设计出机械手控制顺序功能图并对程序作必要的注释；

⑥ 转顺序功能图转换成梯形图程序；

⑦ 记录程序运行结果。

6.4.2 回答问题

① IST 指令的执行条件满足时，有哪几个初始状态继电器的功能被自动指定？

② 机械手有哪几种工作方式？试举例说明其中一种工作方式。

③ 在梯形图设计中，你是如何实现多种工作方式融合到一个程序之中的？

④ 有哪些收获与体会？

【考核内容与配分】

本项目主要考核学生对 IST 指令、步进指令功能的掌握情况，考核学生对机械手控制程序设计与操作的完成质量以及拓展训练效果。具体考核内容涵盖知识掌握、程序设计和职业素养三个方面。考核采取自评、互评和师评相结合的方法，具体考核内容与配分情况如表6-5所示。

表6-5 考核内容与配分

考核项目	考核内容	配分	考核要求及评分标准	得分
知识掌握	IST指令、步进指令特点与编程方法	30	掌握IST指令、步进指令编程技巧	
程序设计	I/O地址分配	15	分析系统控制要求，正确完成I/O地址分配	
	安装与接线	15	正确绘制系统接线图 按系统接线图在模拟配线板上正确安装，操作规范	
	控制程序设计	15	按控制要求完成控制程序设计，梯形图正确、规范 熟练操作编程软件，将所编写的程序下载到PLC	
	功能实现	15	按照被控设备的动作要求进行模拟调试，达到控制要求	
职业素养	6S规范	10	正确使用设备，具有安全用电意识，操作符合规范要求 操作过程中无不文明行为、具有良好的职业操守 作业完成后清理、清扫工作现场	

【思考题与习题】

6-1 图6-17为A、B、C三个指示灯的工作时序图，试设计出其顺序控制功能图并画出其梯形图。

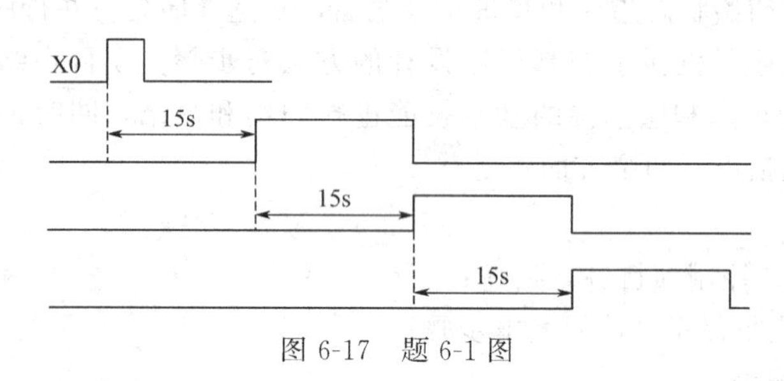

图6-17 题6-1图

6-2 根据图6-18所示的顺序功能图，写出对应的梯形图程序。

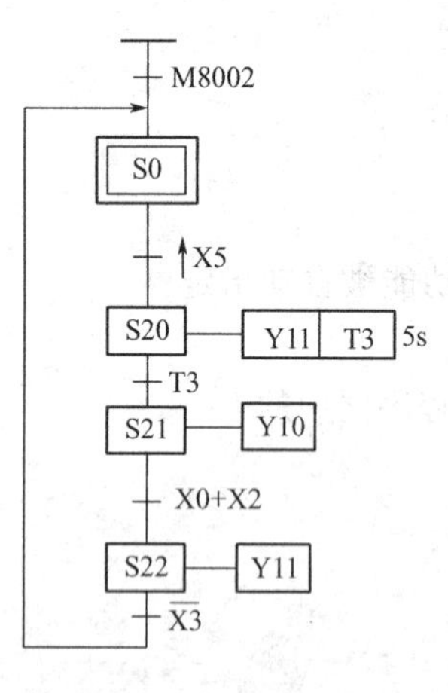

图6-18 题6-2图

6-3 用2个按钮控制4个彩灯。控制要求如下：按下启动按钮，四个彩灯依次点亮至全亮，即A灯亮1s→B灯亮1s→C灯亮1s→D灯亮1s，四个彩灯全亮后再循环。按下停止按钮，所有灯马上熄灭，用步进指令进行程序设计。

6-4 在机械加工时，很多场合会用到旋转工作台，在图6-19(a)中，旋转工作台用凸轮和限位开关来实现其运动控制。在初始状态时左限位开关SQ1为ON，按下常开启动按钮SB1，电动机驱动工作台按顺时针正转，转到右限位开关SQ2所在位置时暂停5s，之后工作台反转，回到限位开关SQ1所在的初始位置时停止转动，系统回到初始状态。表6-6为I/O分配表，PLC接线图如图6-19(b)所示，试设计出顺序功能图和梯形图程序。

表 6-6　I/O 分配表

输入信号			输出信号		
名称	代号	输入点编号	名称	代号	输出点编号
启动按钮	SB1	X0	电动机正转接触器	KM1	Y0
左限位开关	SQ1	X1	电动机反转接触器	KM2	Y1
右限位开关	SQ2	X2			

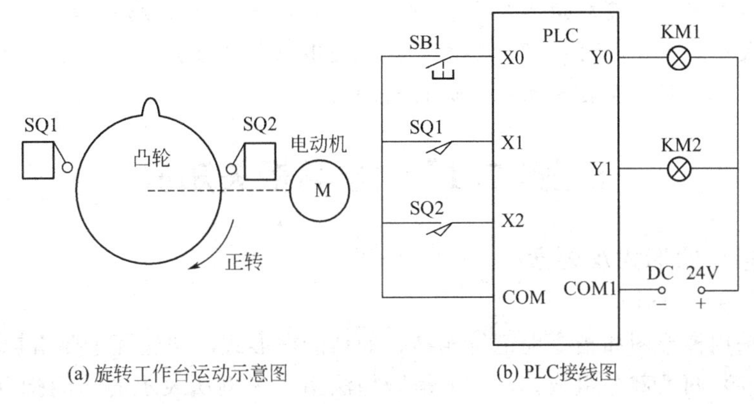

(a) 旋转工作台运动示意图　　(b) PLC接线图

图 6-19　题 6-4 图

项目7　大小球自动分类的PLC控制

【学习目标】

掌握算术运算指令，逻辑运算指令、循环指令的功能与使用方法；熟悉功能指令的形式及要素；熟悉大小球自动分类的控制要求。会对大小球自动分类控制系统进行梯形图程序设计；会搭接大小球自动分类控制系统并进行程序调试及运行。

【任务7.1】　学习相关知识

7.1.1　功能指令的形式及要素

7.1.1.1　功能指令的形式

功能指令采用梯形图和指令助记符相结合的功能框形式，功能框主要由功能指令助记符和操作数（元件）两大部分组成。图7-1是以加法指令为例所表示的功能指令的框图形式，这种表达方式直观，程序可读性好。如当X1为ON时，D1、D0中数据加上D3、D2中数据，然后送到D5、D4中。

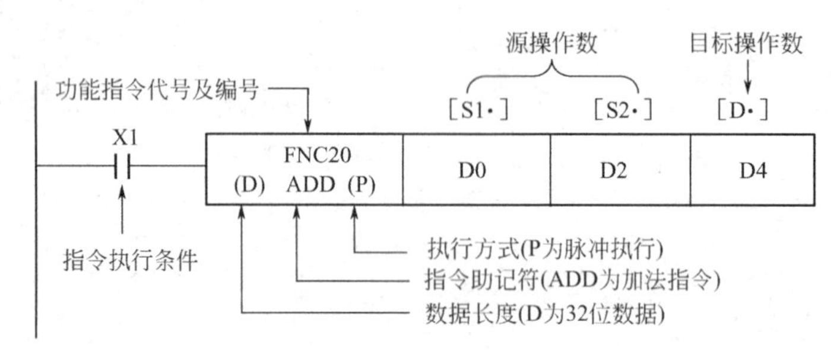

图7-1　功能指令的框图形式

7.1.1.2　功能指令要素

（1）功能指令代号（FNC）

FX_{2N}系列PLC功能指令代号为FNC，编号为FNC00～FNC246。使用简易编程器输入功能指令代号及编号即可输入对应的功能指令。

（2）指令助记符

功能指令的助记符是该指令功能的英文缩写，如加法（ADDITION）指令为ADD。

（3）数据长度

功能指令依处理数据的长度分为16位和32位指令。其中32位指令用“(D)”表示，无“(D)”的为16位指令，如图7-2所示。

① 16位数据　数据寄存器D、定时器T和计数器C的当前值寄存器等都是16位（最高位为符号位），可处理的数据范围为－32768～＋32767，16位数据结构如图7-3所示。

② 32位数据　两个相邻的16位数据寄存器可组成32位数据寄存器（最高位为符号位）可处理的数据范围为－2147483648～＋2147483647，如图7-4所示。

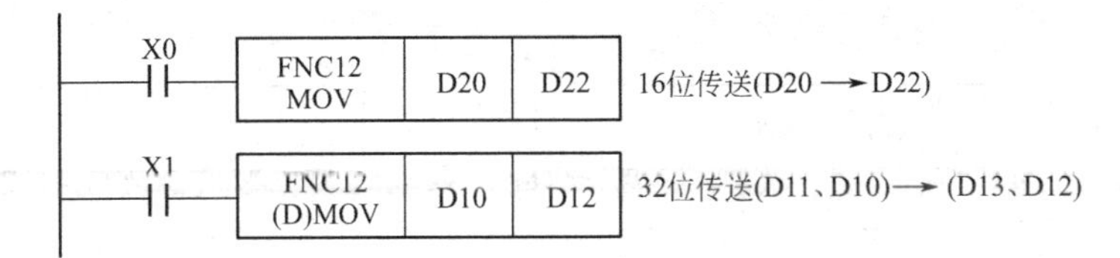

图 7-2　16 位数据与 32 位数据的处理

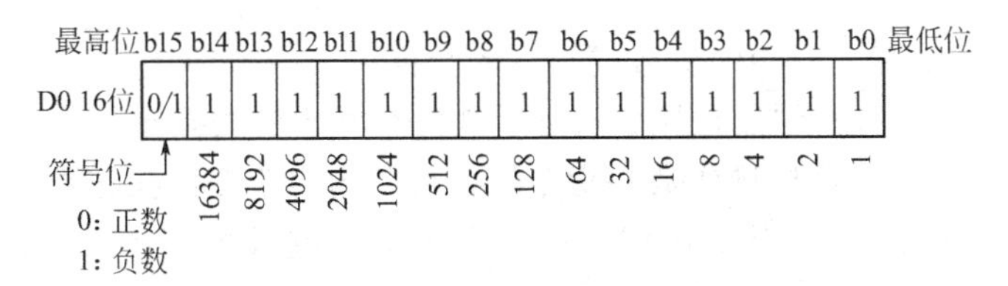

图 7-3　16 位数据结构图

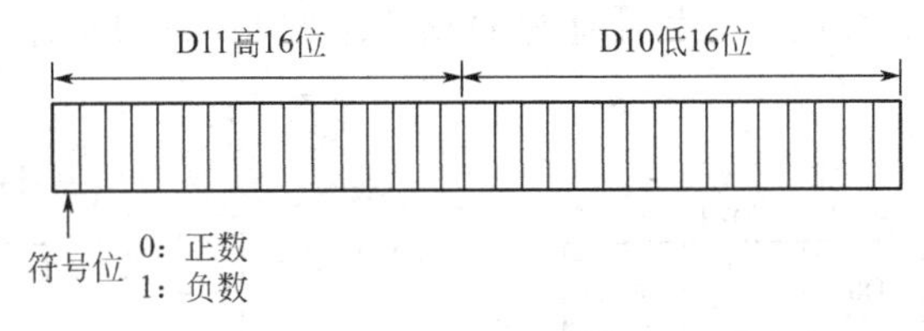

图 7-4　32 位数据结构图

在进行 32 位操作时，只要指定低 16 位数据寄存器的编号即可（如 D10），高 16 位自动占有相邻的编号（如 D11）。考虑到外围设备的监视功能，建议低位元件统一用偶数编号，如用 D10 和 D12 分别表示 32 位数据寄存器（D11、D10）和（D13、D12）。

③ 位组合数据　在 FX 系列 PLC 中，用来处理 ON/OFF 状态的元件称为位元件，如 X、Y、M、S。即使是位元件，通过组合也可以处理数值，由 Kn 加首元件号表示。以 4 个位元件为一个单位，来表示一个十进制数。K1～K4 表示 4～16 位数据操作，K1～K8 表示 4～32 位数据操作，如“K1M0”表示 4 个辅助继电器（M3、M2、M1 和 M0）的组合；“K2M0”表示 8 个辅助继电器（M7、M6、M5、M4、M3、M2、M1 和 M0）的组合；“K3Y0”表示 12 个输出继电器（Y13、Y12、Y11、Y10、Y7、Y6、Y5、Y4、Y3、Y2、Y1 和 Y0 的组合；“K4Y0”表示 16 个输出继电器（Y17～Y14、Y13～Y10、Y7～Y4、Y3～Y0）的组合。

被组合的位元件的首元件编号可以任选，但为避免混乱，建议在使用成组的位元件时，X 和 Y 的首地址的最低位采用以 0 为编号结尾的元件。例如 X0、Y10、Y20 等。应用指令中的操作数可能取 K（十进制常数），H（十六进制常数），KnX、KnY、KnM、KnS、T、C、D、V 和 Z。

用来处理数据的元件称为字元件，一个字由 16 个二进位组成。例如定时器 T、计数器 C、寄存器 D 等都是字元件。

（4）执行方式

功能指令分脉冲执行和连续执行两种方式。指令中标有（P）的为脉冲执行，在执行条件满足时，仅执行一个扫描周期，如图 7-5(a) 所示，图中常数 K200 只给 D10 传送一次。图 7-5(b) 为连续执行方式，当执行条件满足时，每一个扫描周期，D10 中数据都要给 D0

传送一次。

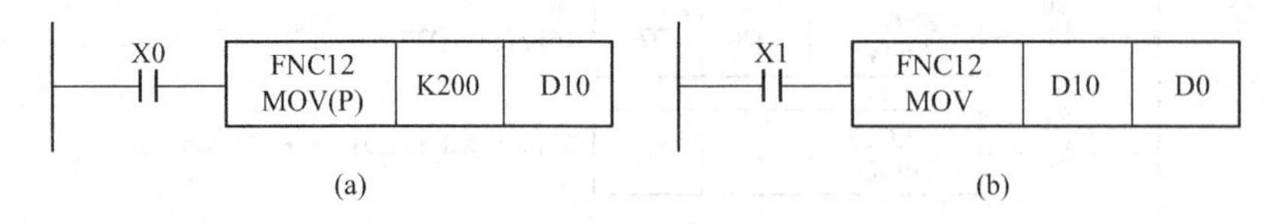

图 7-5　脉冲执行与连续执行

（5）操作数

操作数是执行功能指令所用的参数或产生的数据。

① 源操作数［S］　源操作数是指令执行后其内容不改变的操作数。

② 目标操作数［D］　目标操作数是指令执行后其内容改变的操作数。

③ 其它操作数（m、n）　其他操作数用来表示常数或对源操作数和目标操作数进行补充说明。表示常数时，K 为十进制数，H 为十六进制数。

图 7-6 中，MEAN 是取平均值指令，图中的［S·］指定取值首元件为 D0；n 指定取值个数为 3；［D·］指定计算结果存放地址为 D4Z，即当 X0 为 ON 时，将（D0＋D1＋D2)/3 的计算结果送到 D4Z。

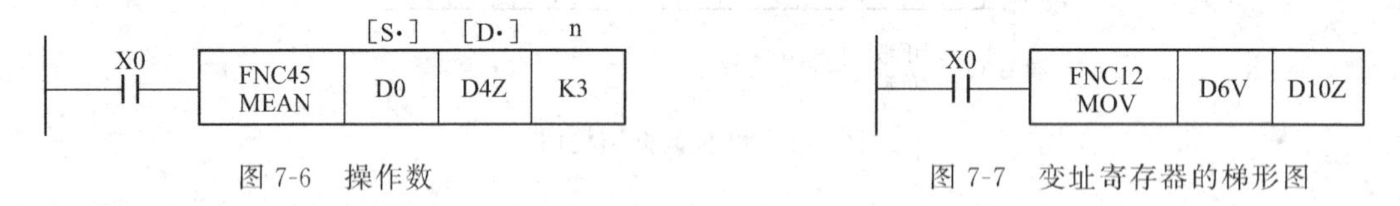

图 7-6　操作数

图 7-7　变址寄存器的梯形图

④ 有变址功能的操作数　操作数可具有变址功能。操作数旁边加“·”的即为具有变址功能的操作数，如［S1·］、［S2·］、［D·］等。

变址寄存器（V、Z）是 16 位数据寄存器，与其他数据寄存器一样可以进行数据的读/写操作，在功能指令操作中，常用来修改操作对象的元件号。在图 7-7 中，如果 V＝20、Z＝25，则 D6V＝D(6＋20)＝D26，D10Z＝D（10＋25)＝D35，该功能指令执行的操作是将 D26 中的数据传送到 D35 中。

在 FX 系列 PLC 中，可以进行变址操作的有 X、Y、M 和 S 元件，分支用指针 P 和由位元件组合而成的字元件首地址，如 KnM0Z，但常数 n 不能用变址寄存器改变其值，即不允许出现 K2ZM0。

（6）程序步数

程序步数为执行该指令所需的步数。功能指令代号和指令助记符占一个程序步；每个操作数占 2 个或 4 个程序步（16 位为 2 步，32 位为 4 步）；一般 16 位指令为 7 个程序步，32 位指令为 13 个程序步。

要了解功能指令的用法，可通过查阅相关手册获取。

7.1.2　算术运算指令

FX 系列 PLC 设置了 10 条算术和逻辑运算指令，其功能号是 FNC20～FNC29。在这些指令中，源操作数可以取 KnY、KnM、KnS、T、C、D、V 和 Z，每个数据的最高位为符号位（0 表示为正，1 表示为负）。在 32 位运算中被指定的字编程元件为低位字，紧挨着的下一个字编程元件为高位字；为了避免错误，建议指定操作元件时采用偶数元件号。

算术运算指令包括二进制加、减、乘、除，ADD、SUB、MUL、DIV 指令。

（1）加法指令 ADD

二进制加法指令 ADD（addition）的编号为 FNC20，它是将［S1］和［S2］两个源元件中的二进制数相加，其结果送到指定的目标元件［D］中去。如图 7-8 所示，当 X0 为 ON 状态时，执行（D0）+（D2）→（D4）。

图 7-8　加法指令的使用　　图 7-9　减法指令的使用

（2）减法指令 SUB

二进制减法指令 SUB（Subtraction）的编号为 FNC21，它是将源元件［S1］中的二进制数减去源元件［S2］中的二进制数，其结果送到指定的目标元件［D］中去。如图 7-9 所示，当 X0 为 ON 状态时，执行（D0）−（D2）→（D4）。

使用加法和减法指令时应该注意以下几点。

① 操作数可取所有数据类型，目标操作数可以取 KnY、KnM、KnS、T、C、D、V 和 Z。

② 16 位运算占 7 个程序步，32 位运算占 13 个程序步。

③ 数据为有符号二进制数，最高位为符号位（0 为正，1 为负）。

④ 加法指令有三个标志：零标志（M8020）、错位标志（M8021）和进位标志（M8022）。当运算结果超过 32 767（16 位运算）或 2 147 483 647（32 位运算）时进位标志置 1；当运算结果小于−32 767（16 位运算）或−2 147 483 647（32 位运算）时错位标志置 1。

（3）乘法指令 MUL

二进制乘法指令 MUL（Multiplication）的编号为 FNC22，将两个源地址中的二进制数相乘，结果（32 位）送到指定的目的地址中。如图 7-10 中 X0 为 ON 状态时，执行（D0）×（D2）→（D5、D4）；乘积的低 16 位数据送到 D4 中，乘积的高 16 位数据送到 D5 中。

如果该条指令为：(D) MUL (P) D10　D12　D14；其操作功能为：采用脉冲执行方式执行（D11、D10）×（D13、D12）→（D17、D16、D15、D14）。

图 7-10　乘法指令的使用　　图 7-11　除法指令的使用

（4）除法指令 DIV

二进制除法指令 DIV（Division）的编号为 FNC23，将［S1］除以［S2］，商送到指定的目的地址中，余数送到［D］的下一个元件。如图 7-11 中 X0 为 ON 状态时，（D0）÷（D2）→（D4）商，（D5）余数（16 位除法）。

如果该条指令为：(D) DIV (P) D10　D12　D14；其操作功能为：采用脉冲执行方式执行（D11、D10）/（D13、D12）→（D15、D14）商，（D17、D16）余数（32 位除法）。

使用乘法和除法指令时应该注意以下几点。

① 操作数可取所有数据类型，目标操作数可以取 KnY、KnM、KnS、T、C、D、V 和 Z，要注意 Z 只有 16 位乘法时能用，32 位乘法时不可用。

② 16 位运算占 7 个程序步，32 位运算占 13 个程序步。

③ 32 位乘法运算中，如用位元件作目标，则只能得到乘积的低 32 位，高 32 位将丢失，这种情况下应先将数据移入字元件再运算；除法运算中将位元件指定为［D］，则无法得到

余数，除数为0时发生运算错误。

④ 积、商和余数的最高位为符号位。

（5）加1指令INC

二进制加1指令INC（Increment）的编号为FNC24，将［D］中的内容指定加1。如图7-12中X0为ON状态时，(D0)+1→(D0)。若指令是连续指令，则每个扫描周期均做一次加1运算。

图7-12 加1指令的使用　　图7-13 减1指令的使用

（6）减1指令DEC

二进制减1指令DEC（Decrement）的编号为FNC25，将［D］中的内容指定减1。如图7-13中X0为ON状态时，(D0)−1→(D0)。若指令是连续指令，则每个扫描周期均做一次减1运算。

使用加1和减1指令时应该注意以下几点。

① 指令的操作数可以取KnY、KnM、KnS、T、C、D、V和Z。

② 16位运算占3个程序步，32位运算占5个程序步。

③ 在INC运算时，如数据为16位，则由+32 767再加1变为−32 768，但标志不置位；同样，32位运算由+2 147 483 647再加1就变为−2 147 483 648时，标志也不置位。

④ 在DEC运算时，如数据为16位，则由−32 678减1变为+32 767，且标志不置位；32位运算由−2 147 483 648减1就变为+2 147 483 647，标志也不置位。

【例7-1】 四则运算式的实现举例

编程实现：$\frac{10X}{2}+5$算式的运算。式中“X”代表输入端口K2X0送入的二进制数，运算结果送输出口K2Y0，X20为启停开关。

梯形图如图7-14所示。

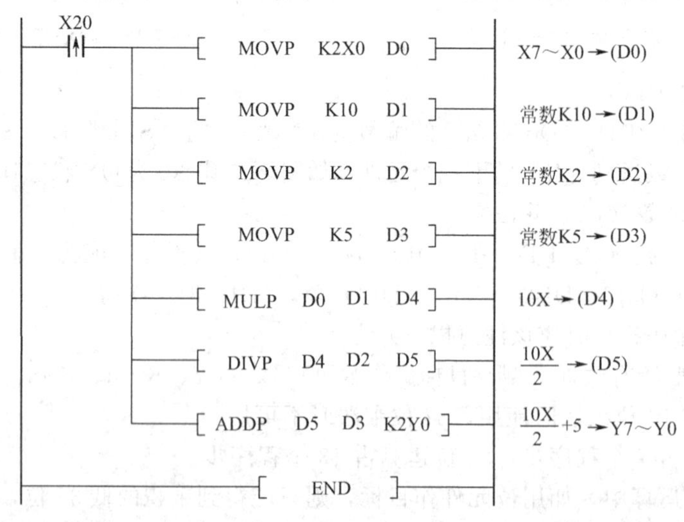

图7-14 四则运算式的梯形图

7.1.3　逻辑运算指令

（1）逻辑与指令 WAND

逻辑与指令 WAND 的编号为 FNC26，它是将两个源操作数按位进行与操作，结果送到指定元件。如图 7-15 所示，当 X0 为 ON 状态时，执行（D0）∧（D2）→（D4）。

图 7-15　逻辑与指令的使用　　图 7-16　逻辑或指令的使用

（2）逻辑或指令 WOR

逻辑或指令 WOR 的编号为 FNC27，它是将两个源操作数按位进行或操作，结果送到指定元件。如图 7-16 所示，当 X0 为 ON 状态时，执行（D0）∨（D2）→（D4）。

（3）逻辑异或指令 WXOR

逻辑异或指令 WXOR 的编号为 FNC28，它是将两个源操作数按位进行异或操作，结果送到指定元件。如图 7-17 所示，当 X0 为 ON 状态时，执行（D0）⊕（D2）→（D4）。

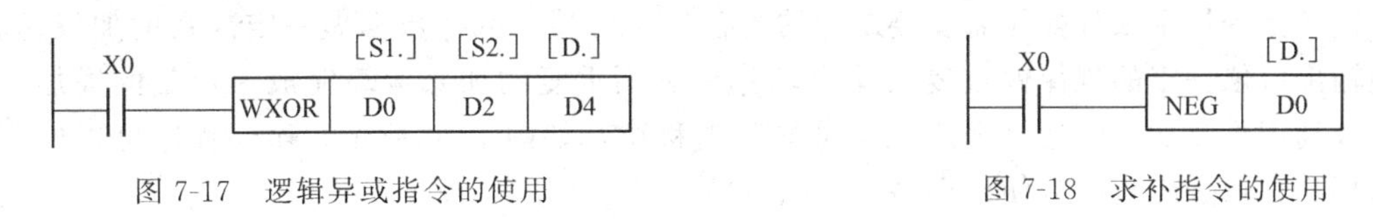

图 7-17　逻辑异或指令的使用　　图 7-18　求补指令的使用

（4）求补指令 NEG

求补指令 NEG 的编号为 FNC29，它是将［D］指定的元件内容的各位先取反再加 1，将其结果再存入原来的元件中。NEG 指令的使用如图 7-18。

使用逻辑指令时应该注意以下几点。

① WAND、WOR、WXOR 指令的指令［S1］和［S2］均可取所有的数据类型，而目标操作数可取 KnY、KnM、KnS、T、C、D、V 和 Z。

② NEG 指令只有目标操作数，其可取 KnY、KnM、KnS、T、C、D、V 和 Z。

③ WAND、WOR、WXOR 指令 16 位运算占 7 个程序步，32 位运算占 13 个程序步，而 NEG 指令 16 位运算占 3 个程序步，32 位运算占 5 个程序步。

7.1.4　程序循环指令及其应用

（1）程序循环指令的要素及梯形图表示

该指令的助记符、指令代码位数、操作数、程序步如表 7-1。

表 7-1　程序循环指令要素

指令名称	指令代码位数	助记符	操作数	程序步
			S	
循环开始指令	FNC 08 (16)	FOR	K、H、KnX、KnY、KnM、KnS、T、C、D、V、Z	3 步(嵌套 5 层)
循环结束指令	FNC 09	NEXT	无	1 步

循环指令由 FOR 及 NEXT 两条指令构成，这两条指令总是成对出现的。如梯形图 7-19 所示。

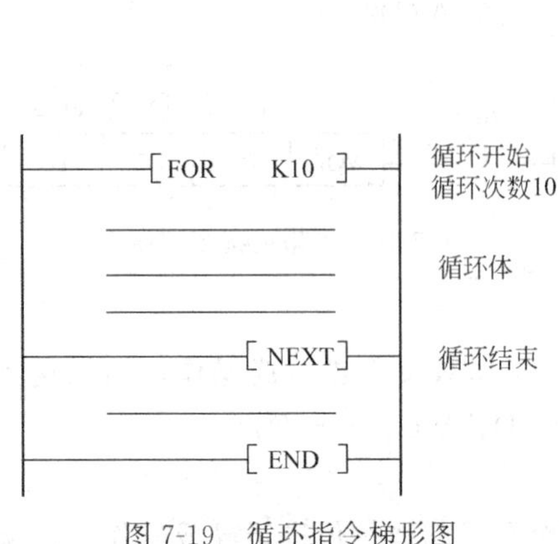

图 7-19 循环指令梯形图

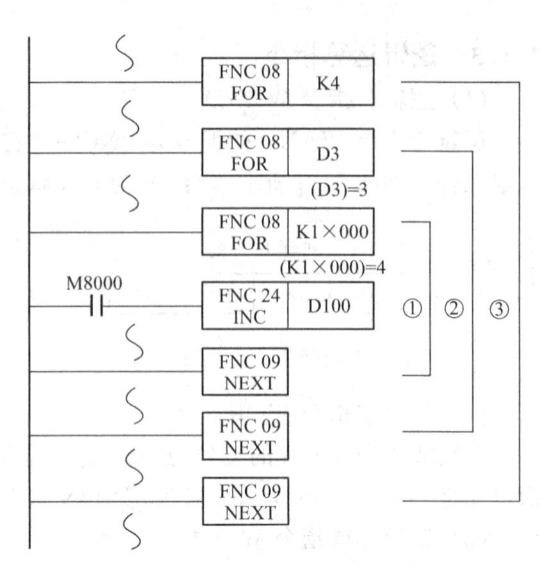

图 7-20 循环指令使用说明

（2）循环程序的意义及应用

循环指令用于某种操作需反复进行的场合。如对某一取样数据做一定次数的加权运算，控制输出口依一定的规律做重复的输出动作或利用重复的加减运算完成一定量的增加或减少，或利用重复的乘除运算完成一定量的数据移位，如图 7-20 所示。循环程序可以使程序简明扼要，增加编程的方便，提高程序执行效率。

【例 7-2】 图 7-21 是应用循环嵌套求和的程序，求 0＋1＋2＋3＋……＋100 的和，并将和存入 D0。

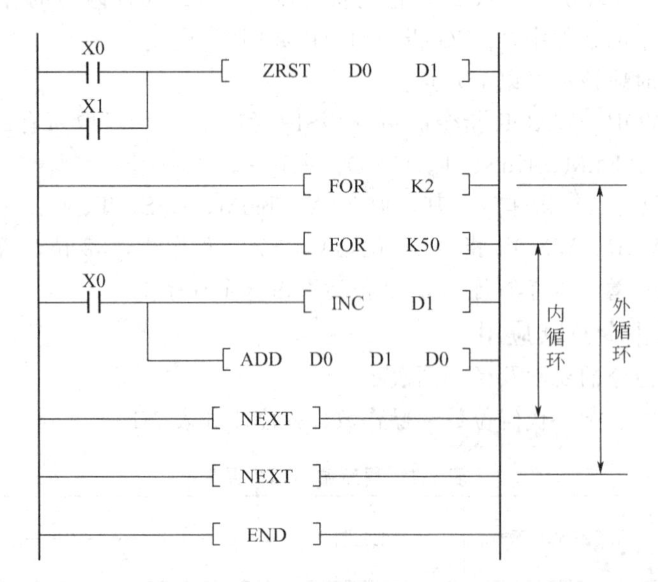

图 7-21 应用循环嵌套求和的程序

【任务 7.2】 大小球自动分类 PLC 控制程序设计

7.2.1 项目描述

图 7-22 是大小球自动分类控制系统示意图。其具体控制要求如下。

① 系统开机后，自动检测分拣杆是否处于原点（电磁铁失电，SQ1 和 SQ4 压合）。

② 分拣杆必须在原点时，系统才能启动。

③ 为了保证可靠碰球，电磁铁下降碰球过程时间为 2s，是大球还是小球由 SQ5 的状态判定。考虑到工作的可靠性，规定电磁铁吸牢和释放铁球的时间为 1s。

④ 分拣杆的横向运动与垂直运动不能同时进行。

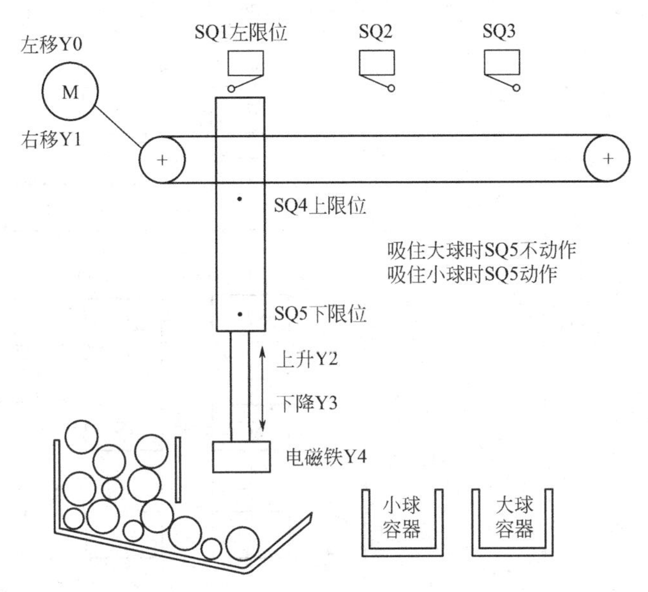

图 7-22　大小球自动分类控制系统示意图

它的动作顺序如下：分拣杆在原点，合上启动开关，分拣杆下降（当电磁铁压着的是大球时，SQ5 断开，当压着的是小球时，SQ5 接通，依此可以判断是大球还是小球）

→ { 大球 / SQ5 断开 → 将球吸住 → 上升 —SQ4 动作→ 右行到 SQ3 运作
　 小球 / SQ5 接通 → 将球吸住 → 上升 —SQ4 动作→ 右行到 SQ2 运作 } →

→ 下降 SQ5 动作 → 释放 → 上升 SQ4 动作 → 左移 SQ1 动作到原点

左右移动分别由 Y0 和 Y1 控制，上升和下降分别由 Y2 和 Y3 控制，将球吸住由 Y4 控制。系统用一个开关控制，合上开关，系统按上述要求循环工作，断开开关，系统执行最后一个循环后回到原点。

7.2.2　I/O 地址分配

根据控制要求，设有 6 个输入信号和 6 个输出信号，输入和输出地址分配如表 7-2 所示。

表 7-2　I/O 分配表

输入信号			输出信号		
名称	代号	输入点编号	名称	代号	输出点编号
启动开关	S	X0	分拣杆左移控制	KM1	Y0
分拣杆左限位	SQ1	X1	分拣杆右移控制	KM2	Y1
小球容器限位	SQ2	X2	分拣杆上升控制	KM3	Y2
大球容器限位	SQ3	X3	分拣杆下降控制	KM4	Y3
分拣杆上限位	SQ4	X4	电磁铁控制	KA	Y4
分拣杆下限位	SQ5	X5	原点指示灯	HL	Y5

7.2.3 PLC接线图

PLC接线图如图7-23所示。

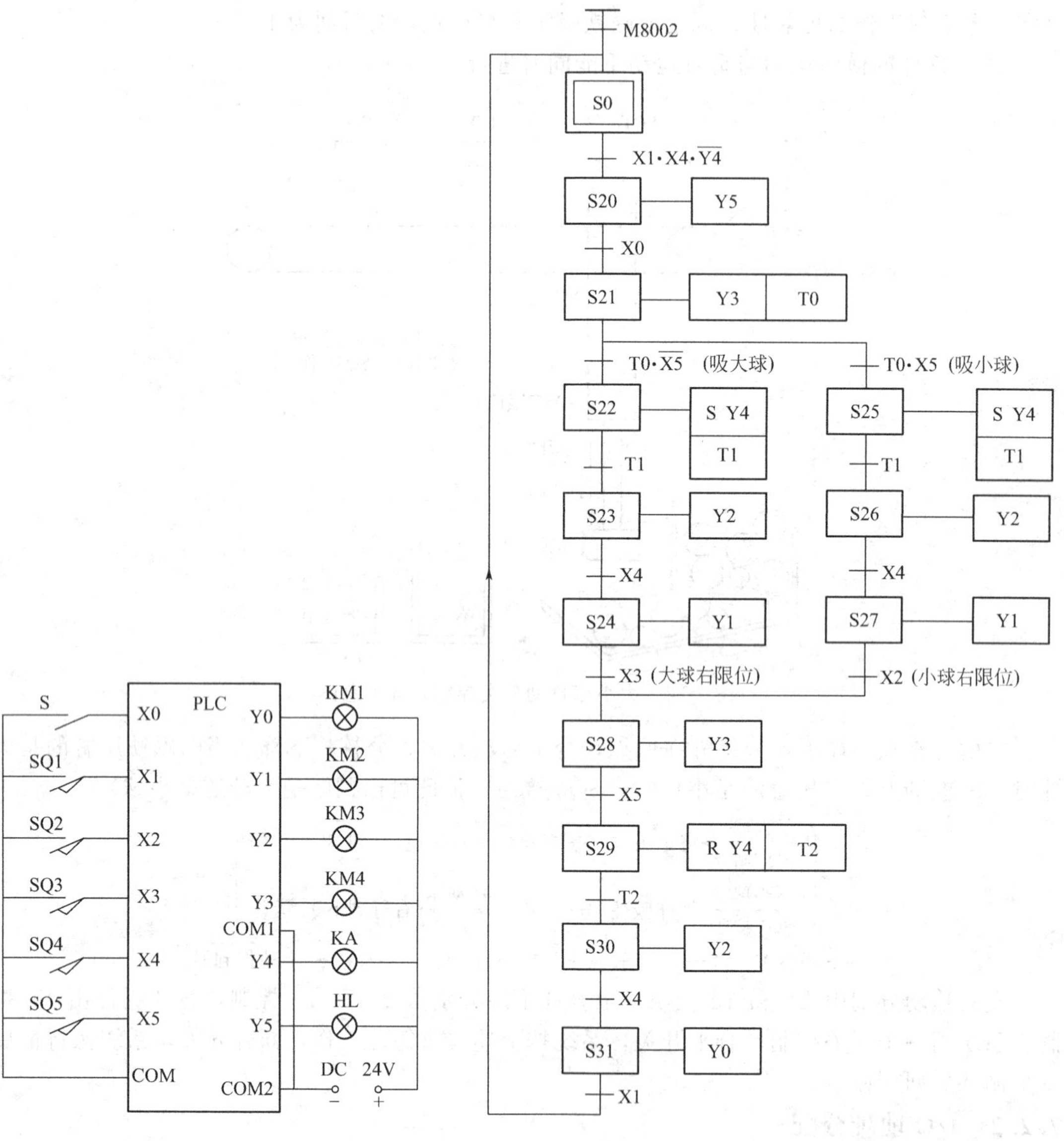

图7-23 PLC接线图

图7-24 大小球自动分类控制顺序功能图

7.2.4 梯形图程序设计

① 根据项目控制要求和输入、输出点分配表设计出选择序列顺序功能图如图7-24所示。

② 按照顺序功能图，采用步进指令编写梯形图程序，参考梯形图程序如图7-25所示。

7.2.5 调试并运行程序

① 将编写好的梯形图程序输入到计算机；

② 将程序下载到PLC；

③ 调试并运行程序。

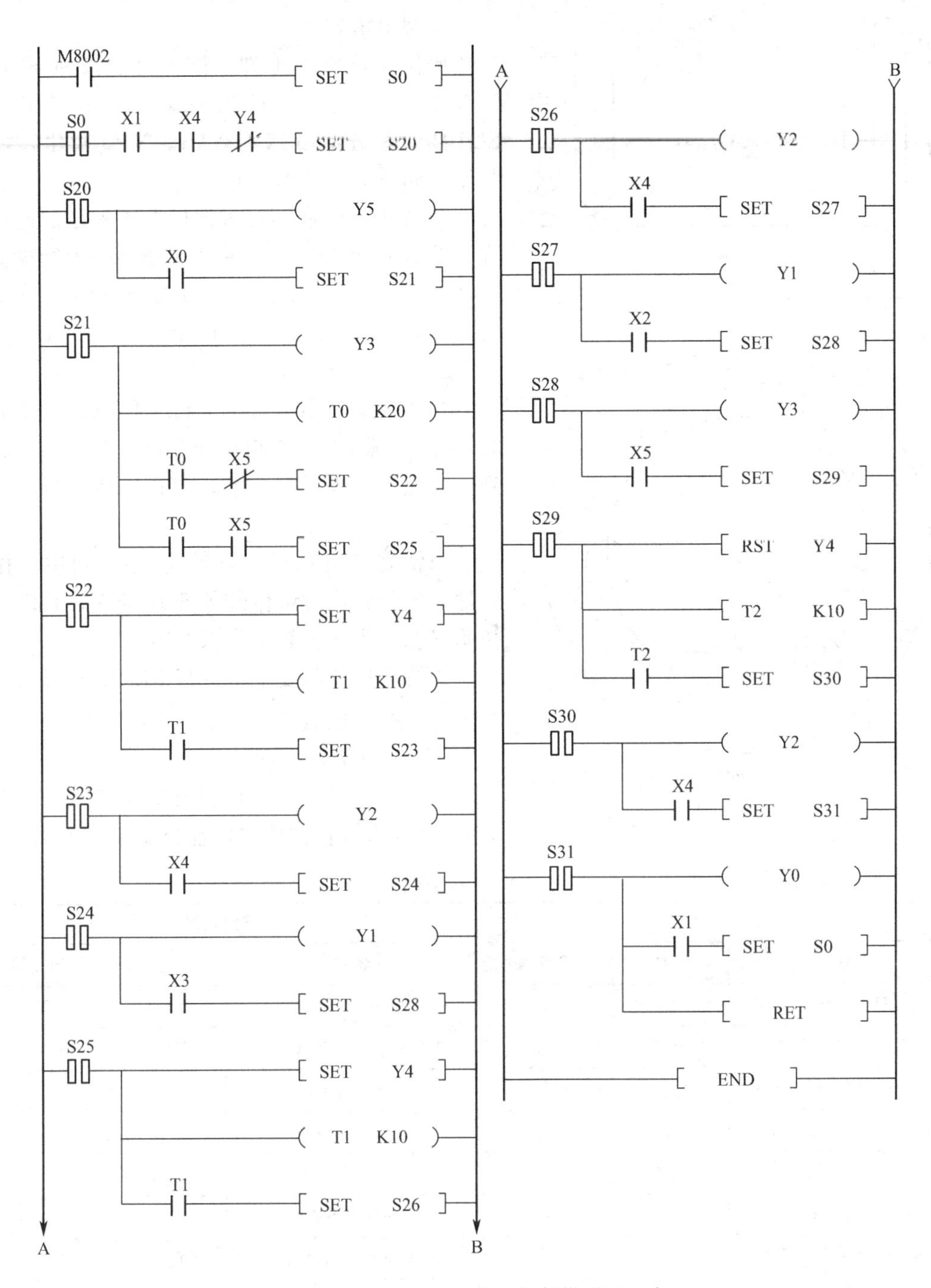

图 7-25 大小球自动分类控制梯形图程序

【任务 7.3】 拓展训练

训练项目：钻床自动钻孔的 PLC 程序设计。

7.3.1 项目描述

钻床自动钻孔示意如图 7-26 所示。需要在工件上加工三个大孔和三个小孔。

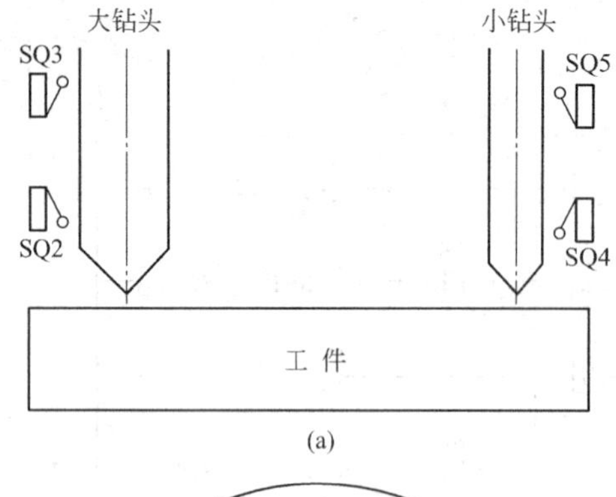

(a)

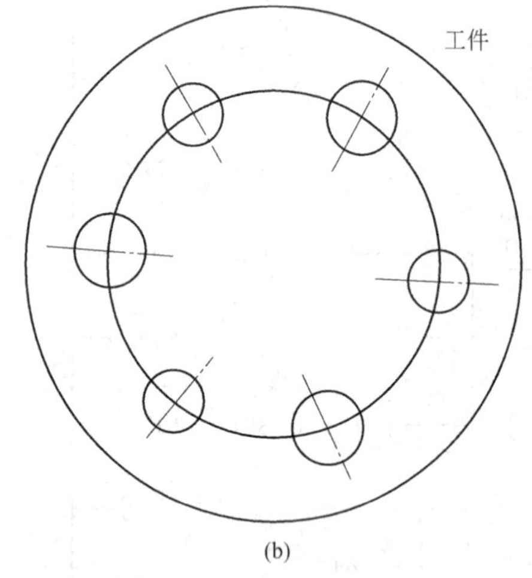

(b)

图 7-26 钻床自动钻孔示意图

控制要求如下。

操作人员放好工件，按下启动按钮 SB，电磁阀 YV0 得电，工件被夹紧，夹紧限位开关 SQ1 闭合，进给电磁阀 YV1、YV3 得电，使两只钻头同时向下开始钻孔。

当钻孔到位时，大钻头和小钻头分别撞击行程开关 SQ2 和 SQ4，大钻头、小钻头上行电磁阀 YV2、YV4 分别得电，大钻头和小钻头分别上行，分别至行程开关 SQ3 和 SQ5 处时，停止上行。

当大钻头和小钻头都上行到位时，若没钻完 3 对孔，电磁阀 YV5 得电使工件旋转 120°，旋转到位时撞击行程开关 SQ6，停止旋转，开始钻下一组孔。

当钻完三组孔后，电磁阀 YV6 得电，松开工件，松开到位时限位开关 SQ7 动作，系统进入初始状态，为下一轮工作做好准备。

请按上述控制要求，进行 PLC 程序设计。

7.3.2 程序设计

（1）I/O 地址分配

根据控制要求，本项目有 8 个输入信号和 7 个输出信号，输入/输出地址分配如表 7-3 所示。

表 7-3 I/O 分配表

输入信号			输出信号		
名称	代号	输入点编号	名称	代号	输出点编号
启动按钮	SB	X0	工件夹紧电磁阀	YV0	Y0
工件夹紧限位开关	SQ1	X1	大钻头下行电磁阀	YV1	Y1
大钻头钻孔到位限位开关	SQ2	X2	大钻头上行电磁阀	YV2	Y2
大钻头上行到位限位开关	SQ3	X3	小钻头下行电磁阀	YV3	Y3
小钻头钻孔到位限位开关	SQ4	X4	小钻头上行电磁阀	YV4	Y4
小钻头上行到位限位开关	SQ5	X5	工件旋转电磁阀	YV5	Y5
工件旋转到位限位开关	SQ6	X6	工件松开电磁阀	YV6	Y6
工件松开到位限位开关	SQ7	X7			

（2）PLC 接线图

PLC 接线图如图 7-27 所示。

（3）设计梯形图程序

在设计程序之前，分析项目内容，找出设计关键点是确保程序设计成功的关键。本拓展练习相对较复杂，同学们可先设计出顺序功能图，然后再将顺序功能图转换成梯形图程序，建议采用步进指令实现。

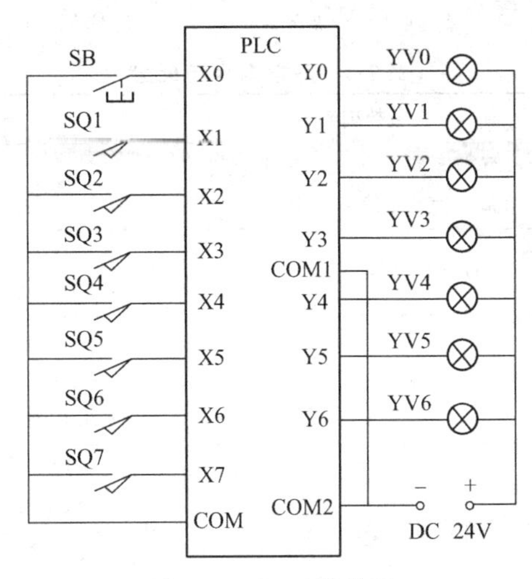

图7-27　PLC接线图

（4）运行和调试程序

梯形图程序编写完成以后，即可对程序进行调试和运行。

【任务7.4】　项目小结

本项目在介绍了算术运算指令，逻辑运算指令和循环指令及其应用之后，重点叙述了大小球自动分类PLC控制程序设计。项目小结主要是对该项目知识点进行归纳和总结，同时记录控制程序设计与运行情况。项目小结内容主要包括下面两个方面。

7.4.1　基本要求

① 对该项目进行描述；

② 简述程序设计的基本步骤；

③ 写出I/O分配表；

④ 画出PLC接线图；

⑤ 进行项目内容分析，找出程序设计关键点；

⑥ 设计出梯形图程序；

⑦ 记录程序运行结果。

7.4.2　回答问题

① 在大小球自动分类控制系统中，当小球容器装满50个大球容器装满30个时要装车，控制系统要自动停止，5min后自动启动，你能够实现吗，怎么实现？

② 在拓展训练程序设计中遇到了哪些问题？你是如何解决的？

③ 有哪些收获与体会？

【考核内容与配分】

本项目主要考核学生对算术运算指令，逻辑运算指令和循环指令的掌握和应用情况，考核学生对大小球自动分类控制程序设计与操作的完成质量以及钻床自动钻孔程序设计的训练效果。具体考核内容涵盖知识掌握、程序设计和职业素养三个方面。考核采取自评、互评和师评相结合的方法，具体考核内容与配分情况如表 7-4 所示。

表 7-4 考核内容与配分

考核项目	考核内容	配分	考核要求及评分标准	得分
知识掌握	算术运算指令，逻辑运算指令和循环指令功能与应用	30	熟悉指令功能，应用指令正确	
程序设计	I/O 地址分配	15	分析系统控制要求，正确完成 I/O 地址分配	
	安装与接线	15	正确绘制系统接线图 按系统接线图在模拟配线板上正确安装，操作规范	
	控制程序设计	15	按控制要求完成控制程序设计，梯形图正确、规范 熟练操作编程软件，将所编写的程序下载到 PLC	
	功能实现	15	按照被控设备的动作要求进行模拟调试，达到控制要求	
职业素养	6S 规范	10	正确使用设备，具有安全用电意识，操作符合规范要求 操作过程中无不文明行为、具有良好的职业操守 作业完成后清理、清扫工作现场	

【思考题与习题】

7-1 填空题

① 执行指令“ADD K50 K20 D1”后，D1 数据寄存器的操作数是__________。

② 执行指令“SUB K50 K10 D1”，D1 数据寄存器的操作数是__________。

③ 循环指令________必须成对出现，缺一不可。________表示循环开始，________表示循环结束，位于________之间的程序称之为循环体。

7-2 如图 7-28 所示。设 D0＝32 760，D1＝9，当 X1 为 ON 状态时，D0 的值为多少？

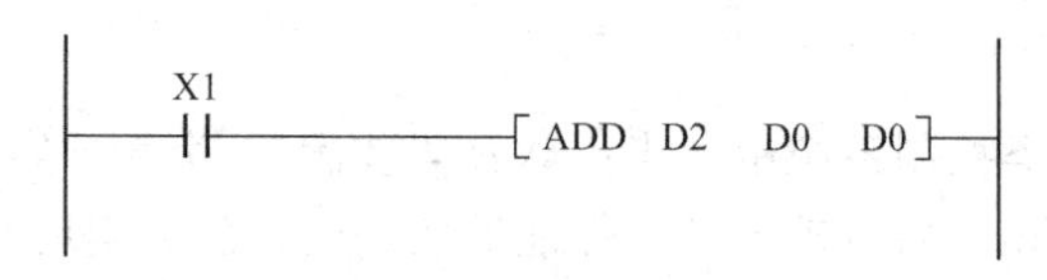

图 7-28 题 7-2 图

7-3 编写程序，求 D0、D2 和 D4 之和放入 D20 中，再求三个数的平均值，将其放入 D30 中。

7-4 用 PLC 设计一个简单抢答器，可用于 4 支比赛队伍进行抢答。4 个抢答按钮为 X0～X3，对应的 4 个指示灯用 Y0～Y3 来表示，X4 作为主持人的复位按钮。

7-5 某组合机床的动力头在初始状态时，停靠在 SQ3 处，如图 7-29 所示。限位行程开关 SQ3 被压下，按下启动按钮 SB1，电磁阀 YA1、YA2 吸合，动力头开始快速前进。至行程开关 SQ1 处，撞击行程开关 SQ1，电磁阀 YA1 吸合，动力头转为工进。当工进至行程开关 SQ2 处，撞击行程开关 SQ2，电磁阀 YA2 吸合，动力头快速返回。当返回至行程开关 SQ3 处，撞击行程开关 SQ3，动力头停止运动。试进行 PLC 控制程序设计。

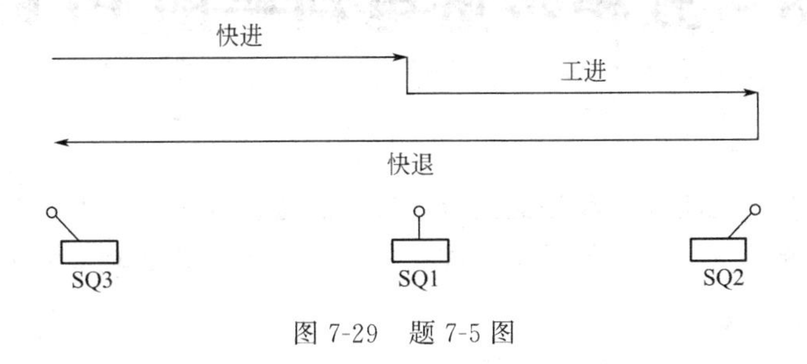

图 7-29　题 7-5 图

项目 8　五相步进电动机的 PLC 控制

【学习目标】

掌握移位指令、传送指令和数据变换指令的功能与使用方法；熟悉五相步进电动机的控制要求；会进行五相步进电动机控制梯形图程序设计；能正确进行五相步进电动机控制系统接线与程序调试。

【任务 8.1】　学习相关知识

8.1.1　移位指令

位元件移位指令只对位元件进行操作，即源操作数和目标操作数只能是位元件，其中，源操作数可以取 X、Y、M 和 S，目标操作数可以取 Y、M 和 S。

8.1.1.1　位元件右移位指令SFTR

位右移指令 SFTR（FNC34）使位元件中的状态成组地向右移动（图 8-1），其中：

① [S.] 为移位的源位元件首地址，[D·] 为移位的目标位元件首地址。

② n1 为 [D] 的补充说明，即指定目标位元件组的长度（个数）。

③ n2 为 [S] 的补充说明，为源元件个数（也是目标位元件移动的位数）。

④ n1 和 n2 只能是常数 K 和 H，且要求 n2≤n1≤1024。

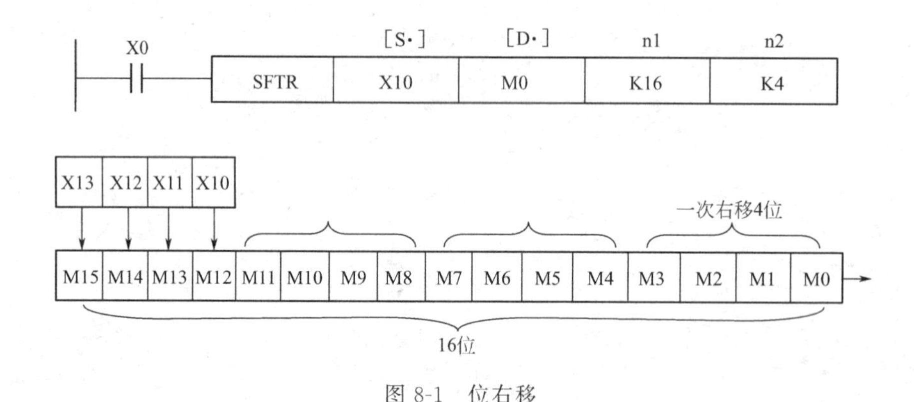

图 8-1　位右移

图 8-1 中的 X0 由 OFF 变为 ON 时，位右移指令（4 位 1 组）按以下顺序移位：M3～M0 中的数从低位端溢出，M7～M4→M3～M0，M11～M8→M7～M4，M15～M12→M11～M8，X13～X10→M15～M12。

8.1.1.2　位元件左移位指令SFTL

位左移指令 SFTL（FNC36）使位元件中的状态成组地向左移动（如图 8-2 所示），即将 n1 个目标位元件中的数据向左移动 n2 位，n2 个源位元件中的数据被补充到空出的目标位元件中。

图 8-2 中的 X0 由 OFF 变为 ON 时，则执行位左移指令。位左移指令（4 位 1 组）按以

下顺序移位：M15～M12 中的数溢出，M11～M8→M15～M12，M7～M4→M11～M8，M3～M0→M7～M4，X13～X10→M3～M0。

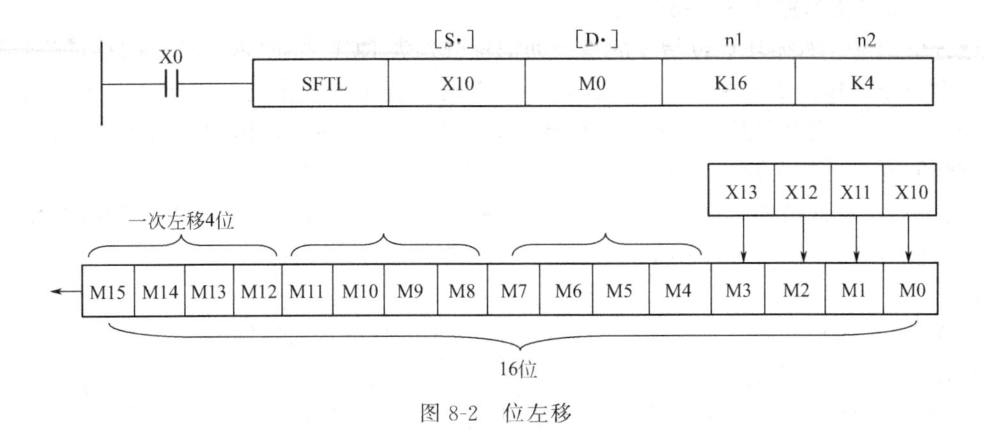

图 8-2　位左移

8.1.1.3　循环右移及循环左移指令

以循环右移为例，该指令的助记符、指令代码、操作数如表 8-1 所示。

表 8-1　循环右移指令的要素

指令名称	助记符	指令代码位数	操作数范围	
			[D・]	n
循环右移	ROR ROR(P)	FNC30 (16/32)	KnY、KnM、KnS T、C、D、V、Z	K、H 移位量 n≤16(16 位) n≤32(32 位)

循环右移指令可以使 16 位数据、32 位数据向右循环移位，其说明如图 8-3 所示。当 X0 由 OFF→ON 时，[D・] 内各位数据向右移 n 位，最后一次从最低位移出的状态存于进位标志 M8022 中。ROR (P)——表示来一个脉冲，执行一次；ROR——表示每个扫描周期执行一次。

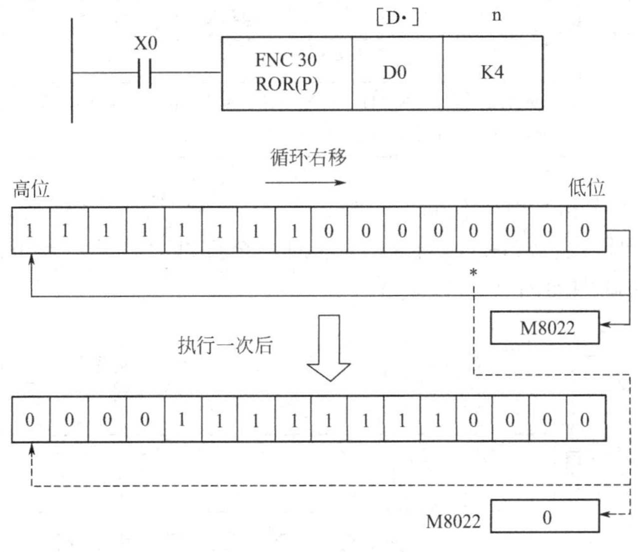

图 8-3　循环右移指令使用说明

用连续指令执行时，循环移位操作每个扫描周期执行一次。

如果在目标元件中指定位组合元件，则只有K4（16位指令）或K8（32位指令）有效，如K4Y0、K8M0等。

8.1.1.4 带进位的循环移位指令

带进位的左、右循环移位指令的指令助记符分别为RCL和RCR。它们的移位位数n的取值范围与循环移位指令相同。执行这两条指令时，各位的数据与进位位M8022一起（16位指令时一共17位）向左（或向右）循环移动n位。在循环中移出的位送入进位标志，后者又被送回到目标操作数的另一端。

【例8-1】 设计循环右移的16位彩灯控制程序，移位的时间间隔为1s，开机是用X0～X17来设置彩灯的初值。TO用来产生周期为1s的移位脉冲序列。

```
LD      M8002              //首次扫描时
MOV     K4X0      K4Y0     //用X0～X17为彩灯设置初始值
LDI     T0
OUT     T0        K10      //产生周期为1s的移位脉冲
LD      T0                 //移位时间到
ROR     K4Y0      K1       //彩灯右移1位
END
```

8.1.2 传送指令

传送指令包括MOV（传送）、SMOV（BCD码移位传送）、CML（取反传送）、BMOV（数据块传送）和FMOV（多点传送）以及XCH（数据交换）指令。

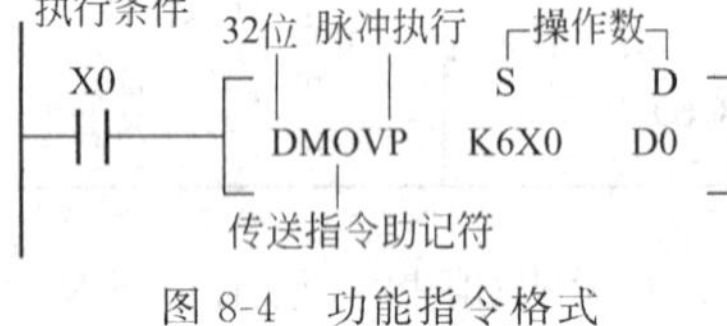

图8-4 功能指令格式

（1）传送指令

MOV指令的功能是将源操作数［S·］中的数据传送到指定的目标操作数［D·］中。该指令的指令代码、助记符、操作数、程序步如表8-2。功能指令格式如图8-4。

表8-2 传送指令要素

指令名称	指令代码位数	助记符	操作数		程序步
			S(·)	D(·)	
传送	FNC 12 (16/32)	MOV MOV(P)	K H KnX KnY KnM KnS T C D V Z	KnY KnM KnS T C D V Z	MOV MOVP 5步 DMOV DMOVP 9步

【例8-2】 设有8盏指示灯，控制要求是：当X0接通时，全部灯亮；当X1接通时，奇数灯亮；当X2接通时，偶数灯亮；当X3接通时，全部灯灭。试设计电路和用数据传送指令编写程序。控制线路图如图8-5所示。

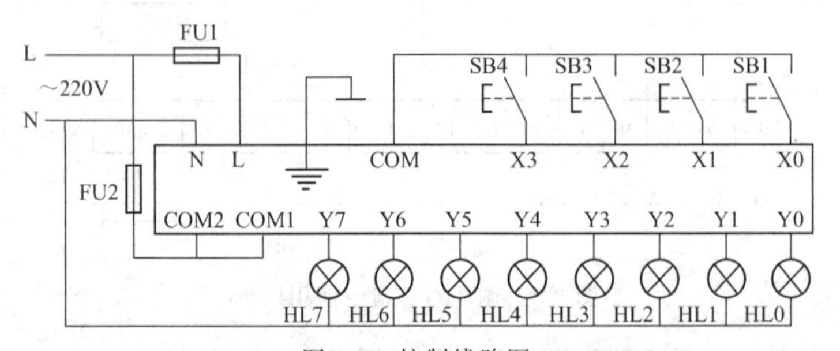

图8-5 控制线路图

根据控制要求列出控制关系表如表 8-3 所示，“●”表示灯亮，空格表示灯灭。因为是 8 位数据，所以用十六进制计数较方便。

表 8-3　例 8-1 控制关系表

输入端口	输出位组件　K2Y0								传送数据
	Y7	Y6	Y5	Y4	Y3	Y2	Y1	Y0	
X0	●	●	●	●	●	●	●	●	H0FF
X1	●		●		●		●		H0AA
X2		●		●		●		●	H55
X3									H0

例 8-2 的 PLC 控制程序如图 8-6 所示，因灭灯的优先权最高，所以灭灯的指令语句使用连续执行方式，亮灯的指令语句使用脉冲执行方式。

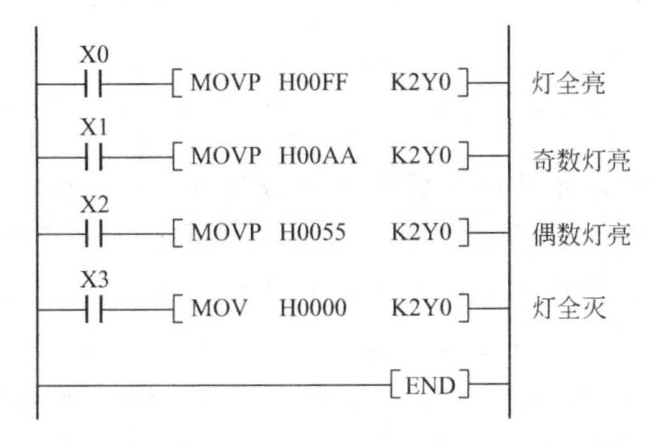

图 8-6　梯形图程序

(2) 移位传送指令

移位传送指令 SMOV 将 4 位十进制源数据（S）中指定位数的数据传送到 4 位十进制目标操作数（D）中指定的位置。指令中的常数 m1、m2 和 n 的取值范围为 1～4，分别对应个位～千位。

十进制数在存储器中以二进制数的形式存放，源数据和目标数据的范围均为 0～9999。图 8-7 中的 X0 为 ON 时，将 D1 中转换后的 BCD 码右起第 4 位（m1=4）开始的 2 位（m2=2）移到目标操作数 D2 的右起第 3 位（n=3）和第 2 位，然后 D2 中的 BCD 码自动转换为二进制码，D2 中的 BCD 码的第 1 位和第 4 位不受移位传送指令的影响。

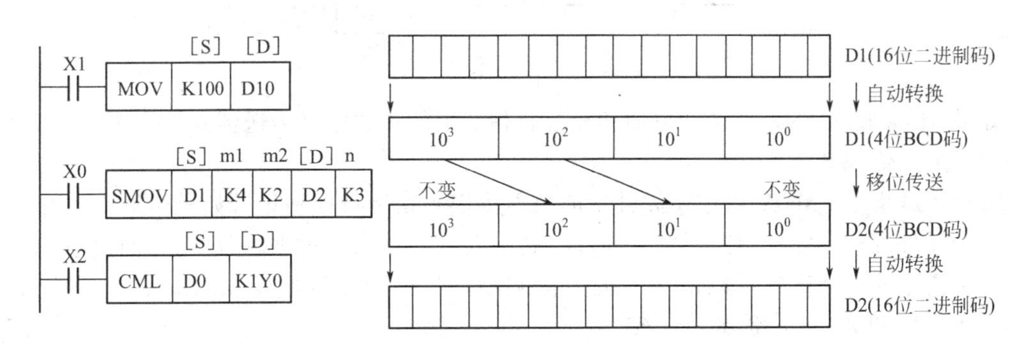

图 8-7　传送、移位传送与取反指令

特殊辅助继电器M8168为ON时，SMOV指令运行在BCD码方式，源数据和目标数据均为BCD码。

【例8-3】 接在X0～X3的拔码开关输入的BCD码为个位，接在X10～X17的两个拔码开关输入的BCD码为十位和百位，将它们结合为3位BCD码，结果放在D1中。

图8-8中的程序用SMOV指令将D2中的十位、百位BCD码放在D1中BCD码的第2位和第3位，或二进制数的第4～11位。假设D2读入的为17H，D1读入的为3H，组合以后的3位BCD码为173H。

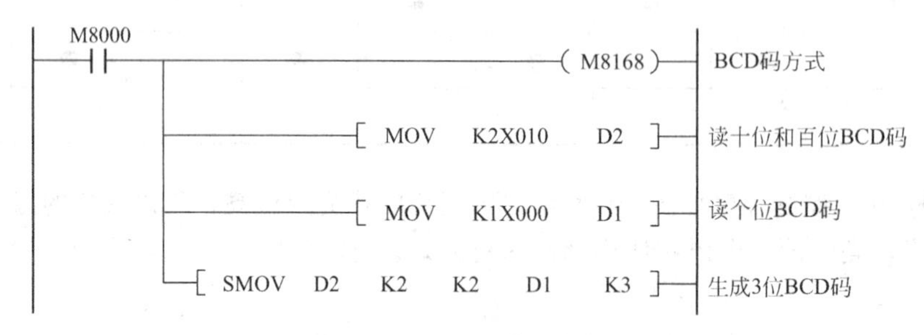

图8-8 BCD码传送举例

（3）取反传送指令

取反传送指令CML将源元件中的数据逐位取反（1→0，0→1），并传送到指定目标。若源数据为常数K，该数据会自动转换为二进制数，CML用于反逻辑输出时非常方便。图8-7所示的CML指令将D0的低4位取反后传送到Y3～Y0中。

（4）数据块传送指令

数据块传送指令BMOV的源操作数可以取KnX、KnY、KnM、KnS、T、C、D、V、Z和文件寄存器，目标操作数可以取KnY、KnM、KnS、T、C、D、V、Z和文件寄存器，块送传将源操作数指定的元件开始的n个数据组成的数据块传送到指定的目标，n可以取K、H和D。如果元件号超出允许的范围，数据仅传送到允许的范围。

传送顺序是自动决定的，以防止源数据块与目标数据块重叠时源数据在传送过程中被改写。如果源元件与目标元件的类型相同，传送顺序如图8-9所示。

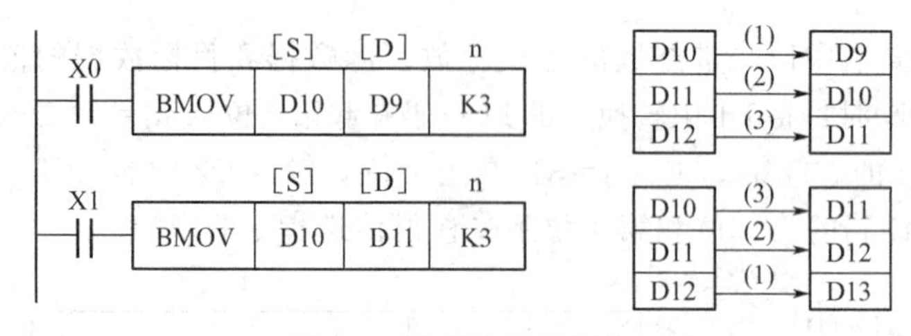

图8-9 数据块传送顺序

如果M8024为ON，传送的方向相反（目标数据块中的数据传送到源数据块）。

（5）多点传送指令

多点传送指令FMOV将单个元件中的数据传送到指定目标地址开始的n个元件中，传送后n个元件的数据完全相同。如果元件号超出允许的范围，数据仅仅送到允许的范围中。多点传送指令的源操作数可以取所有的数据类型，目标操作数可以取KnY、KnM、KnS、T、C、D、V和Z，n为常数，n≤512。

图8-10中的X2为ON时将常数0送到D5～D14这10个（n=10）数据寄存器中。

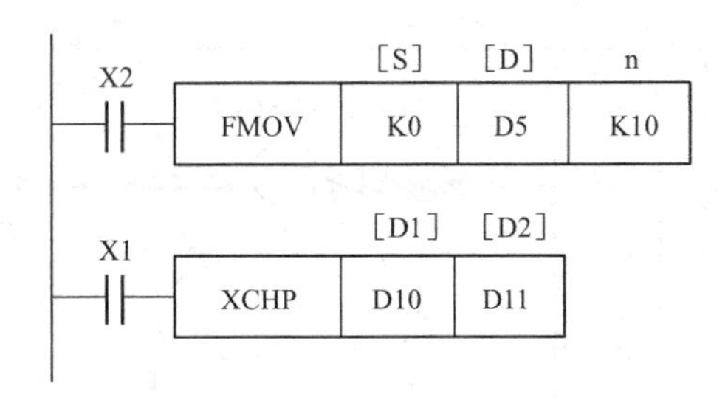

图 8-10　多点数据传送与数据交换

（6）数据交换指令

数据交换指令 XCH 的两个目标操作数可以取 KnY、KnM、KnS、T、C、D、V 和 Z。执行数据交换指令时，数据在指定的目标元件［D1］和［D2］之间交换，交换指令一般采用脉冲执行方式（指令助记符后面加 P），否则每一个扫描周期都要交换一次。M8160 为 ON 且［D1］和［D2］是同一元件时，将交换目标元件的高、低字节。

8.1.3　数据变换指令

数据变换指令包括 BCD（二进制数转换成 BCD 码并传送）和 BIN（BCD 码转换为二进制数并传送）指令。它们的源操作数可以取 KnX、KnY、KnM、KnS、T、C、D、V 和 Z，目标操作数可以取 KnY、KnM、KnS、T、C、D、V 和 Z。

（1）BCD 变换指令

BCD 变换指令将源元件中的二进制数转换为 BCD 码并送到目标元件中。如果执行的结果超出 0～9 999 的范围，或双字的执行结果超出 0～99 999 999 的范围，将会出错。

PLC 内部的算术运算用二进制数进行，可以用 BCD 指令将二进制数变换为 BCD 数后输出到 7 段显示器。

（2）BIN 变换指令

BIN 变换指令将源元件中 BCD 码转换为二进制数后送到目标元件中。

BCD 数字拔码开关的十个位置对应于十进制数 0～9，通过内部的编码，拔码开关的输出为当前位置对应的十进制数转换后的 4 位二进制数。可以用 BIN 指令将拔码开关提供的 BCD 设定值转换为二进制数后输入到 PLC。

【任务 8.2】　五相步进电动机 PLC 控制程序设计

8.2.1　项目描述

如图 8-11 所示为五相步进电动机模拟控制示意图。A、B、C、D、E 五个指示灯分别代表步进电动机的五个绕组，灯的亮灭用以模拟绕组通电控制，要求对五相步进电动机的五个绕组依次或分组实现自动循环通电控制。具体控制要求如下。

A→B→C→D→E→A→AB→BC→CD→DE→EA→AB→ABC→BC→BCD→CD→CDE→DE→DEA→EA→ABC→BCD→CDE→DEA`

合上开关，开始执行第一步，A 灯亮，延时 2s 后，B 灯亮（A 灯灭），再延时 2s 后，C 灯亮（B 灯灭），再延时 2s 后，D 灯亮（C 灯灭），……依次往下执行（灯点亮时间间隔均为 2s）。当上述步骤执行到最后一步（第 24 步）后，又循环到第一步重复上述步骤。断开开关，所有灯熄灭。

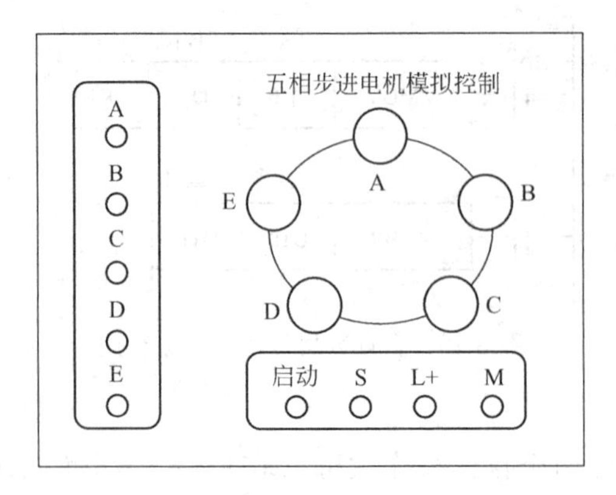

图 8-11 五相步进电动机模拟控制示意图

8.2.2 I/O 地址分配

根据控制要求，本项目用一个开关控制，所以只有 1 个输入信号和 5 个输出信号，输入/输出地址分配如表 8-4 所示。

表 8-4 I/O 分配表

输入信号			输出信号		
名称	代号	输入点编号	名称	代号	输出点编号
开关	S	X0	B 相	B	Y1
输出信号			C 相	C	Y2
名称	代号	输出点编号	D 相	D	Y3
A 相	A	Y0	E 相	E	Y4

8.2.3 PLC 接线图

PLC 接线图如图 8-12 所示。

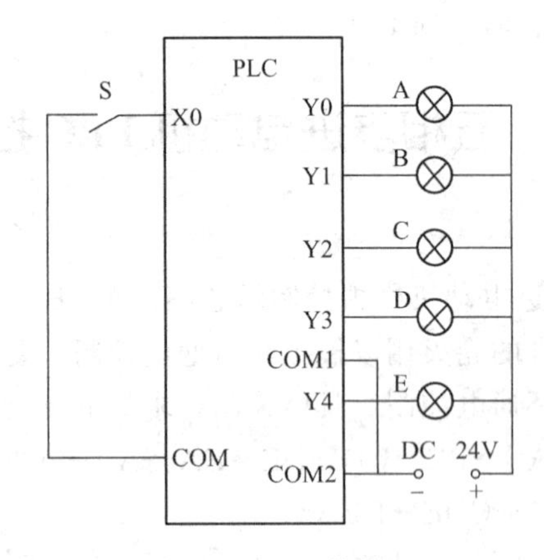

图 8-12 PLC 接线图

8.2.4 梯形图程序设计

根据控制要求，设计出参考梯形图程序如图 8-13 所示。

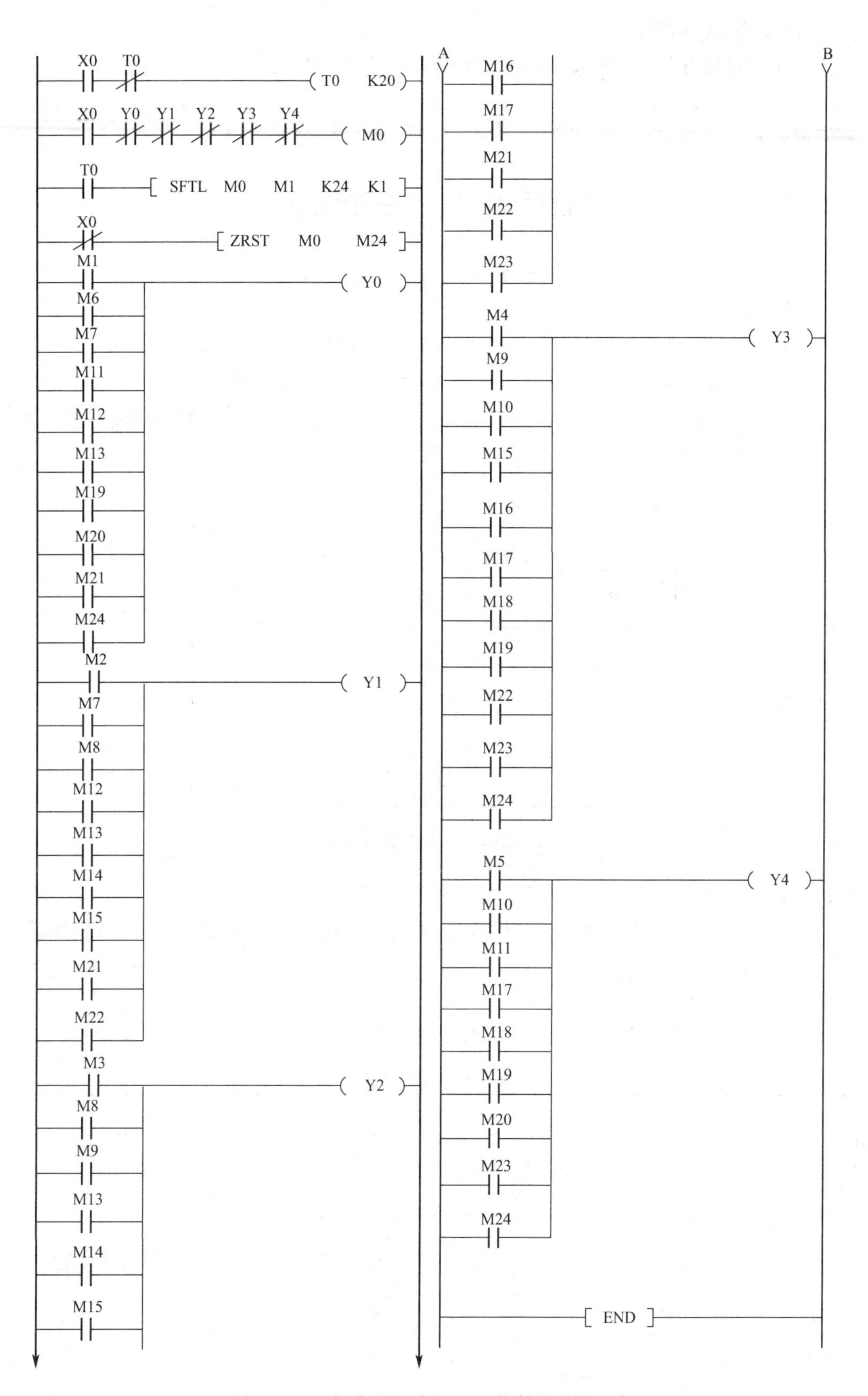

图8-13 五相步进电动机PLC控制梯形图程序

8.2.5 调试并运行程序

① 将编写好的五相步进电动机梯形图程序输入到计算机；

② 将程序下载到PLC；

③ 调试并运行程序。

【任务8.3】 拓展训练

训练项目：音乐喷泉PLC控制程序设计。

8.3.1 项目描述

某企业承担了一个LED音乐喷泉PLC控制系统设计任务，音乐喷泉示意图如图8-14所示，要求喷泉的LED灯按照1，2→3，4→5→6→7→8的顺序循环点亮，每个状态停留1s，用一个开关控制，合上开关，按上述要求循环工作，断开开关，所有灯熄灭。请用可编程控制器设计其控制程序并调试。

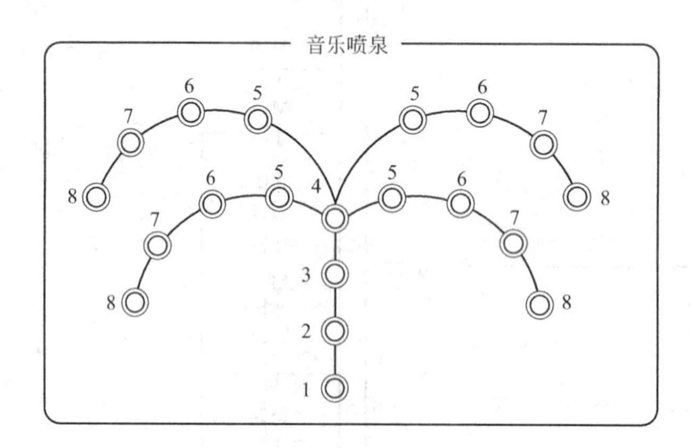

图8-14 音乐喷泉示意图

8.3.2 程序设计

学生在明确了控制要求之后，开始进行程序设计。在程序设计过程中，充分发挥教师主导、学生主体作用。

（1）I/O地址分配

根据控制要求，本项目有1个输入信号和8个输出信号，I/O地址分配如表8-5所示。

表8-5 I/O分配表

输入信号			输出信号		
名称	代号	输入点编号	名称	代号	输出点编号
启停开关	SD	X0	LED灯	4	Y3
输出信号			LED灯	5	Y4
名称	代号	输出点编号	LED灯	6	Y5
LED灯	1	Y0	LED灯	7	Y6
LED灯	2	Y1	LED灯	8	Y7
LED灯	3	Y2			

(2) 画出 PLC 接线图

PLC 接线图是进行实物（系统）连接的基础，它主要指 PLC 的外部连接线路图，参考 PLC 接线图如图 8-15 所示。

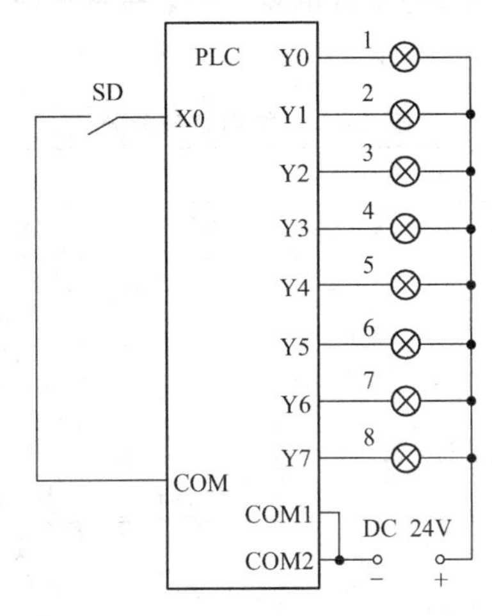

图 8-15　PLC 接线图

(3) 设计梯形图程序

梯形图程序设计是完成任务最重要的一步，学生可根据控制要求和给出的 I/O 分配表进行程序设计。

(4) 运行和调试程序

梯形图程序编写完成以后，即可对程序进行调试和运行。

【任务 8.4】　项目小结

本项目重点介绍了移位指令中的位元件移位指令、循环右移指令、带进位的循环移位指令、传送指令、数据变换指令的功能和五相步进电动机的 PLC 控制程序设计。项目小结主要是总结和归纳项目所涵盖的知识点，记录项目的实施与完成情况，特别强调写实。其内容主要包括以下两个方面。

8.4.1　基本要求

① 对该项目进行描述；

② 简述程序设计的基本步骤；

③ 写出 I/O 分配表；

④ 画出 PLC 接线图；

⑤ 设计出梯形图程序；

⑥ 记录程序运行结果。

8.4.2　回答问题

① 位元件移位指令的操作功能是什么？

② 在上述拓展项目中是如何利用移位指令去控制输出负载？

③ 程序设中遇到了哪些问题？你是如何解决的？

④ 有哪些收获与体会？

【考核内容与配分】

本项目主要考核学生对移位指令的应用和五相步进电动机的控制程序设计的掌握情况。具体考核内容与配分情况如表8-6所示。

表8-6 考核内容与配分

考核项目	考核内容	配分	考核要求及评分标准	得分
知识掌握	移位指令、传送指令和数据变换指令	30	掌握位元件移位指令、循环移位指令、传送指令的功能与应用	
程序设计	I/O地址分配	15	分析系统控制要求，正确完成I/O地址分配	
	安装与接线	15	正确绘制系统接线图 按系统接线图在模拟配线板上正确安装，操作规范	
	控制程序设计	15	按控制要求完成控制程序设计，梯形图正确、规范 熟练操作编程软件，将所编写的程序下载到PLC	
	功能实现	15	按照被控设备的动作要求进行模拟调试，达到控制要求	
职业素养	6S规范	10	正确使用设备，具有安全用电意识，操作符合规范要求 操作过程中无不文明行为、具有良好的职业操守 作业完成后清理、清扫工作现场	

【思考题与习题】

8-1 位右移指令与循环右移指令的区别在哪里？

8-2 梯形图如图8-16所示，当图中X0为ON时，电路以1s速度继续数据左移，请在表8-7中填出各输出继电器的状态。

表8-7 输出继电器状态

移位脉冲	输出Y的状态			
T0	Y3	Y2	Y1	Y0
0				
1				
2				
3				
4				
5				
6				
7				
8				
9				

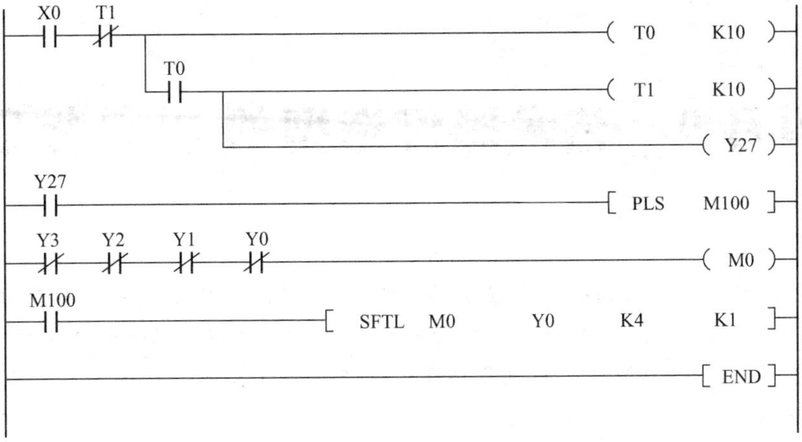

```
 X0    T1
─┤├───┤/├──┬──────────────────────────( T0   K10 )
           │ T0
           └─┤├──┬────────────────────( T1   K10 )
                 │
                 └────────────────────( Y27 )
 Y27
─┤├───────────────────────────────────[ PLS  M100 ]
 Y3    Y2    Y1    Y0
─┤/├──┤/├───┤/├───┤/├─────────────────( M0 )
 M100
─┤├──────────────[ SFTL  M0   Y0   K4   K1 ]
──────────────────────────────────────[ END ]
```

图 8-16　题 8-2 图

8-3　如果将题 8-2 中的位左移指令 SFTL 换成位右移指令 SFTR，表 8-7 的数据有什么变化吗？

8-4　梯形图如图 8-17 所示，当合上开关 X1 时，请问 D0、D2 和 D4 的值？

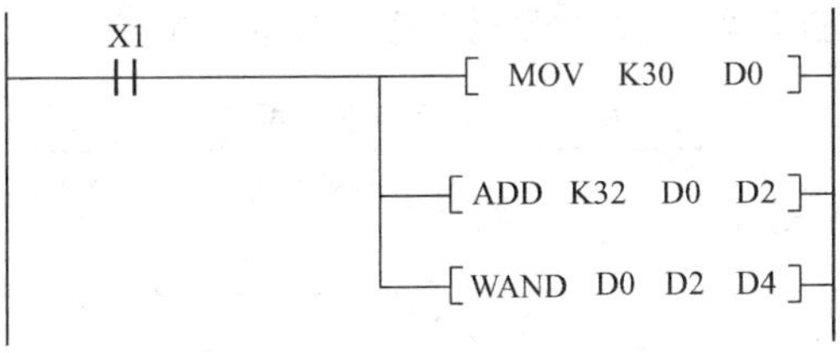

```
 X1
─┤├──────┬───[ MOV  K30  D0 ]
         ├───[ ADD  K32  D0  D2 ]
         └───[ WAND D0  D2  D4 ]
```

图 8-17　题 8-4 图

8-5　某艺术彩灯造型如图 8-18 所示，A、B、C、D、E、F、G、H 为八只彩灯，呈环形分布。要求：将启动开关 S1 合上，八只灯泡同时亮，即 ABCDEFGH同时亮 1s；接着八只灯泡按逆时针方向轮流各亮 1s，即 A 亮1s→B 亮 1s→C 亮 1s→D 亮 1s→E 亮 1s→F 亮 1s→G 亮 1s→H 亮 1s；接下来八只灯泡又同时亮 1s，即 ABCDEFGH 同时亮 1s，然后八只灯泡按顺时针方向轮流各亮 1s，即 H 亮 1s→G 亮 1s→F 亮 1s→E 亮 1s→D 亮 1s→C 亮 1s→B 亮 1s→A 亮 1s。然后按此顺序重复执行。合上停止开关 S2，所有灯熄灭。试用移位指令编写梯形图程序。

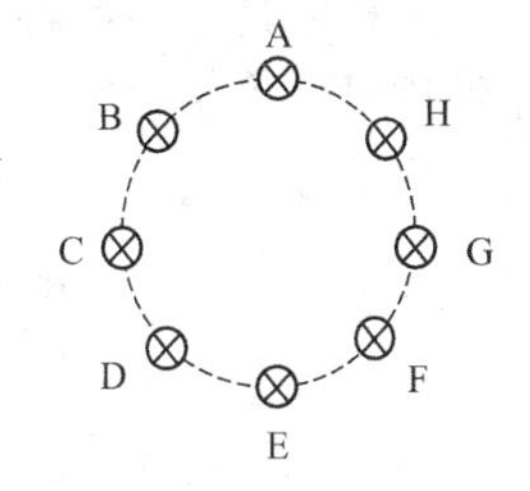

图 8-18　题 8-5 图

8-6　实现广告牌中字的闪耀控制。用 L1～L10 十盏灯分别照亮“××××职业技术学院”十个字，当 L1 点亮时，照亮“湖”，L2 点亮时，照亮“南”，…L10 点亮时，照亮“院”；然后全亮，再全部熄灭，闪烁 5 次，循环往复。试用 SFTL 指令编程实现此功能。

项目 9　艺术彩灯造型的 PLC 控制

【学习目标】

掌握子程序指令、中断指令、主程序结束指令的功能与应用；进一步熟悉移位指令、传送指令的应用；熟悉解码与编码指令的功能和使用方法；理解艺术彩灯造型的 PLC 控制要求，会进行艺术彩灯造型的 PLC 控制程序设计；会搭接艺术彩灯造型 PLC 控制系统并进行程序调试及运行。

【任务 9.1】　学习相关知识

9.1.1　子程序指令

（1）子程序指令的使用说明及其梯形图表示方法

该指令的指令代码、助记符、操作数、程序步如表 9-1。

表 9-1　子程序指令要素

指令名称	指令代码位数	助记符	操作数	程序步
			D(·)	
子程序调用	FNC 01 (16)	CALL CALL(P)	指针 P0～P62，P64～P127 嵌套 5 级	3 步(指令标号)1 步
子程序返回	FNC 02	SRET	无操作数	1 步

子程序是为一些特定的控制目的编制的相对独立的程序。为了区别于主程序，规定在程序编排时，将主程序排在前边，子程序排在后边，并以主程序结束指令 FEND（FNC 06）将这两部分分隔开。子程序指令在梯形图中的表示如图 9-1(b) 所示。

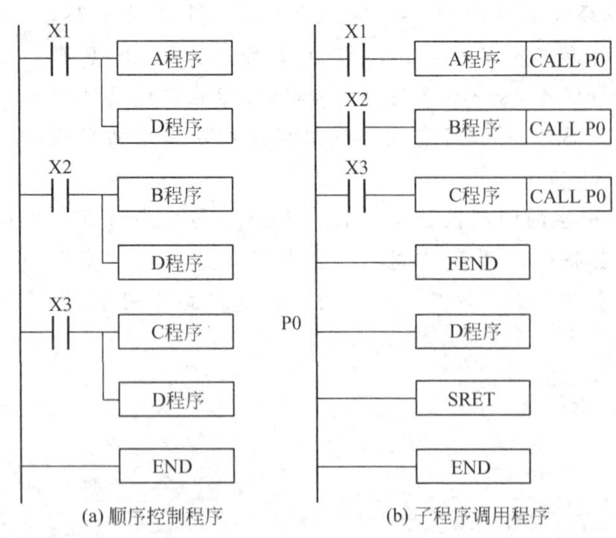

图 9-1　子程序调用与返回结构

(2) 子程序的执行过程及在程序编制中的意义

在图 9-1 中，当 X1 置 1 并保持不变时，每当程序执行到该指令时，都转去执行 P0 子程序，遇到 SRET 指令即返回原断点继续执行原程序。

而在 X1 置 0 时，程序的扫描就仅在主程序中进行。子程序的这种执行方式对有多个控制功能需依一定的条件有选择地实现时，是有重要的意义的。它可以使程序的结构简洁明了。

编程时将这些相对独立的功能都设置成子程序，而在主程序中再设置一些入口条件实现对这些子程序的控制即可以了。当有多个子程序排列在一起时，标号和最近的一个子程序返回指令构成一个子程序。

(3) 子程序应用实例

应用子程序调用指令的程序如图 9-2 所示。

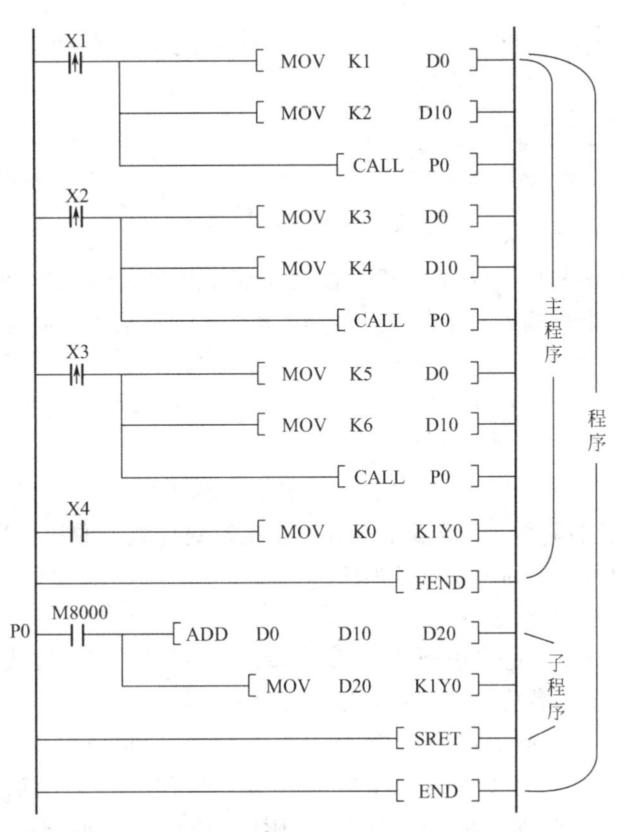

图 9-2 应用子程序调用指令的程序

9.1.2 主程序结束指令

该指令的助记符、指令代码、操作数、程序步如表 9-2。

表 9-2 主程序结束指令要素

指令名称	指令代码位数	助记符	操作数	程序步
主程序结束指令	FNC 06	FEND	无	1 步

主程序结束指令无操作数，应用于主程序之后，子程序之前，主要是将主程序和子程序两部分分隔开。梯形图如图 9-1(b) 所示。

9.1.3 中断指令

FX 系列 PLC 的中断事件包括输入中断、定时器中断和高速计数器中断，发生中断事件时，CPU 停止执行当前工作，立即执行预先写好的相应的中断程序，这一过程不受 PLC 扫描工作方式的影响，因此使 PLC 能迅速响应中断事件。

(1) 用于中断的指针

用于中断的指针用来指明某一中断源的中断程序入口指针，执行到 IRET（中断返回）指令时返回中断事件出现时正在执行的程序。中断指针应在 FEND 指令之后使用。

输入中断用来接收特定的输入地址号的输入信号，图 9-3 给出了输入中断和定时器中断的中断指针编号的意义，输入中断指针为 I□0□，最高位与 X0～X5 的元件号相对应。最低位为 0 时表示下降沿中断，反之为上升沿中断。例如中断指针 I001 之后的中断程序在输入信号 X0 的上升沿时执行。

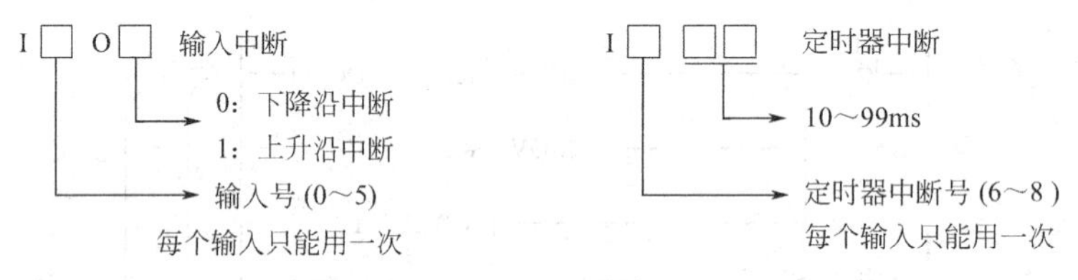

图 9-3 FX_{2N}的中断指令

同一个输入中断源只能使用上升沿中断或下降沿中断，例如不能同时使用中断指针 I000 和 I001。用于中断的输入点不能与已经用高速计数器的输入点冲突。

FX_{2N}和 FX_{2NC}系列有 3 点定时器中断，中断指针为 I6□□～I8□□，低两位是以毫秒为单位的定时时间。定时器中断使 PLC 以指定的周期定时执行中断子程序，循环处理某些任务，处理时间不受 PLC 扫描周期的影响。

FX_{2N}和 FX_{2NC}系列有 6 点计数器中断，中断指针为 I0□0（□＝1～6）。计数器中断与 HSCS（高速计数器比较置位）指令配合使用，根据高速计数器的计数当前值与计数设定值的关系来确定是否执行相应的中断服务程序。

(2) 与中断有关的指令

中断返回指令 IRET、允许中断指令 EI 和禁止中断指令 DI 的应用指令编号分别为 FNC03～FNC05，它们三者均无操作数，分别占用一个程序步。

PLC 通常处于禁止中断的状态，指令 EI 和 DI 之间的程序段为允许中断的区间，当程序执行到该区间时，如果中断源产生中断，CPU 将停止执行当前的程序，转去执行相应的中断子程序，执行到中断子程序中的 IRET 指令时，返回断点继续执行原来的程序。

中断程序从它惟一的中断指针开始，到第一条 IRET 指令结束。中断程序应放在主程序结束指令 FEND 之后，IRET 指令只能在中断程序中使用。特殊辅助继电器 M805△为 ON 时（△＝0～8），禁止执行相应的中断 I△□□（□□是与中断有关的数字）。M8059 为 ON 时，关闭所有的计数器中断。

如果有多个中断信号依次出现，则优先级按出现的先后为序，出现越早的优先级越高。若同时出现多个中断信号，则中断指针号小的优先。执行一个中断子程序时，其它中断被禁止，在中断子程序中编入 EI 和 DI，可以实现双重中断，只允许两级中断嵌套。如果中断信号在禁止中断区间出现，该中断信号被储存，并在 EI 指令之后响应该中断。不需要关中断时，只使用 EI 指令，可以不使用 DI 指令。中断指令的使用如图 9-4 所示。

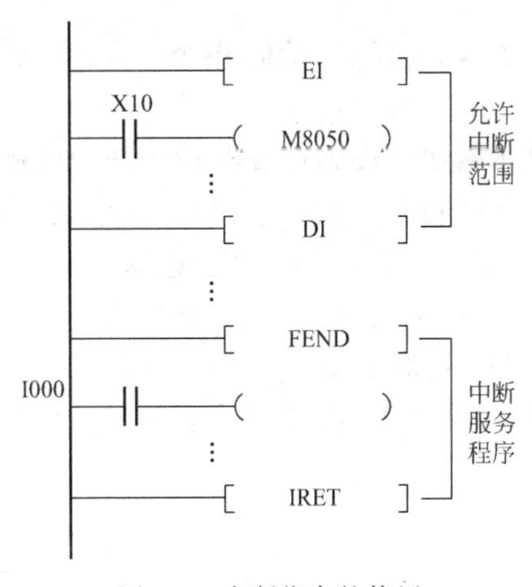

图 9-4　中断指令的使用

中断输入信号的脉冲宽度应大于 200μs，选择了输入中断时，其硬件输入滤波器自动地复位为 50μs（通常为 10ms）。

【例 9-1】 在 X0 的上升沿通过中断使 Y0 立即变为 ON，在 X1 的下降沿通过中断使 Y0 立即变为 OFF，编写出指令表程序。

下面的指令表程序的开始部分为主程序，指令 FEND 表示主程序结束，FEND 指令之后是子程序或中断程序。中断程序以 IRET 指令结束。

```
//主程序
EI                      //允许中断
FEND                    //主程序结束
I001                    //X0 上升沿中断程序
LD      M8000           //M8000 一直为 ON
SET     Y0              //Y0 被置位
REF     Y0      K8      //Y0～Y7 被立即刷新
IRET                    //中断程序结束
I100                    //X1 下降沿中断程序
LD      M8000
RST     Y0              //Y0 被复位
REF     Y0      K8      //Y0～Y7 被立即刷新
IRET                    //中断程序结束
END
```

【例 9-2】 用定时器中断，每 1s 将 Y0～Y7 组成的 8 位二进制数加 1。

定时器中断的最大定时时间（99ms）小于定时的时间间隔 1s。设置中断指针为 I650，中断时间间隔为 50ms。在中断指针 I650 开始的中断程序中，用 D0 作中断次数计数器，在中断程序中将 D0 加 1，然后用触点比较指令“LD=”判断 D0 是否等于 20。若相等（中断了 20 次）则执行 1 次 INC 指令，同时将 D0 清零。

```
LD      M8002           //首次扫描
RST     D0              //复位中断次数计数器
EI                      //允许中断
FEND                    //主程序结束
I650                    //50ms 定时中断
LD      M8000           //M8000 一直为 ON
INC     D0              //中断次数计数器加 1
LD=     K20     D0      //如果中断了 20 次
INC     K2Y0            //K2Y0 加 1
RST     D0              //复位 D0
IRET                    //中断返回
```

END

9.1.4 解码与编码指令

（1）解码指令

解码（译码）指令DECO的位源操作数可以取X、Y、M和S。位目标操作数可以取Y、M和S。字源操作数可以取K、H、T、C、D、V和Z。字目标操作数可以取T、C和D，n=1～8，只有16位运算。

图9-5中的X2～X0组成的3位（n=3）二进制数为011，相当于十进制数3（$2^1+2^0=3$），由目标操作数M7～M0组成的8位二进制数的第3位（不含目标元件位本身，即M0为第0位）M3被置1，其余各位为0。如源数据全零，则M0置1。

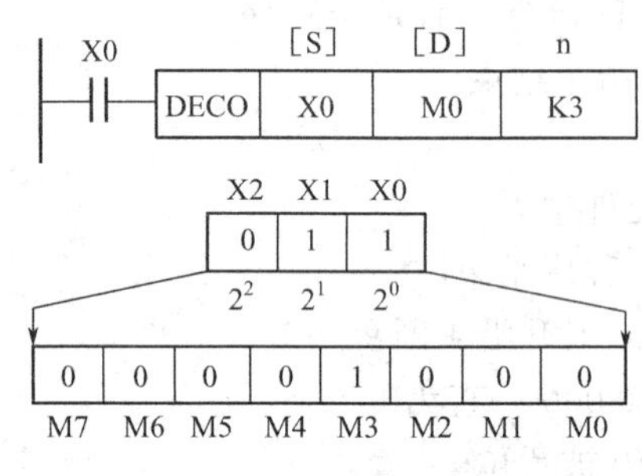

图9-5 解码指令

若[D]指定的目标元件是字元件T、C、D，应使$n \leqslant 4$，目标元件的每一位都受控，若[D]指定的目标元件是位元件Y、M、S，应使$n \leqslant 8$。$N=0$时，不作处理。

利用解码指令，可以用数据寄存器中的数值来控制指定位元件的ON/OFF。

（2）编码指令

编码指令ENCO只有16位运算。当[S]指定的源操作数是字元件T、C、D、V和Z时，应使$n \leqslant 4$，当[S]指定的源操作数是位元件X、Y、M和S时，应使n=1～8，目标元件可以取T、C、D、V和Z。若指定源操作数中为1的位不止一个，只有最高位的1有效。若指定源操作数中所有的位均为0，则出错。

图9-6中的$n=3$，编码指令将源元件M7～M0中为“1”的M3的位数3编码为二进制数011，并送到目标元件D10的低3位。解码/编码指令在$n=0$时不作处理。当执行条件OFF时，指令不执行，编码输出保持不变。

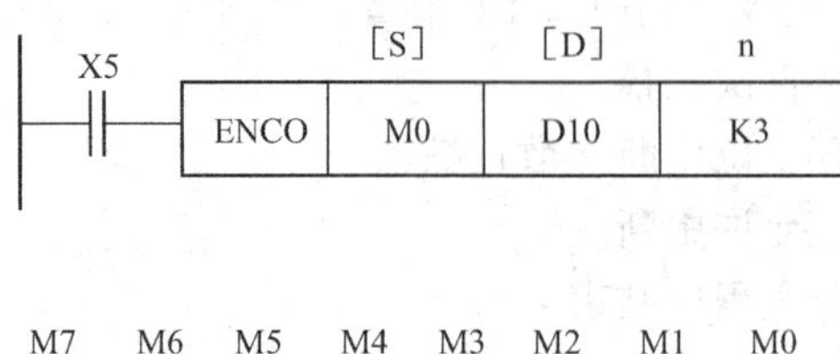

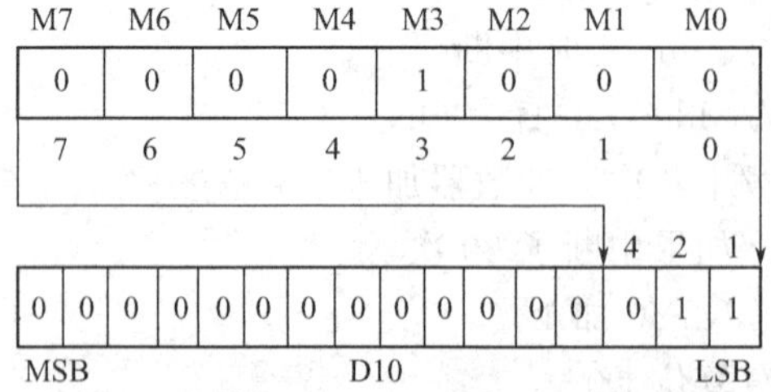

图9-6 编码指令

【任务9.2】 艺术彩灯造型的PLC控制程序设计

9.2.1 项目描述

艺术彩灯造型模拟演示板如图9-7所示。图中a～h为8组灯，模拟彩灯显示，上面8组形成一个环形，下面8组形成一字形，上下同时动作，形成交相辉映的效果。

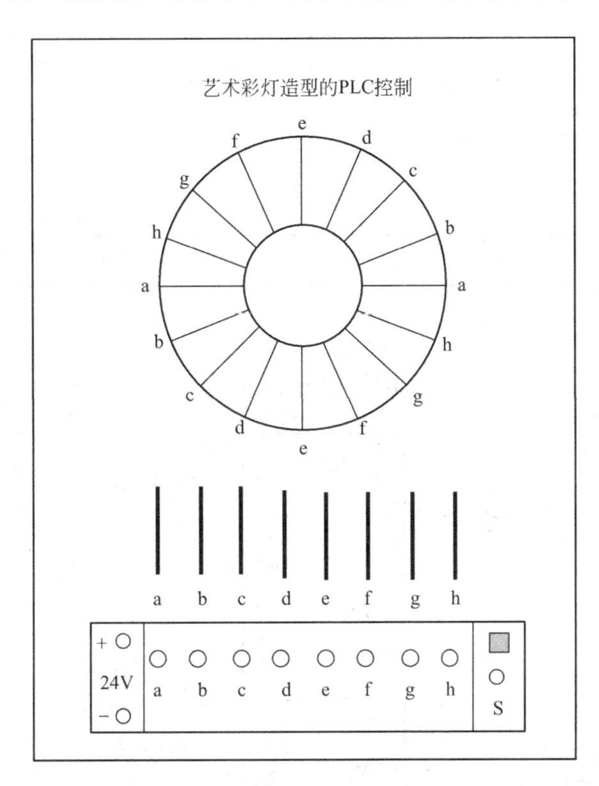

图9-7 艺术彩灯造型模拟演示板

艺术彩灯由一个开关控制，分别由字元件K2Y0（Y7～Y0）驱动，通过改变K2Y0中的数值，可以显示不同的花样。

① 快速正序依次点亮至全亮（后一组灯亮时，前一组灯不灭），即a组灯亮0.1s→b组灯亮0.1s→c组灯亮0.1s→d组灯亮0.1s→……→h组灯亮0.1s，a→h组灯全亮后，然后正序依次熄灭至全灭。

② 快速逆序依次点亮至全亮（后一组灯亮时，前一组灯不灭），即h组灯亮0.1s→g组灯亮0.1s→f组灯亮0.1s→e组灯亮0.1s→……→a组灯亮0.1s，h→a组灯全亮后，然后全部熄灭。

③ 慢速（间隔时间为1s）正序依次点亮至全亮，然后逆序依次熄灭至全灭。

④ a～h组灯快速闪烁5次（间隔时间为0.2s）

⑤ 编号为奇数与编号为偶数的灯每间隔1s交替闪烁5次。

合上开关，按上述控制要求循环工作，断开开关，所有灯马上熄灭。

9.2.2 I/O地址分配

根据控制要求，本项目设输入信号1个，输出信号8个，I/O地址分配如表9-3所示。

表 9-3 I/O 分配表

输入信号			输出信号		
名称	代号	输入点编号	名称	代号	输出点编号
启停开关	S	X0	a组彩灯	a	Y0
			b组彩灯	b	Y1
			c组彩灯	c	Y2
			d组彩灯	d	Y3
			e组彩灯	e	Y4
			f组彩灯	f	Y5
			g组彩灯	g	Y6
			h组彩灯	h	Y7

9.2.3 PLC 接线图

根据 I/O 分配表，画出 PLC 接线图如图 9-8 所示。

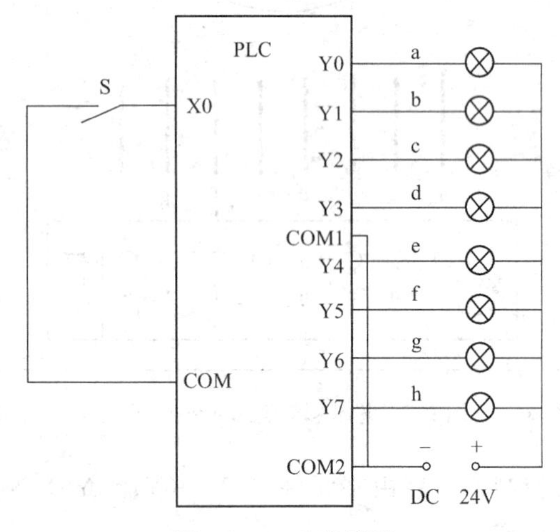

图 9-8 PLC 接线图

9.2.4 梯形图程序设计

根据彩灯顺序动作的要求，应用位左移指令（SFTL）可实现彩灯的正序依次点亮，依次熄灭；应用位右移指令（SFTR）可实现彩灯的逆序依次点亮，依次熄灭；通过传送（MOV）控制字的方法，就可实现彩灯的闪烁；用区间复位指令（ZRST）实现所有状态的复位，然后把每一种动作作为一种状态，以单流程的形式实现循环，即可实现彩灯的顺序自动循环动作。艺术彩灯造型的 PLC 控制梯形图程序如图 9-9 所示。

9.2.5 调试并运行程序

① 将编写好的艺术彩灯造型 PLC 控制梯形图程序输入到计算机；

② 将程序下载到 PLC；

③ 调试并运行程序，验证彩灯的显示是否符合控制要求，如果出现故障，应独立处理，直至系统正常工作。

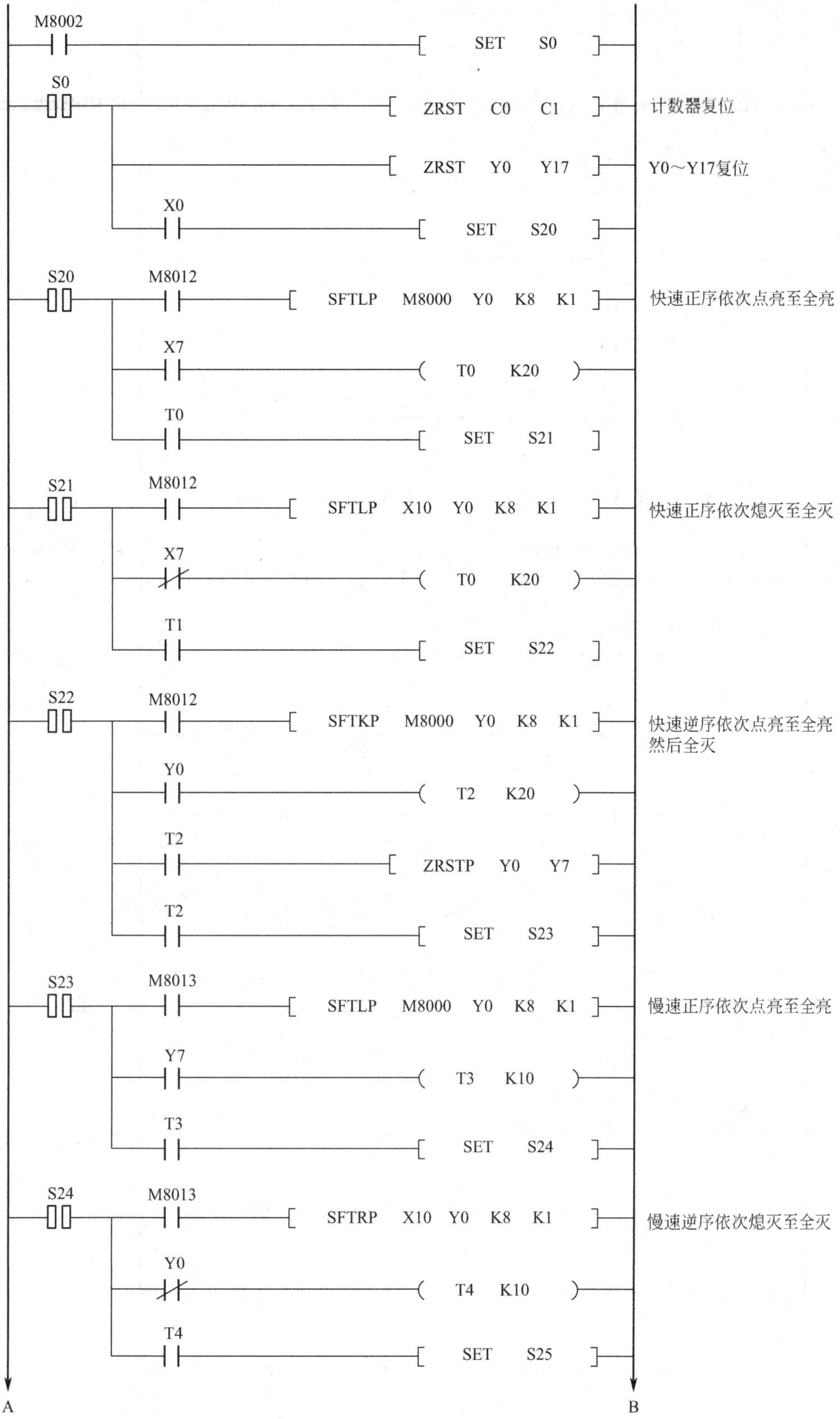

M8002
SET S0
S0
ZRST C0 C1
计数器复位
ZRST Y0 Y17
Y0～Y17复位
X0
SET S20
S20
M8012
SFTLP M8000 Y0 K8 K1
快速正序依次点亮至全亮
X7
T0 K20
T0
SET S21
S21
M8012
SFTLP X10 Y0 K8 K1
快速正序依次熄灭至全灭
X7
T0 K20
T1
SET S22
S22
M8012
SFTKP M8000 Y0 K8 K1
快速逆序依次点亮至全亮
然后全灭
Y0
T2 K20
T2
ZRSTP Y0 Y7
T2
SET S23
S23
M8013
SFTLP M8000 Y0 K8 K1
慢速正序依次点亮至全亮
Y7
T3 K10
T3
SET S24
S24
M8013
SFTRP X10 Y0 K8 K1
慢速逆序依次熄灭至全灭
Y0
T4 K10
T4
SET S25
A
B

图 9-9

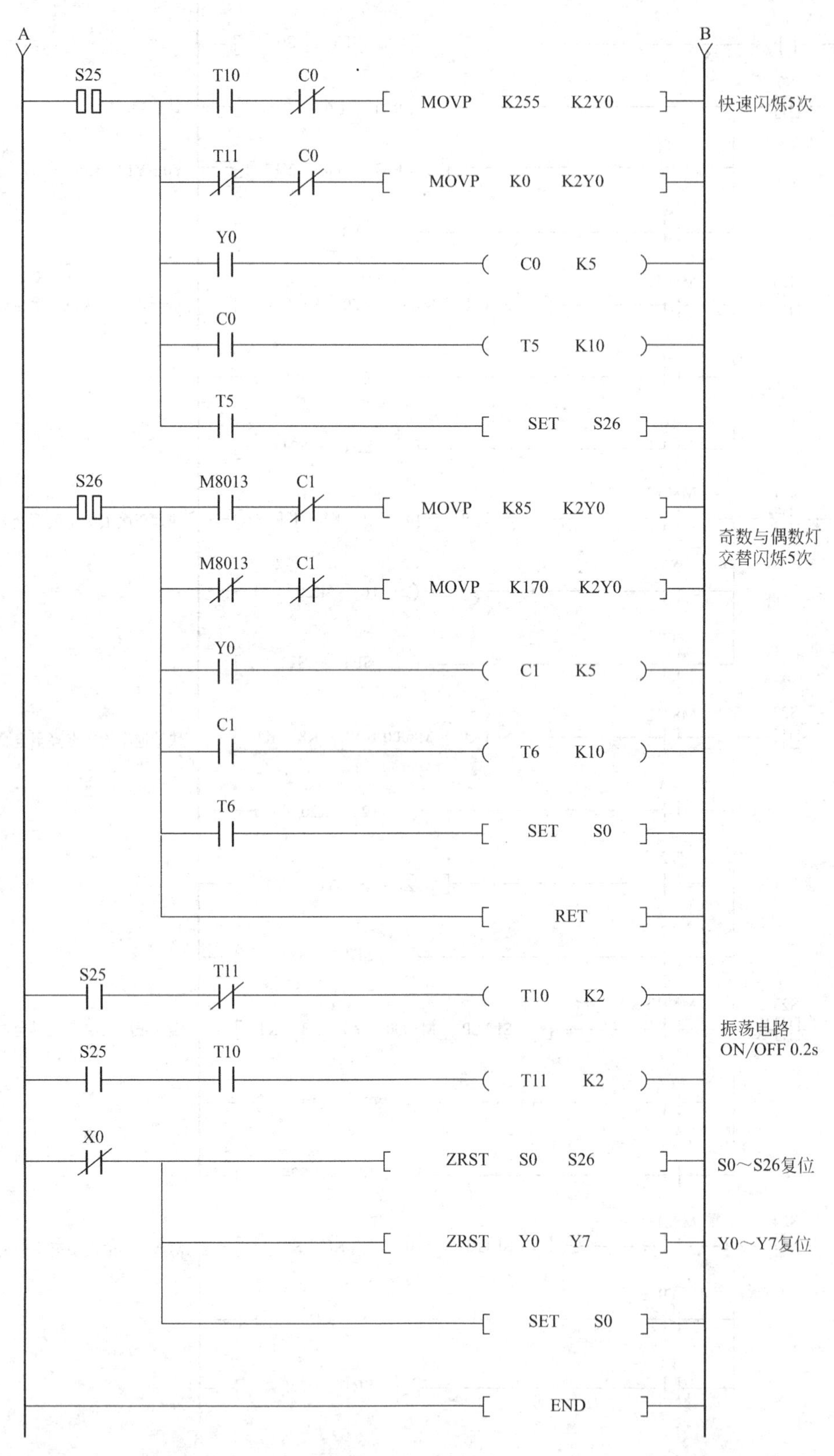

A
B
S25
T10
C0
MOVP K255 K2Y0
快速闪烁5次
T11
C0
MOVP K0 K2Y0
Y0
C0 K5
C0
T5 K10
T5
SET S26
S26
M8013
C1
MOVP K85 K2Y0
奇数与偶数灯交替闪烁5次
M8013
C1
MOVP K170 K2Y0
Y0
C1 K5
C1
T6 K10
T6
SET S0
RET
S25
T11
T10 K2
振荡电路 ON/OFF 0.2s
S25
T10
T11 K2
X0
ZRST S0 S26
S0～S26复位
ZRST Y0 Y7
Y0～Y7复位
SET S0
END

图 9-9 梯形图程序

【任务 9.3】 广告牌边框装饰灯的 PLC 控制程序设计

9.3.1 项目描述

广告牌有 16 个边框饰灯 L1～L16，如图 9-10 所示。当广告牌开始工作时，饰灯每隔 0.2s 从 L1 到 L16 依次正序轮流点亮，重复进行，循环 3 周后，又从 L16 到 L1 依次反序每隔 0.2s 轮流点亮，重复进行；循环 3 周后，再按正序轮流点亮，重复上述过程。

按下启动按钮 SB1，按上述要求循环工作，按下停止按钮 SB2，所有灯熄灭。

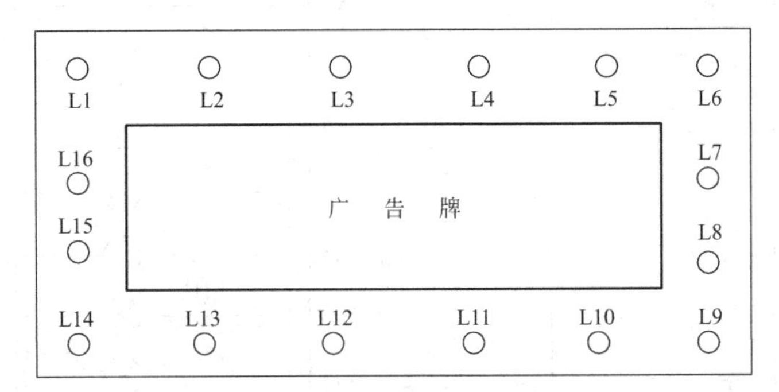

图 9-10　广告牌示意图

9.3.2 I/O 地址分配

根据控制要求，需要 2 个输入信号和 16 个输出信号，输入和输出地址分配如表 9-4 所示。

表 9-4　I/O 分配表

输入信号			输出信号		
名称	代号	输入点编号	名称	代号	输出点编号
启动按钮	SB1	X0	彩灯	L7	Y6
停止按钮	SB2	X1	彩灯	L8	Y7
输出信号			彩灯	L9	Y10
名称	代号	输出点编号	彩灯	L10	Y11
彩灯	L1	Y0	彩灯	L11	Y12
彩灯	L2	Y1	彩灯	L12	Y13
彩灯	L3	Y2	彩灯	L13	Y14
彩灯	L4	Y3	彩灯	L14	Y15
彩灯	L5	Y4	彩灯	L15	Y16
彩灯	L6	Y5	彩灯	L16	Y17

9.3.3 PLC 接线图

根据 I/O 分配表，画出 PLC 接线图如图 9-11 所示。

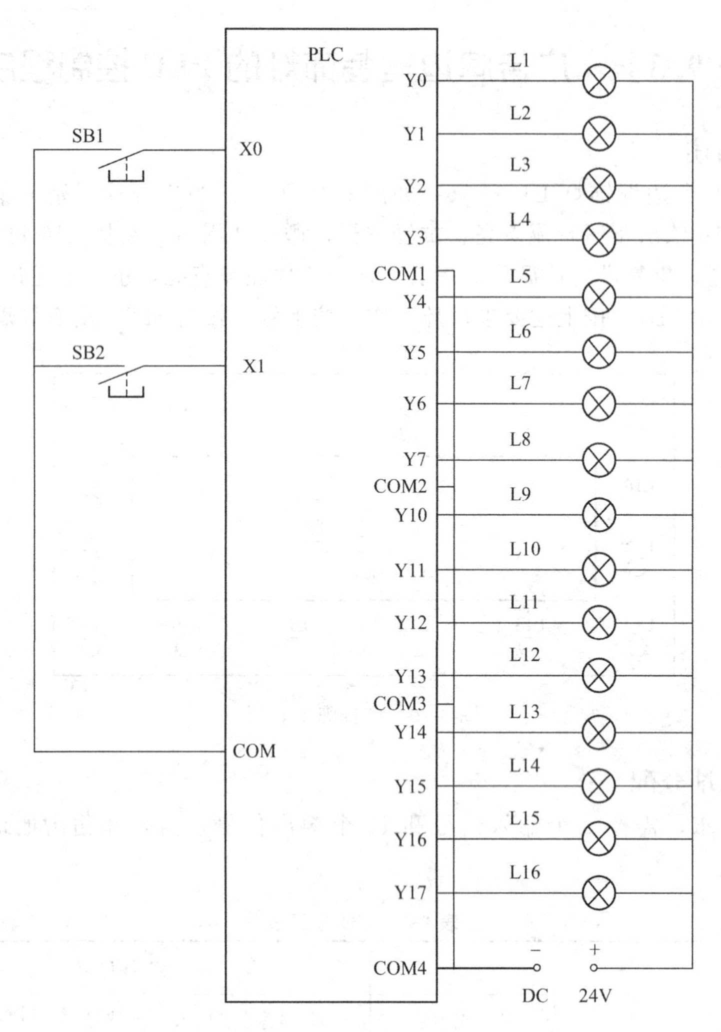

图 9-11 PLC 接线图

9.3.4 梯形图程序设计

参考梯形图程序如图 9-12 所示。

X0 为 ON 时，先置正序初值（使 Y0 为 ON），然后执行子程序调用程序，进入子程序 1，执行循环左移指令，输出继电器依次每隔 0.1s 正序左移一位，左移一周结束，即 Y17 为 ON 时，C0 计数一次，重新左移，当 C0 计数三次后，停止循环，返回主程序。

再置反序初值（使 Y17 为 ON），然后进入子程序 2，执行循环右移指令，输出继电器依次每隔 0.1s 反序右移一位，右移一周结束，即 Y0 为 ON 时，C1 计数一次，重新右移，当 C1 计数三次后，停止右循环，返回主程序。同时使 MO 重新为 ON，进入子程序 1……重复上述过程。

当 X1 为 ON 时，使输出继电器全为 OFF，计数器复位，饰灯全部熄灭。

9.3.5 调试并运行程序

① 将编写好的梯形图程序输入到计算机；

② 将程序下载到 PLC；

③ 调试并运行程序。

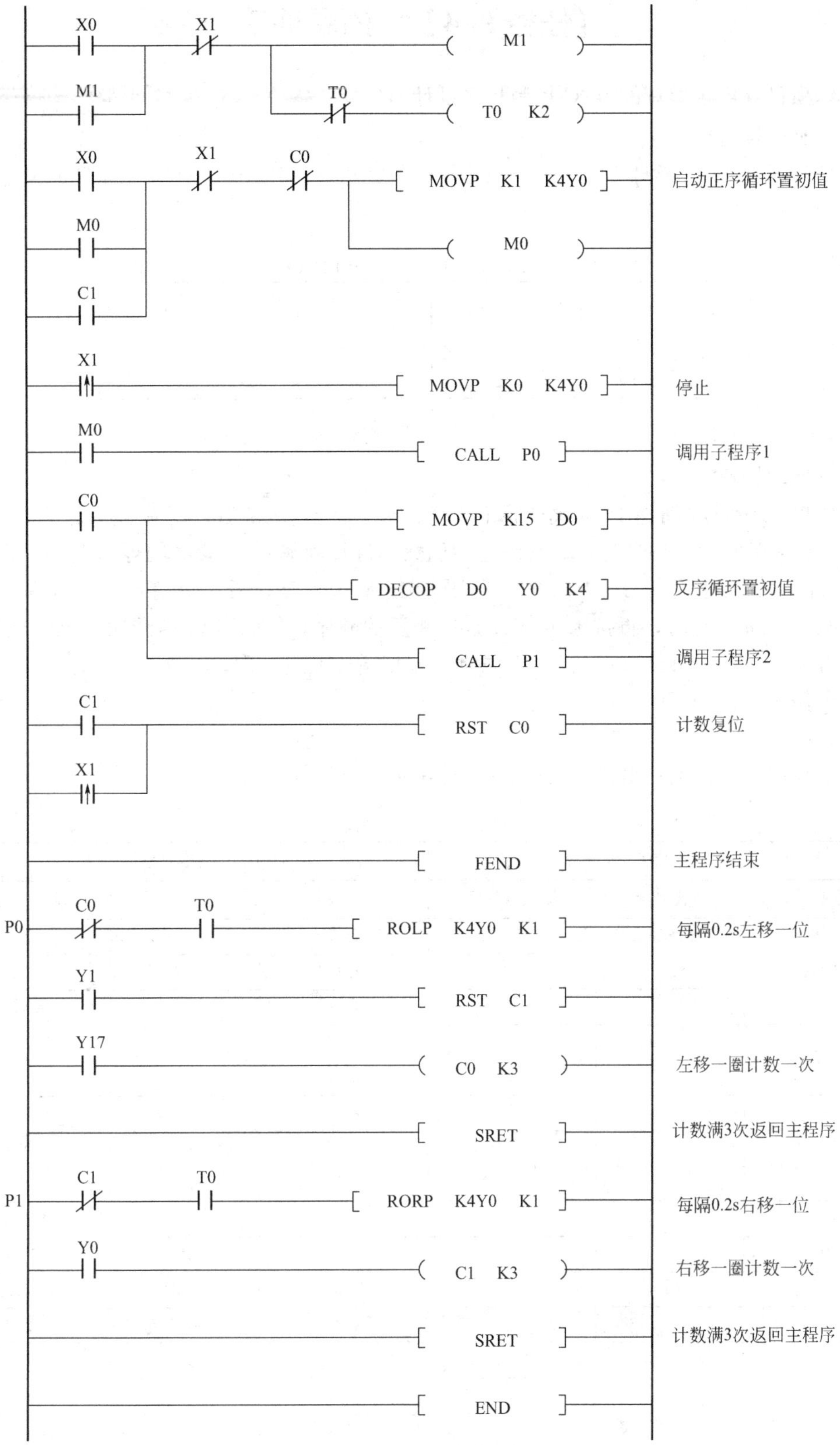

X0 X1 M1
M1 T0 T0 K2
X0 X1 C0 MOVP K1 K4Y0 启动正序循环置初值
M0 M0
C1
X1 MOVP K0 K4Y0 停止
M0 CALL P0 调用子程序1
C0 MOVP K15 D0
DECOP D0 Y0 K4 反序循环置初值
CALL P1 调用子程序2
C1 RST C0 计数复位
X1
FEND 主程序结束
P0 C0 T0 ROLP K4Y0 K1 每隔0.2s左移一位
Y1 RST C1
Y17 C0 K3 左移一圈计数一次
SRET 计数满3次返回主程序
P1 C1 T0 RORP K4Y0 K1 每隔0.2s右移一位
Y0 C1 K3 右移一圈计数一次
SRET 计数满3次返回主程序
END

图 9-12　梯形图程序

【任务9.4】 拓展训练

训练项目：广告彩灯的PLC控制程序设计。

9.4.1 项目描述

某广告屏有16只彩灯L1～L16，如图9-13所示，现用PLC对广告屏灯光实现控制，具体控制要求如下。

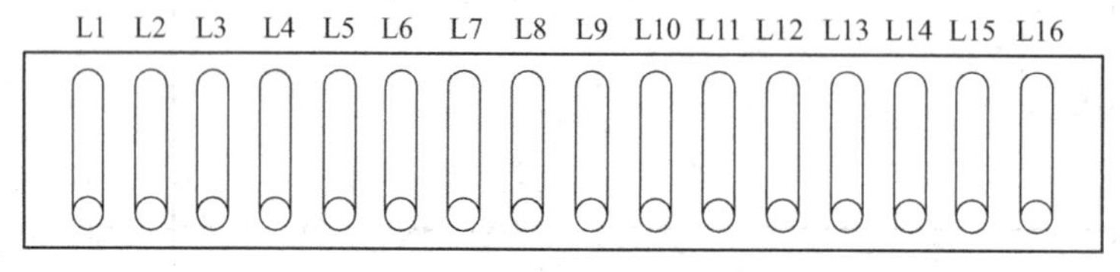

图9-13 彩灯模拟盘

按下启动按钮：

① L1～L16顺序间隔1s依次点亮至全亮，当L16点亮2s后，所有的灯全灭。

② 经2s延时后，编号为奇数与编号为偶数的灯每间隔0.5s交替闪烁5次。

③ 再经2s延时后，L1～L16顺序间隔0.1s依次点亮，后一只灯亮时，前一只灯灭；最后一只灯L16点亮时，再按L16～L1这样相反的顺序，每间隔0.1s依次点亮，同样，当后一只灯亮时，前一只灯灭；到L1点亮时，重复循环上述过程。

按下停止按钮，程序中止运行。

（1）I/O地址分配

根据控制要求，编写出输入/输出地址分配如表9-5所示。

表9-5 I/O分配表

输入信号			输出信号		
名称	代号	输入点编号	名称	代号	输出点编号
启动按钮	SB1	X0	彩灯	L1	Y0
停止按钮	SB2	X1	彩灯	L2	Y1
			彩灯	L3	Y2
			彩灯	L4	Y3
			彩灯	L5	Y4
			彩灯	L6	Y5
			彩灯	L7	Y6
			彩灯	L8	Y7
			彩灯	L9	Y10
			彩灯	L10	Y11
			彩灯	L11	Y12
			彩灯	L12	Y13
			彩灯	L13	Y14
			彩灯	L14	Y15
			彩灯	L15	Y16
			彩灯	L16	Y17

（2）画出 PLC 接线图

对应的 PLC 接线图如图 9-14 所示。

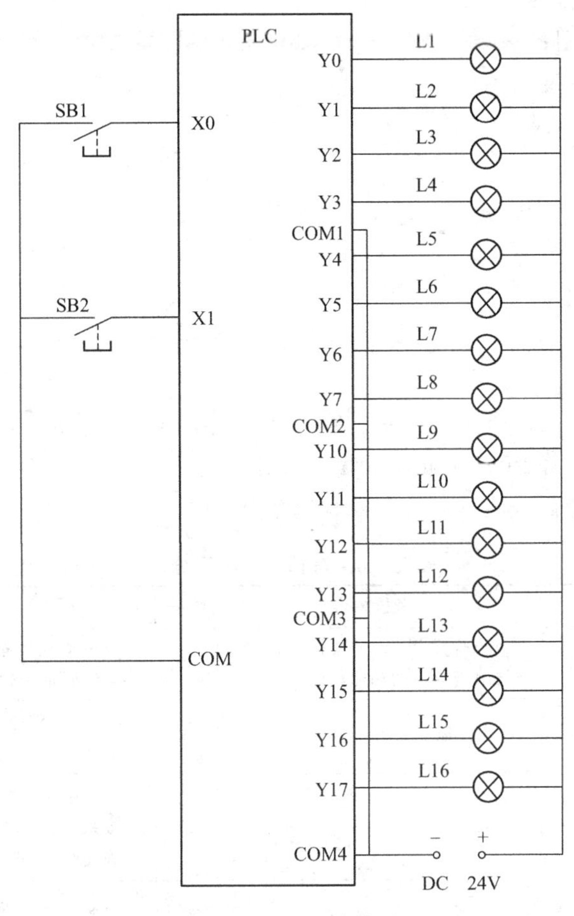

图 9-14　PLC 接线图

9.4.2　程序设计

（1）设计梯形图程序

梯形图程序设计是完成任务最重要的一步，学生根据前面给出的 I/O 分配表和 PLC 接线图设计梯形图程序。

（2）运行和调试程序

梯形图程序编写完成以后，即可对程序进行调试和运行。

【任务 9.5】　项目小结

本项目介绍了子程序调用、子程序返回、主程序结束和解码与编码指令。叙述了艺术彩灯造型的 PLC 控制程序设计和广告牌边框装饰灯的 PLC 控制程序设计的步骤与方法，并给出了参考梯形图程序。项目小结主要是对项目的知识点进行归纳，同时记录项目的实施与完成情况，特别强调写实。其内容主要包括以下两个方面。

9.5.1　基本要求

① 对该项目进行描述；

② 简述程序设计的基本步骤；
③ 写出I/O分配表；
④ 画出PLC接线图；
⑤ 画出程序流程图；
⑥ 设计梯形图程序；
⑦ 记录程序运行结果。

9.5.2 回答问题

① 程序设中遇到了哪些问题？你是如何解决的？
② 有哪些收获与体会？

【考核内容与配分】

本项目主要考核学生对子程序指令、解码与编码指令的掌握情况，考核学生对艺术彩灯造型、广告牌边框装饰灯PLC模拟控制程序设计的完成情况。其内容涵盖知识掌握、程序设计和职业素养三个方面，具体情况如表9-6所示。

表9-6 考核内容与配分

考核项目	考核内容	配分	考核要求及评分标准	得分
知识掌握	子程序指令、中断指令、解码与编码指令的功能与应用	30	掌握子程序指令、中断指令、解码与编码指令的功能与应用方法	
程序设计	I/O地址分配	15	分析系统控制要求，正确完成I/O地址分配	
	安装与接线	15	正确绘制系统接线图 按系统接线图在模拟配线板上正确安装，操作规范	
	控制程序设计	15	按控制要求完成控制程序设计，梯形图正确、规范 熟练操作编程软件，将所编写的程序下载到PLC	
	功能实现	15	按照被控设备的动作要求进行模拟调试，达到控制要求	
职业素养	6S规范	10	正确使用设备，具有安全用电意识，操作符合规范要求 操作过程中无不文明行为、具有良好的职业操守 作业完成后清理、清扫工作现场	

【思考题与习题】

9-1 填空题

① 子程序以______开头，以______结束，子程序编写在________指令之后。______是被调入子程序的入口地址。在子程序中，定时器的适用范围是________。

② FX系列PLC的中断事件包括____________、__________和____________三种。

9-2 某控制系统要求用灯光数字显示，具体控制要求如下：

① 当按下按钮SB0时，灯光显示数字“0”。

② 当按下按钮SB1时，灯光显示数字“1”。

③ 当按下按钮SB2时，灯光显示数字“2”。

④ 当按下按钮SB3时，灯光显示数字“3”。

⑤ 当按下按钮SB4时，灯光显示数字“4”。

⑥ 当按下按钮SB5时，灯光显示数字“5”。

⑦ 当按下按钮SB6时，灯光显示数字“6”。

⑧ 当按下按钮SB7时，灯光显示数字“7”。

⑨ 当按下按钮SB8时，灯光显示数字“8”。

⑩ 当按下按钮SB9时，灯光显示数字“9”。

请根据下面给出的I/O分配表和PLC接线图设计梯形图程序。输入和输出点的分配如表9-7所示，PLC接线图如图9-15所示。

表9-7 I/O分配表

输入信号			输出信号		
名称	代号	输入点编号	名称	代号	输出点编号
按钮	SB0	X0	A段数码显示	A	Y0
按钮	SB1	X1	B段数码显示	B	Y1
按钮	SB2	X2	C段数码显示	C	Y2
按钮	SB3	X3	D段数码显示	D	Y3
按钮	SB4	X4	E段数码显示	E	Y4
按钮	SB5	X5	F段数码显示	F	Y5
按钮	SB6	X6	G段数码显示	G	Y6
按钮	SB7	X7			
按钮	SB8	X10			
按钮	SB9	X11			

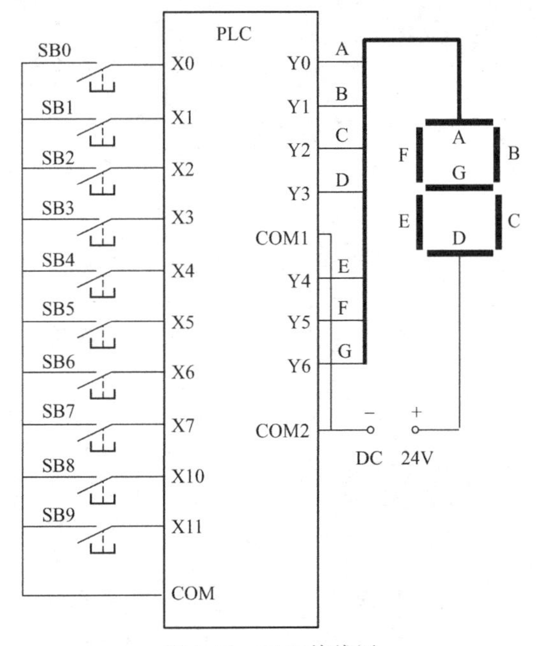

图9-15 PLC接线图

9-3 用PLC实现2线-4线译码器，用两个输入端控制四个发光二极管的点亮（表9-8）。

表9-8 2线-4线译码器功能表

输入		输出			
A1	A0	Y3	Y2	Y1	Y0
OFF	OFF	OFF	OFF	OFF	ON
OFF	ON	OFF	OFF	ON	OFF
ON	OFF	OFF	ON	OFF	OFF
ON	ON	ON	OFF	OFF	OFF

项目 10　工作台往返的 PLC 控制

【学习目标】

掌握比较指令、条件跳转指令的功能与使用方法；熟悉工作台往返的控制要求。会进行工作台往返控制系统梯形图程序设计；会搭接工作台往返控制系统并进行程序调试及运行。

【任务 10.1】　学习相关知识

10.1.1　比较指令及其应用

比较指令包括组件比较指令、区间比较指令和触点型比较指令。

(1) 组件比较指令 CMP 说明

该指令的代码、助记符、操作数和程序步如表 10-1 所示。

表 10-1　组件比较指令要素

指令名称	指令代码位数	助记符	操作数			程序步
			S1(·)	S2(·)	D(·)	
组件比较	FNC10 (16/32)	CMP CMP(P)	K H KnX KnY KnM KnS T C D V Z		Y M S	CMP、CMPP　7 步 DCMP、DCMPP　13 步

组件比较指令 CMP 的说明如下（图 10-1）。

若（D0）>（D10），则 M0 置 1，M1、M2 为 0；若（D0）=（D10），则 M1 置 1，M0、M2 为 0；

若（D0）<（D10），则 M2 置 1，M0、M1 为 0。

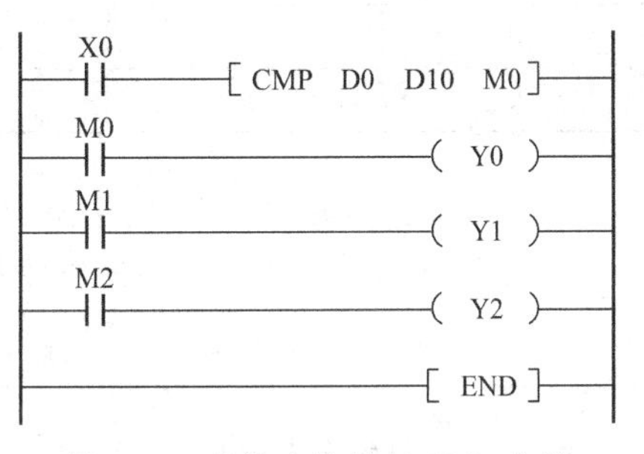

图 10-1　组件比较指令 CMP 应用

【例 10-1】 如图 10-2 所示的传送带输送大、中、小三种规格的工件，用连接 X0、X1、X2 端子的光电传感器判别工件规格，然后启动分别连接 Y0、Y1、Y2 端子的相应操作机构；连接 X3 的光电传感器用于复位操作机构。

光电传感器被工件遮挡光路后使 X 端为 1，否则为 0。工件规格与光电信号的转换关系如表 10-2 所示。判别程序如图 10-3 所示。

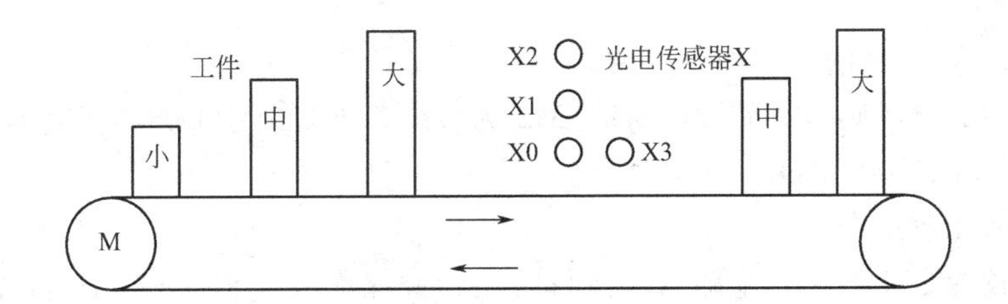

图 10-2　传送带工作台

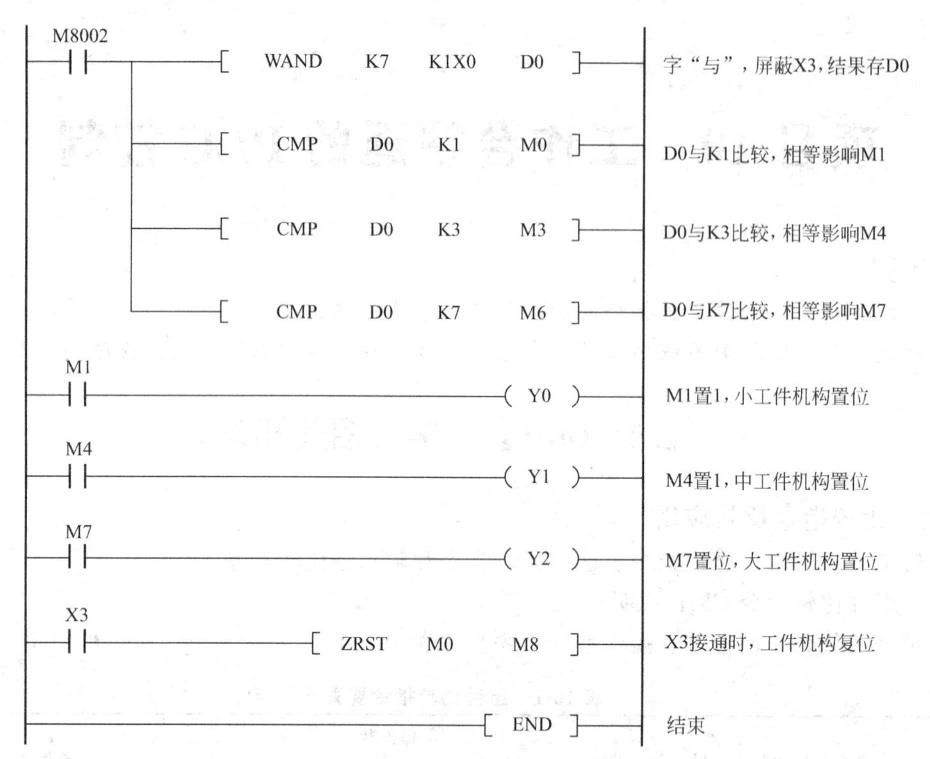

图 10-3 传送带工件规格判别程序

表 10-2 工件规格与光电信号转换关系

工件规格	光电信号输入控制字 K1X0				光电转换数据
	X3	X2	X1	X0	
小	0	0	0	1	K1
中	0	0	1	1	K3
大	0	1	1	1	K7

（2）区间比较指令 ZCP 使用说明

该指令的代码、助记符、操作数和程序步如表 10-3 所示。

表 10-3 区间比较指令要素

指令名称	指令代码位数	助记符	操作数				程序步
			S1(·)	S2(·)	S(·)	D(·)	
区间比较	FNC11 (16/32)	ZCP ZCP(P)	K H KnX KnY KnM KnS T C D V Z			Y M S	ZCP、ZCPP 9 步 DZCP、DZCPP 17 步

区间比较指令 ZCP 的说明如图 10-4 所示。

若 K100＞(D0)，则 M0 置 1，M1、M2 为 0；若 K100≤(D0)≤K500，则 M1 置 1，M0、M2 为 0；若 K500＜(D10)，则 M2 置 1，M0、M1 为 0。

（3）触点型比较指令

触点型比较指令相当于一个触点，执行时比较源操作数 [S1] 和 [S2]，满足比较条件则触点闭合，源操作数可以取所有的数据类型。以 LD 开始的触点型比较指令接在左侧母线

图 10-4 区间比较指令 ZCP 应用

上，以 AND 开始的触点型比较指令相当于串联触点，以 OR 开始的触点型比较指令相当于并联触点。各种触点型比较指令的助记符和意义如表 10-4 所示。图 10-5 中 C10 的当前值等于 20 时，Y10 被驱动，D200 的值大于－30 且 X0 为 ON 时，Y11 被 SET 指令置位。图 10-6 中 M27 为 ON 或 C20 的值等于 146 时，M50 的线圈通电。

表 10-4 触点型比较指令

指令代码	助记符	命令名称	指令代码	助记符	命令名称
224	LD=	(S1)＝(S2)时运算开始的触点接通	236	AND<>	(S1)≠(S2)时串联触点接通
225	LD>	(S1)＞(S2)时运算开始的触点接通	237	AND≤	(S1)≤(S2)时串联触点接通
226	LD<	(S1)＜(S2)时运算开始的触点接通	238	AND≥	(S1)≥(S2)时串联触点接通
228	LD<>	(S1)≠(S2)时运算开始的触点接通	240	OR=	(S1)＝(S2)时并联触点接通
229	LD≤	(S1)≤(S2)时运算开始的触点接通	241	OR>	(S1)＞(S2)时并联触点接通
230	LD≥	(S1)≥(S2)时运算开始的触点接通	242	OR<	(S1)＜(S2)时并联触点接通
232	AND=	(S1)＝(S2)时串联触点接通	244	OR<>	(S1)≠(S2)时串联触点接通
233	AND>	(S1)＞(S2)时串联触点接通	245	OR≤	(S1)≤(S2)时串联触点接通
234	AND<	(S1)＜(S2)时串联触点接通	246	OR≥	(S1)≥(S2)时串联触点接通

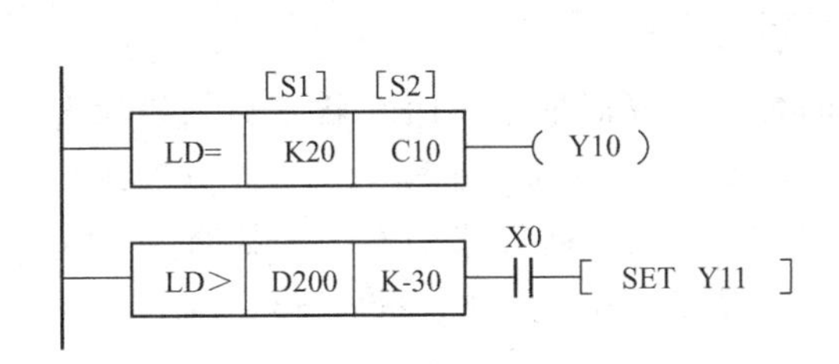

图 10-5 触点型比较指令（一）

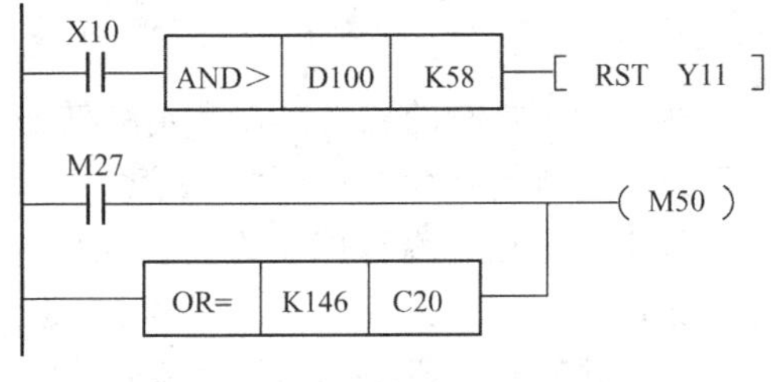

图 10-6 触点型比较指令（二）

10.1.2 条件跳转指令及其应用

（1）条件跳转指令说明

该指令代码、助记符、操作数和程序步如表 10-5 所示。

表 10-5 条件跳转指令要素

指令名称	指令代码位数	助记符	操作数	程序步
			D(・)	
条件跳转	FNC 00 (16)	CJ CJ(P)	P0～P127 P63 即是 END 所在步，不需要标记	CJ 和 CJ(P)～3 步 标号 P～1 步

跳转指令使用说明如图10-7所示。图中跳转指针P1、P2分别对应CJ P1及CJ P2两条跳转指令。

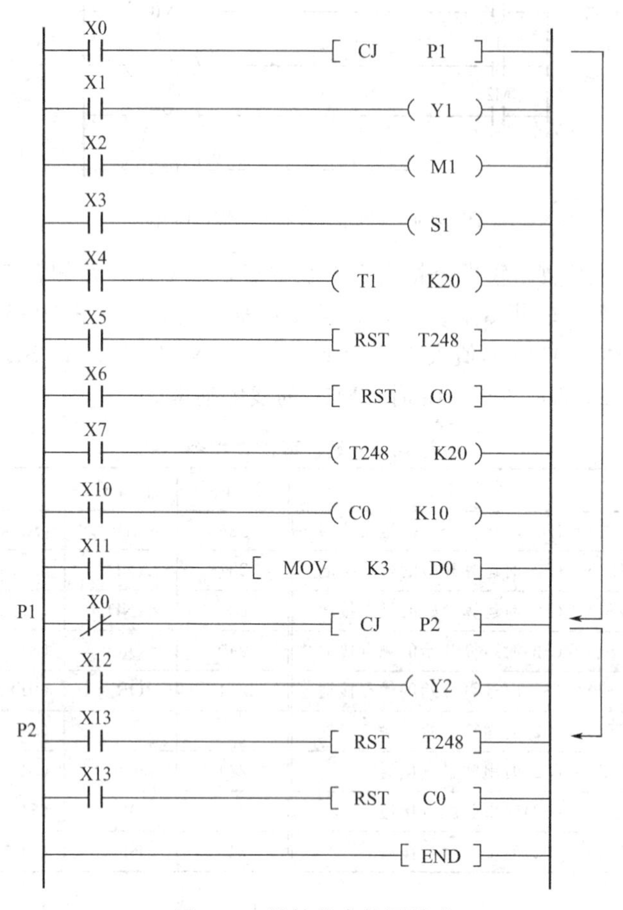

图10-7 跳转指令使用说明

跳转指令执行的意义是在满足跳转条件之后的各个扫描周期中，PLC将不再扫描执行跳转指令与跳转指针Pn之间的程序，即跳到以指针Pn为入口的程序段中执行。直到跳转的条件不再满足，跳转停止进行。在图10-7中，当X0置1，跳转指令CJ P1执行条件满足，程序从CJ P1指令处跳至标号P1处，因X0常闭触点断开，仅执行最后三行程序。

（2）跳转程序段中元器件在跳转执行中的工作状态

表10-6 跳转指令对元器件状态的影响

元件	跳转前接点状态	跳转前线圈状态	跳转后接点状态	跳转后线圈状态
Y、M、S	X1、X2、X3 OFF	Y1、M1、S1 OFF	X1、X2、X3 ON	Y1、M1、S1 OFF
	X1、X2、X3 ON	Y1、M1、S1 ON	X1、X2、X3 OFF	Y1、M1、S1 ON
10ms、100ms定时器	X4 OFF	定时器不动作	X4 ON	定时器不动作
	X4 ON	定时器动作	X4 OFF	定时器停止，X0 OFF后接续计时
1ms定时器	X5 OFF，X7 OFF	定时器不动作	X7 ON	定时器不动作
	X5 OFF，X7 ON	定时器动作	X7 OFF	定时器停止，X0 OFF后接续计时

续表

元件	跳转前接点状态	跳转前线圈状态	跳转后接点状态	跳转后线圈状态
计数器	X6 OFF，X10 OFF	计数器不动作	X10　ON	计数器不动作
	X6 OFF，X10 ON	计数器动作	X10　OFF	计数器停止，X0 OFF 后接续计数
功能指令	X11　OFF	不执行	X11　ON	除了 FNC52-FNC59 之外，其他的功能指令均不执行
	X11　ON	执行	X11　OFF	

表 10-6 给出了图 10-7 中跳转发生前后输入或前序器件状态发生变化时对程序执行结果的影响。从表中可以看到：

① 处于被跳过程序段中的输出继电器 Y、辅助继电器 M、状态 S 由于该段程序不再执行，即使梯形图中涉及的工作条件发生变化，它们的工作状态将保持跳转发生前的状态不变；

② 被跳过程序段中的时间继电器 T 及计数器 C，无论其是否具有掉电保持功能，由于跳过的程序停止执行，它们的经过值（当前值）寄存器被锁定，跳转发生后其计时、计数当前值保持不变，在跳转中止，程序继续执行时，计时计数将继续进行。另外，计时、计数器的复位指令具有优先权，即使复位指令位于被跳过的程序段中，执行条件满足时，复位工作也将执行。

（3）使用跳转指令的几点注意事项

① 跳转指令具有选择程序段的功能。

② 多条跳转指令可以使用同一标号，如图 10-8 所示。

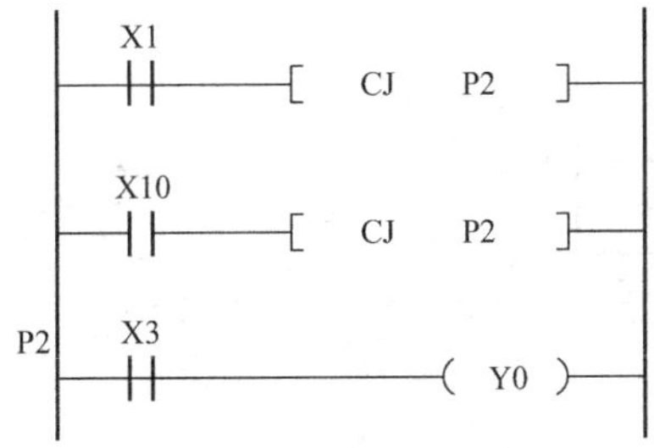

图 10-8　多条跳转指令使用同一标号使用说明

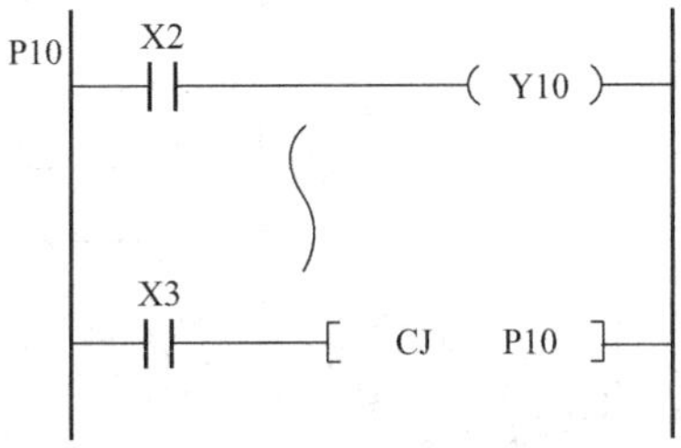

图 10-9　标号设在跳转指令之前

③ 标号一般设在相关的跳转指令之后，也可以设在跳转指令之前，如图 10-9 所示。应注意的是，从程序执行顺序来看，如果 X3 接通约 200ms 以上，造成该程序的执行时间超过了警戒时钟设定值，会发生监视定时器出错。

④ 使用 CJ（P）指令时，跳转只执行一个扫描周期，但若用辅助继电器 M8000 作为跳转指令的工作条件，跳转就成为无条件跳转。

⑤ 跳转可用来执行程序初始化工作，如图 10-10所示。在 PLC 运行的第一个扫描周期中，跳转 CJ P6 将不执行，程序执行初始化程序则被跨过，不再执行。

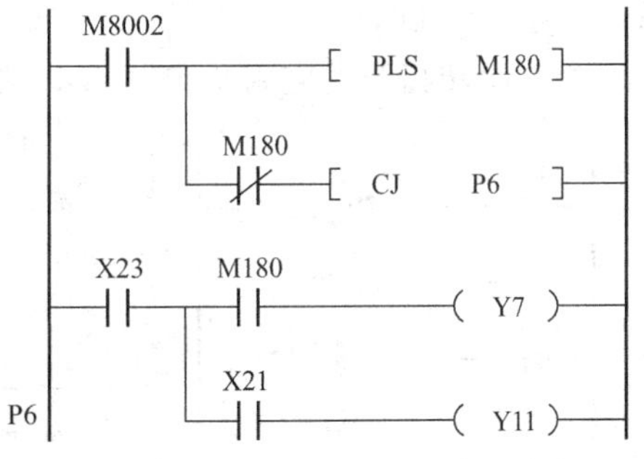

图 10-10　跳转指令用于程序初始化

⑥ 图 10-11 说明了主控区与跳转指令的关系。

- 对跳过整个主控区的跳转不受限制。
- 从主控区外跳到主控区内时，跳转独立于主控操作，CJ P1 执行时，不管 M0 的状态

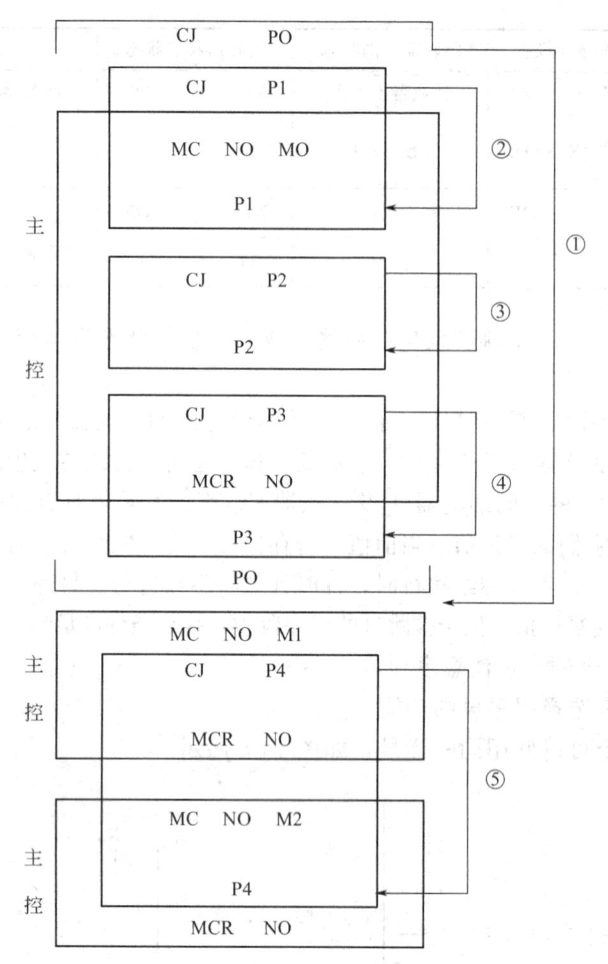

图 10-11 跳转与主控区

如何，均作 ON 处理。

• 在主控区内跳转时，如果 M0 为 OFF，执行 CJ P2，则跳转不能执行。

• 从主控区内跳转到主控外时，M0 为 OFF 时，执行 CJ P3，跳转不能执行；如果 M0 为 ON，跳转条件满足，执行 CJ P3，则可以跳转。

• 从一个主控区跳转到另一个主控区，当 M1 为 ON 时，执行 CJ P4，均可以跳转，不管 M2 是否为 ON。

（4）跳转指令的应用及实例

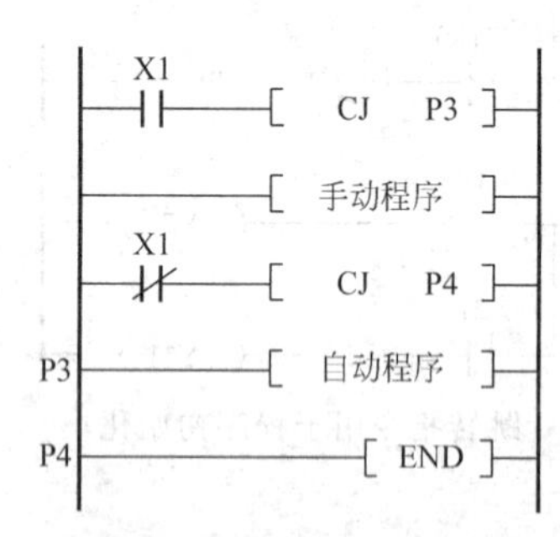

图 10-12 手动/自动转换程序

有时候同一套设备在不同的条件下，需要有两种工作方式，需运行两套不同的程序时可使用跳转指令。常见的手动、自动工作状态的转换即是这样一种情况。

图 10-12 即为一段手动、自动程序选择的梯形图。图中输入继电器 X1 为手动/自动转换开关。当 X1 置 1 时，将跳过手动程序，执行自动工作方式，置 0 时执行手动工作方式。

【例 10-2】 某台设备的控制线路如图 10-13 所示。该设备具有手动/自动两种操作方式。SB3 是操作方式选择开关，当

SB3处于断开状态时，选择手动操作方式；当SB3处于接通状态时，选择自动操作方式，不同操作方式进程如下。

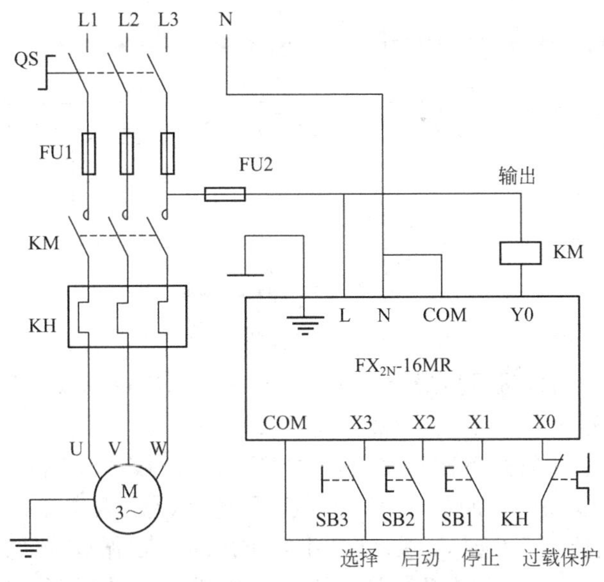

图10-13 例10-2控制线路图

手动操作方式进程：按启动按钮SB2，电动机运转；按停止按钮SB1，电动机停机。

自动操作方式进程：按启动按钮SB2，电动机连续运转1min后，自动停机。按停止按钮SB1，电动机立即停机。

解 根据控制要求，设计梯形图程序如图10-14所示。

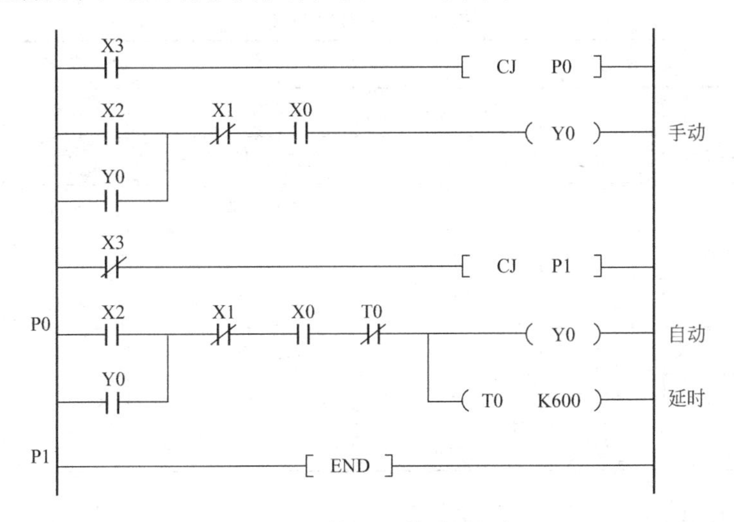

图10-14 例10-2梯形图程序

【任务10.2】 工作台往返PLC控制程序设计

10.2.1 项目描述

某工作台自动往返循环工作，工作台前进及后退由电动机通过丝杠拖动，如图10-15所示。要求实现如下控制功能：①点动控制；②自动循环控制。其中自动循环控制又包含单循环和3次循环。

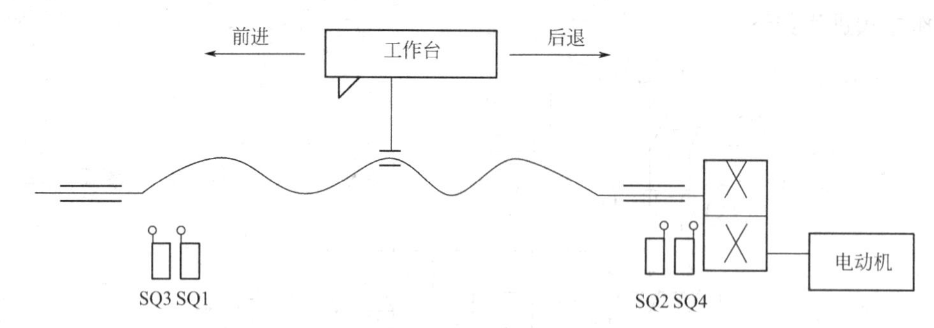

图10-15 工作台往返控制系统示意图

① 单循环：工作台前进及后退一次后停在原位，碰到换向行程开关时不延时。

② 3次循环：工作台前进及后退一次为一个循环，每次碰到换向行程开关时停止1s后再运行，循环3次后停止在原位。

原位设在SQ2处，不管是单循环还是3次循环工作台必须在原位才能启动。

点动/自动选择开关S1和单循环/3次循环选择开关状态分配如下。

① 点动控制：点动/自动选择开关S1合上，单循环/3次循环选择开关S2断开。

② 单循环控制：点动/自动选择开关S1断开，单循环/3次循环选择开关S2合上。

③ 3次循环控制：点动/自动选择开关S1断开，单循环/3次循环选择开关S2断开。

10.2.2 I/O地址分配

根据控制要求，本项目有9个输入信号和2个输出信号，输入和输出地址分配如表10-7所示。

表10-7 I/O分配表

输入信号			输入信号		
名称	代号	输入点编号	名称	代号	输出点编号
点动/自动选择开关	S1	X0	前进极限限位开关	SQ3	X7
停止按钮	SB1	X1	后退极限限位开关	SQ4	X10
点动前进/启动按钮	SB2	X2	输出信号		
点动后退	SB3	X3	前进交流接触器	KM1	Y1
单循环/3次循环选择开关	S2	X4	后退交流接触器	KM2	Y2
前进转后退限位开关	SQ1	X5			
后退转前进限位开关	SQ2	X6			

10.2.3 PLC接线图

PLC接线图如图10-16所示。

10.2.4 梯形图程序设计

编写梯形图程序，可参考如图10-17所示的梯形图程序。

（1）点动控制过程

点动/自动选择开关S1（即X0）接通，单循环/3次循环选择开关S2（即X4）断开，M4为OFF。由于S1接通，跳转指令CJ P0条件不满足，不执行跳转，执行点动控制程序。按下点动前进/启动按钮 SB2（即 X2），Y1 为 ON，工作台前进；按下点动后退按钮 SB3（即 X3），Y2 为 ON，工作台后退。

（2）单循环控制过程

工作台在原位，压着限位开关 SQ2，即 X6 闭合。点动/自动选择开关 S1（即 X0）断开，单循环/3 次循环选择开关 S2（即 X4）接通，M4 线圈为 OFF。由于 S1（即 X0）开关断开，CJ　P0 条件满足，程序跳转到 P0 处执行。

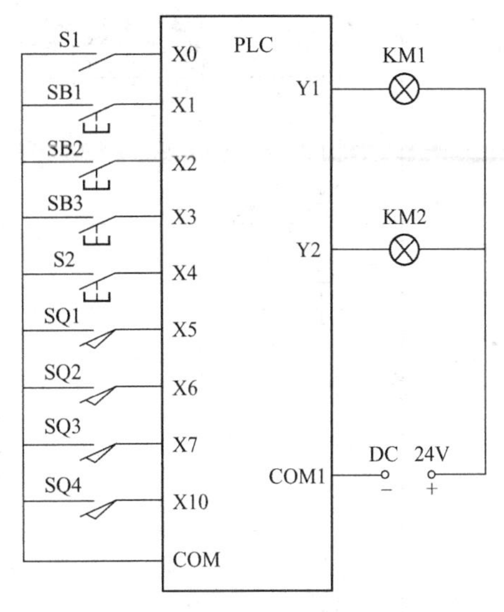

图 10-16　PLC 接线

工作台在原位，按下点动前进/启动按钮 SB2（即 X2），工作台在原位启动，M0～M3 线圈均为 OFF，由于 Y2、M4 线圈均为 OFF，INCP　D0 不计数，这时 Y1 为 ON，电动机正转，工作台前进；碰到前进转后退限位开关 SQ1（即 X5），Y1 变为 OFF，电动机停止前进。一个扫描周期后，由 X4 与 X5 的常开触点和 M1 与 Y1 的常闭触点等组成的串联回路，使 Y2 变为 ON，电动机反转，工作台后退，碰到后退转前进限位开关 SQ2（即 X6），Y2 变为 OFF，工作台运行一个循环后停下来。

（3）3 次循环控制过程

工作台在原位，压着限位开关 SQ2，即 X6 闭合。点动/自动选择开关 S1（即 X0）断开，单循环/3 次循环选择开关 S2（即 X4）断开，M4 线圈为 ON。由于 S1（即 X0）开关断开，CJ　P0 条件满足，程序跳转到 P0 处执行。

工作台在原位，按下点动前进/启动按钮 SB2（即 X2），工作台在原位启动，M0～M3 线圈均为 OFF，又 Y2 为 OFF，INCP　D0 不计数；由 X2 与 X6 的常开触点和 M1 与 Y2 的常闭触点等组成的串联回路，使 Y1 为 ON，电动机正转，工作台前进；碰到前进转后退限位开关 SQ1（即 X5），Y1 变为 OFF，且停 1s。T0 延时时间到后，Y2 变为 ON，电动机反转，工作台后退；工作台运行了一个循环，再由 Y2 与 M4 常开触点组成的串联回路，使 INCP　D0 的条件成立，D0 变为 1。当工作台后退，碰到后退转前进限位开关 SQ2（即 X6），Y2 变为 OFF，工作台运行了一个周期后停了下来。由于此时 D0＝1，由常开触点 X6 和常闭触点 X4 与 M1 串联后作为条件的比较电路可知，则 M1 线圈仍置 0，程序继续运行（只有 D0＝K3，M1 置 1 时，工作台才结束循环停下来）。T0 的延时时间到后，Y1 为 ON，电动机正转，工作台前进，如此循环。且工作台每结束一个循环，都要将 D0 的数值与 K3 进行比较，直到工作台循环 3 次后，D0 的数值为 3，即 D0＝K3，CMP 指令将 M1 置 1，M0、M2 置 0。由于 M1 常开触点的闭合，MOV 指令使 Y0～Y3 置 0，故 Y1、Y2 失电而停止运行；MOV 指令同样使 D0 清零，以备下一次计数。

在工作台运行中，按下停止按钮 SB1（即 X1），或工作台碰到前进极限开关 SQ3（即 X7），或后退极限开关 SQ4（X10），工作台都会马上停止运行。

10.2.5　调试并运行程序

① 将编写好的梯形图程序输入到计算机；

② 将程序下载到 PLC；

③ 调试并运行程序。

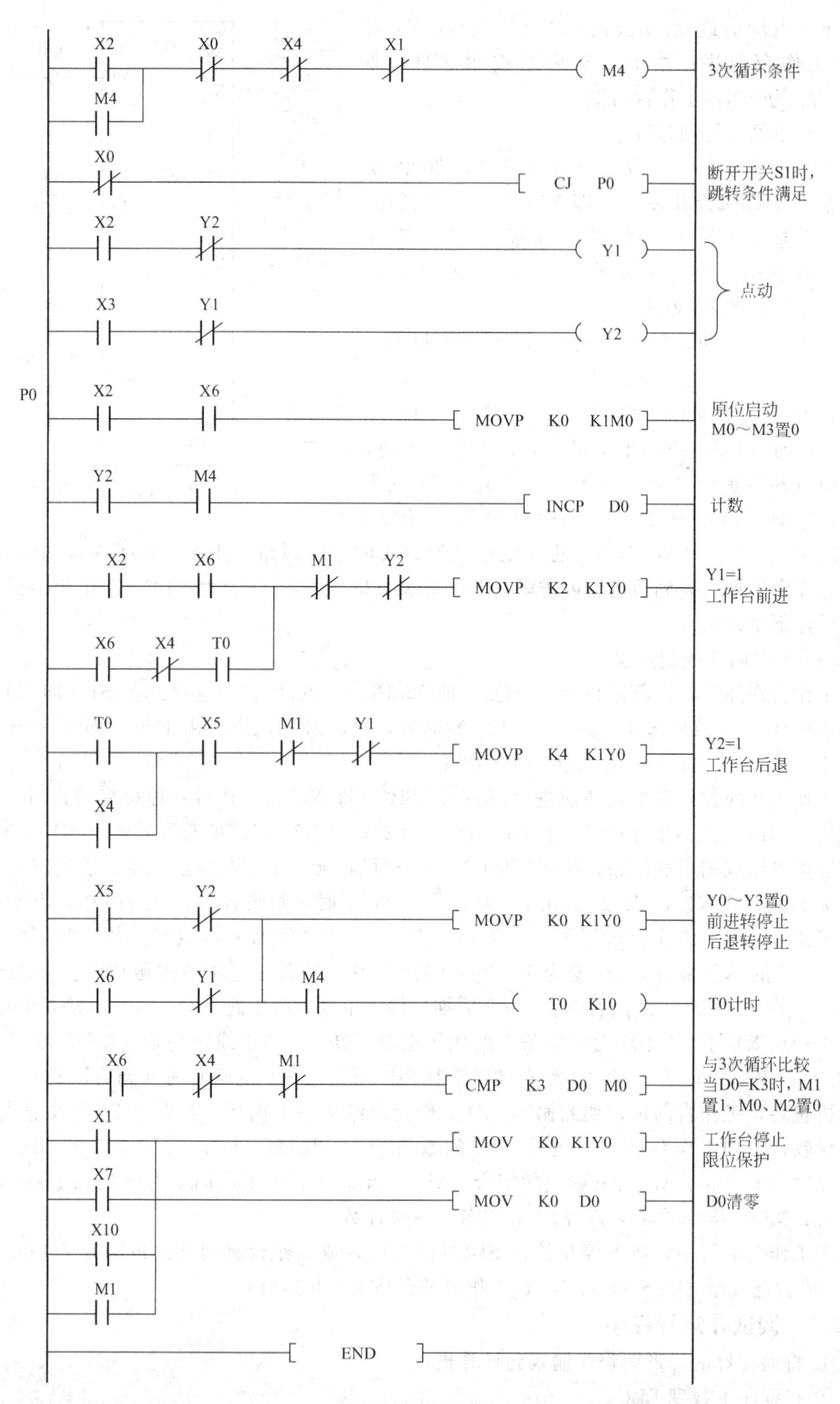

图 10-17 工作台往返控制梯形图程序

【任务 10.3】　拓展训练

训练项目：工作台自动往返控制程序设计。

10.3.1　项目描述

某企业承接了一项工厂生产线 PLC 控制系统任务，要求用 PLC 实现工作台自动往返的控制。

控制要求：按下前进启动按钮 SB1，工作台从 B 点 SQ2 处开始前进运行，碰到行程开关 SQ1 停止 5s 再后退运行；碰到行程开关 SQ2 停止 10s 再前进运行，以后如此循环，总共自动循环 3 个周期停在 B 处；无论电动机正转还是反转，按下停止按钮 SB2，电动机停止运行。工作台的自动往返示意图如图 10-18 所示。

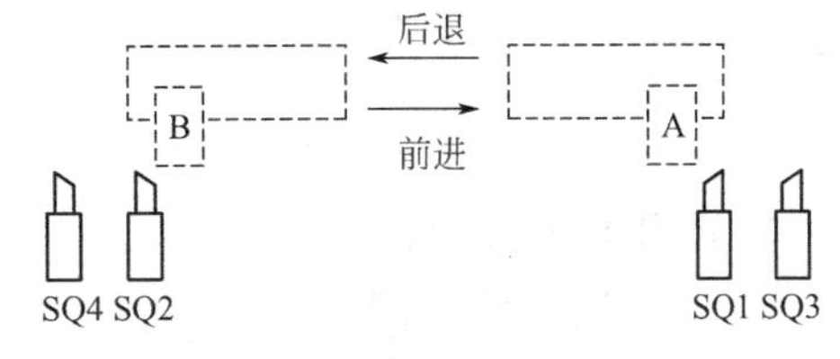

图 10-18　工作台自动往返示意图

（1）I/O 地址分配

根据控制要求，本项目有 7 个输入信号和 2 个输出信号，输入/输出地址分配如表 10-8 所示。

表 10-8　I/O 分配表

输　入			输　出		
名称	代号	输入点编号	名称	代号	输出点编号
启动按钮	SB1	X0	工作台前进	KM1	Y0
停止按钮	SB2	X1	工作台后退	KM2	Y2
右限位开关	SQ1	X2			
左限位开关	SQ2	X3			
右极限限位开关	SQ3	X4			
左极限限位开关	SQ4	X5			
热继电器	FR	X6			

（2）PLC 接线图

由 I/O 地址分配表画出 PLC 接线图如图 10-19 所示。

图 10-19　PLC 接线图

10.3.2　程序设计

明确了控制要求之后，学生根据给出的 I/O 分配表和 PLC 接线图进行程序设计。学习活动内容、步骤及要求如下。

（1）分析项目内容，找出程序设计关键点

（2）设计梯形图程序

梯形图程序设计是完成任务最重要的一步，学生可根据前面的项目分析进行程序设计。

（3）调试并运行程序

梯形图程序设计完成以后，即可对程序进行调试和运行。

【任务 10.4】 项目小结

本项目在介绍了比较指令、条件跳转指令之后，重点叙述了工作台往返的 PLC 控制程序设计。项目小结主要是记录项目的实施与完成情况，特别强调写实。其内容主要包括以下两个方面。

10.4.1 基本要求

① 归纳本项目重要知识点；

② 对该项目进行描述；

③ 简述程序设计的基本步骤；

④ 写出 I/O 分配表；

⑤ 画出 PLC 接线图；

⑥ 设计出梯形图程序；

⑦ 记录程序运行结果。

10.4.2 回答问题

① 请解释图 10-17 梯形图中是如何进行限位保护的。

② 程序设中遇到了哪些问题？你是如何解决的？

③ 有哪些收获与体会？

【考核内容与配分】

本项目主要考核学生对比较指令、条件跳转指令功能的掌握，同时考核学生对工作台往返的 PLC 控制程序设计的能力。考核内容涵盖知识掌握、程序设计和职业素养三个方面，考核内容与配分如表 10-9 所示。

表 10-9 考核内容与配分

考核项目	考核内容	配分	考核要求及评分标准	得分
知识掌握	比较指令、条件跳转指令的功能与应用	30	掌握比较指令、条件跳转指令的功能与应用	
程序设计	I/O 地址分配	15	分析系统控制要求，正确完成 I/O 地址分配	
	安装与接线	15	正确绘制系统接线图 按系统接线图在模拟配线板上正确安装，操作规范	
	控制程序设计	15	按控制要求完成控制程序设计，梯形图正确、规范 熟练操作编程软件，将所编写的程序下载到 PLC	
	功能实现	15	按照被控设备的动作要求进行模拟调试，达到控制要求	

续表

考核项目	考核内容	配分	考核要求及评分标准	得分
职业素养	6S 规范	10	正确使用设备，具有安全用电意识，操作符合规范要求 操作过程中无不文明行为、具有良好的职业操守	

【思考题与习题】

10-1　填空题

① 比较指令包括三种，即__________指令、__________指令、__________指令。

② 在使用条件跳转指令时，标号一般设在相关的跳转指令________，也可以设在跳转指令________。

10-2　跳转发生以后，CPU 还是否对跳转指令跨越的程序段进行逐行扫描，逐行执行。被跨越的程序段中的输出继电器、定时器、计数器的工作状态如何？

10-3　应用跳转指令，设计一个既能点动、又能自锁控制的电动机控制程序？

10-4　用 CMP 指令实现下面功能：X0 为脉冲输入，当脉冲数大于 5 时，Y1 为 ON；反之 Y2 为 ON。编写梯形图程序。

10-5　三台电机相隔 5s 启动，各个运行 10s 后停止，往返循环。使用传送比较类指令实现控制要求。

10-6　工作台往返控制系统如图 10-15 所示，试用步进指令设计工作台 6 次自动循环控制程序。

10-7　传送带工作台如图 10-20 所示，传送带输送工件数量为 20 个。连接 X0 端子的光电传感器对工件进行计数。当计件数量小于 15 时，指示灯常亮；当计件数量等于或大于 15 以上时，指示灯闪烁；当计件数量为 20 时，10s 后传送带停机，同时指示灯熄灭。试根据控制要求和表 10-10 I/O 分配表设计梯形图程序。

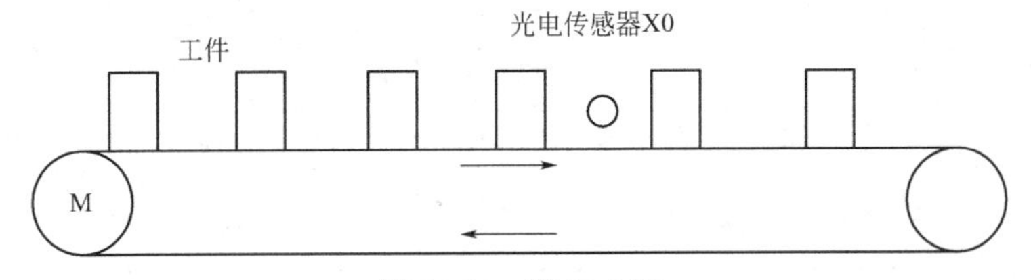

图 10-20　题 10-7 图

表 10-10　I/O 分配表

输入			输出		
名称	代号	输入点编号	名称	代号	输出点编号
光电传感器	LE	X0	交流接触器	KM	Y0
启动按钮	SB1	X2	指示灯	HL	Y2
停止按钮	SB2	X3			

*项目 11　温度 PID 控制

【学习目标】

掌握模拟量模块的功能与使用方法；掌握 PID 运算指令和触点型比较指令的应用方法。熟悉温度 PID 控制的控制要求。会根据控制要求进行 I/O 口以及进行梯形图程序设计；会搭接温度 PID 控制系统并进行程序调试及运行。

【任务 11.1】　学习相关知识

11.1.1　模拟量输入模块

模拟量输入模块用于接受流量、温度和压力等传感设备送来的标准模拟量电压、电流信号，并将其转化为数字信号供 PLC 使用。FX_{2N}系列可编程控制器的模拟量输入模块主要包括：FX_{2N}-4AD（4 通道模拟量输入模块），FX_{2N}-2AD（2 通道模拟量输入模块），FX_{2N}-4AD-PT（4 通道热电阻 PT-100 温度传感器用模拟量输入模块），FX_{2N}-4AD-TC（4 通道热电偶 J 型和 V 型温度传感器用模拟量输入模块）等。

11.1.1.1　技术指标及端子连接

FX_{2N}-4AD 为 12 位高精度模拟量输入模块，具有 4 输入 A/D 转换通道，输入信号类型可以是电压（－10～＋10V）、电流（－20～＋20mA）和电流（＋4～＋20mA），每个通道都可以独立地指定为电压输入或电流输入。FX_{2N}-4AD 的技术指标如表 11-1 所示。

表 11-1　FX_{2N}-4AD 技术指标

项　目	电压输入	电流输入
	4 通道模拟量输入。通过输入端子变换可选电压或电流输入	
模拟量输入范围	DC－10～＋10V(输入电阻 200kΩ)绝对最大输±15V	DC－20～＋20mA(输入电阻 250Ω)绝对最大输入±32mA
数字量输出范围	带符号位的 16 位二进制(有效数值 11 位)。数值范围－2048～＋2047	
分辨率	5mV(10V×1/2000)	20μA(20mA×1/1000)
综合精确度	±1%(在－10～＋10V 范围)	±1%(在－20～＋20mA 范围)
转换速度	每通道 15ms(高速转换方式时为每通道 6ms)	
隔离方式	模拟量与数字量间用光电隔离。从基本单元来的电源经 DC/DC 转换器隔离。各输入端子间不隔离	
模拟量用电源	DC24V±10%　55mA	
I/O 占有点数	程序上为 8 点(作输入或输出点计算)，由 PLC 供电的消耗功率为 5V、30mA	

FX_{2N}-4AD 模块的外观如图 11-1 所示。

FX_{2N}系列可编程控制器最多可连接 8 台 FX_{2N}-4AD。图 11-2 是模拟量输入模块 FX_{2N}-4AD 的端子接线图。当采用电流输入信号或电压输入信号时，端子的连接方法不一样。输

入的信号范围应在 FX_{2N}-4AD 规定的范围之内。

11-1　模拟量输入模块 FX_{2N}-4AD 外观

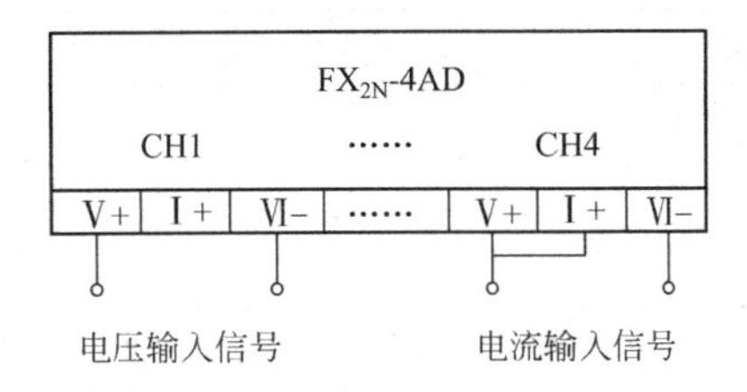

11-2　模拟量输入模块 FX_{2N}-4AD 端子接线图

11.1.1.2　缓冲寄存器及设置

模拟量输入模块 FX_{2N}-4AD 的缓冲寄存器 BFM，是特殊功能模块工作设定及与机通讯用的数据中介单元，是 FROM/TO 指令读和写操作目标。FX_{2N}-4AD 的缓冲寄存器区由 32 个 16 位的寄存器组成，编号为 BFM♯0～♯31。

(1) 缓冲寄存器编号

FX_{2N}-4AD 模块 BFM 的分配表如表 11-2。

表 11-2　FX_{2N}-4AD 模块 BFM 分配表

<table>
<tr><th>BFM</th><th colspan="9">内　容</th></tr>
<tr><td>* ♯0</td><td colspan="9">通道初始化 缺省设定值＝H0000</td></tr>
<tr><td>* ♯1</td><td>CH1</td><td colspan="8" rowspan="4">平均值取样次数(取值范围 1～4096)默认值＝8</td></tr>
<tr><td>* ♯2</td><td>CH2</td></tr>
<tr><td>* ♯3</td><td>CH3</td></tr>
<tr><td>* ♯4</td><td>CH4</td></tr>
<tr><td>♯5</td><td>CH1</td><td colspan="8" rowspan="4">分别存放 4 个通道的平均值</td></tr>
<tr><td>♯6</td><td>CH2</td></tr>
<tr><td>♯7</td><td>CH3</td></tr>
<tr><td>♯8</td><td>CH4</td></tr>
<tr><td>♯9</td><td>CH1</td><td colspan="8" rowspan="4">分别存放 4 个通道的当前值</td></tr>
<tr><td>♯10</td><td>CH2</td></tr>
<tr><td>♯11</td><td>CH3</td></tr>
<tr><td>♯12</td><td>CH4</td></tr>
<tr><td>♯13～♯14
♯16～♯19</td><td colspan="9">保留</td></tr>
<tr><td rowspan="2">♯15</td><td rowspan="2">A/D 转换速度的设置</td><td colspan="8">当设置为 0 时，A/D 转换速度为 15ms/ch，为默认值</td></tr>
<tr><td colspan="8">当设置为 1 时，A/D 转换速度为 6ms/ch，为高速值</td></tr>
<tr><td>* ♯20</td><td colspan="9">恢复到默认值或调整值　默认值＝0</td></tr>
<tr><td>* ♯21</td><td colspan="9">禁止零点和增益调整　缺省设定值＝0，1(允许)</td></tr>
<tr><td rowspan="2">* ♯22</td><td rowspan="2">零点(Offset)、
增益(Gain)调整</td><td>b7</td><td>b6</td><td>b5</td><td>b4</td><td>b3</td><td>b2</td><td>b1</td><td>b0</td></tr>
<tr><td>G4</td><td>O4</td><td>G3</td><td>O3</td><td>G2</td><td>O2</td><td>G1</td><td>O1</td></tr>
</table>

续表

BFM	内　　容
*＃23	零点值　缺省设定值=0
*＃24	增益值　缺省设定值=5000
＃25～＃28	保留
＃29	出错信息
＃30	识别码 K2010
＃31	不能使用

注：1. 带*号的缓冲寄存器中的数据可由PLC通过TO指令改写。改写带*号的BFM的设定值就可以改变FX2N-4AD模块的运行参数，调整其输入方式、输入增益和零点等。

2. 从指定的模拟量输入模块读入数据前应先将设定值写入，否则按缺省设定值执行。

3. PLC用FROM指令可将无*号的BFM内的数据读入。

(2) 缓冲寄存器（BFM）的设置

① 在BFM＃0中写入十六进制4位数字H0000使各通道初始化，最低位数字控制通道CH1，最高位控制通道CH4。H0000中每位数值表示的含义如下。

位（bit)=0：设定输入范围-10～+10V。

位（bit)=1：设定输入范围+4～+20mA。

位（bit)=2：设定输入范围-20～+20mA。位（bit)=3：关闭该通道。

例如：BFM＃0=H3310，则

CH1：设定输入范围-10～+10V。

CH2：设定输入范围+4～+20mA。

CH2、CH4：关闭该通道。

② 输入当前值送到BFM＃9～＃12，输入平均值送到BFM＃5～＃8。

③ 各通道平均值取样次数由BFM＃1～＃4来指定。取样次数范围1～4096，若设定值超过该数值范围，按缺省设定值8处理。

④ 当BFM＃20被置1时，整个FX_{2N}-4AD的设定值均恢复到缺省设定值。这是快速地擦除零点和增益的非缺省设定值的方法。

⑤ 若BFM＃21的b1、b0分别置为1、0，则增益和零点的设定值禁止改动。要改动零点和增益的设定值时必须令b1、b0的值分别为0、1。缺省设定为0、1。

零点：数字量输出为0时的输入值。

增益：数字输出为+100时的输入值。

⑥ 在BFM＃23和BFM＃24内的增益和零点设定值会被送到指定的输入通道的增益和零点寄存器中。需要调整的输入通道由BFM＃22的G、O（增益-零点）位的状态来指定。例如：若BFM＃22的G1、O1位置1，则BFM＃23和＃24的设定值即可送入通道1的增益和零点寄存器。各通道的增益和零点即可统一，也可独立调整。

⑦ BFM＃23和＃24中设定值以mV或μA为单位，但受FX_{2N}-4AD的分辨率影响，其实际影响应以5mV/20μA为步距。

⑧ BFM＃30中存的是特殊功能模块的识别码，PLC可用FROM指令读入。FX_{2N}-4AD的识别为K2010。用户在程序中可以方便地利用这一识别码在传送数据前先确定该特殊功能模块。

⑨ BFM＃29中各位的状态是FX_{2N}-4AD运行正常与否的信息。BFM＃29中各位的状态信息如表11-3所示。

表 11-3　BFM＃29 中各位的状态信息

BFM＃29 的位	ON	OFF
b0	当 b1～b3 任意为 ON 时	无错误
b1	表示零点和增益发生错误	零点和增益正常
b2	DC24V 电源故障	电源正常
b3	A/D 模块或其他硬件故障	硬件正常
b4～b9	未定义	
b10	数值超出范围－2048～＋2047	数值在规定范围
b11	平均值采用次数超出范围 1～4096	平均值采用次数正常
b12	零点和增益调整禁止	零点和增益调整允许
b13～b15	未定义	

11.1.2　模拟量输出模块 FX$_{2N}$-4DA

模拟量输出模块用于需模拟量驱动的场所，经可编程控制器运算输出的数字量经模拟量输出模块转换为标准模拟量输出。FX$_{2N}$系列可编程控制器模拟量输出模块主要包括：FX$_{2N}$-4DA（4 通道模拟量输出模块），FX$_{2N}$-2DA（2 通道模拟量输出模块）等。

（1）技术指标及端子连接

FX$_{2N}$-4DA 模块的外观如图 11-3 所示。

FX$_{2N}$-4DA 为 12 位高精度模拟量输出模块，具有 4 输出 D/A 转换通道，输出信号类型可以是电压（－10～＋10V）、电流（0～＋20mA）和电流（＋4～20mA），每个通道都可以独立的指定为电压输出或电流输出。

图 11-3　模拟量输出模块 FX$_{2N}$-4DA

FX$_{2N}$-4DA 的技术指标如表 11-4 表示。

表 11-4　FX$_{2N}$-4DA 技术指标

项目	电压输出	电流输出
	4 通道模拟量输出。根据电流输出还是电压输出，对端子进行设置	
模拟量输出范围	DC－10～＋10V（外部负载电阻 1kΩ～1MΩ）	DC＋4～＋20mA（外部负载电阻 500Ω 以下）
数字输入	电压＝－2048～＋2047	电流＝0～＋1024
分辨率	5mV（10V×1/2000）	20μA（20mA×1/1000）
综合精确度	满量程 10V 的±1％	满量程 20mA 的±1％
转换速度	2.1ms（4 通道）	
隔离方式	模拟电路与数字电路间有光电隔离。与基本单元间是 DC/DC 转换器隔离。通道间没有隔离	
模拟量用电源	DC24V±10％　130mA	
I/O 占有点数	程序上为 8 点（作输入或输出点计算），由 PLC 供电的消耗功率为 5V、30mA	

FX$_{2N}$系列可编程控制器最多可连接 8 台 FX$_{2N}$-4DA。模拟量输出模块 FX$_{2N}$-4DA 的端子接线如图 11-4 所示。采用电流输出或电压输出接线端子不同，输出负载的类型、电压、电流和功率应在 FX$_{2N}$-4DA 规定的范围之内。

（2）缓冲寄存器及设置

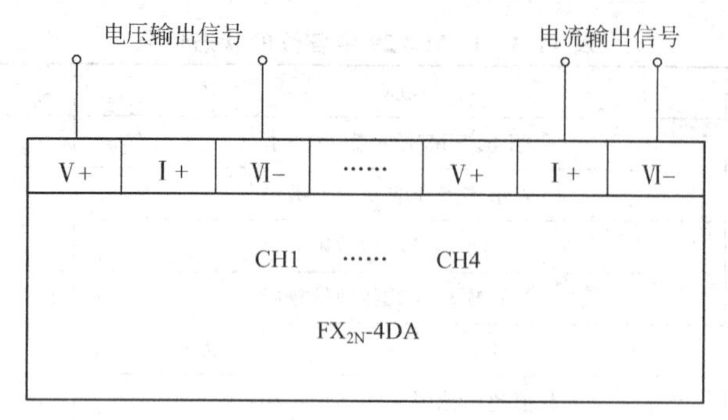

图 11-4 FX_{2N}-4DA 接线图

模拟量功能模块 FX_{2N}-4DA 的缓冲寄存器 BFM 由 32 个 16 位的寄存器组成，编号为 BFM#0～#31。

FX_{2N}-4DA 模块 BFM 分配表如表 11-5 所示。

表 11-5 FX_{2N}-4DA 模块 BFM 分配表

BFM	内 容	
* #0(E)	模拟量输出模式选择 缺省值=H0000	
* #1	CH1 输出数据	
* #2	CH2 输出数据	
* #3	CH3 输出数据	
* #4	CH4 输出数据	
* #5(E)	输出保持或回零 缺省值=H0000	
#6、#7	保留	
* #8(E)	CH1、CH2 的零点和增益设置命令，初值为 H0000	
* #9(E)	CH3、CH4 的零点和增益设置命令，初值为 H0000	
* #10	CH1 的零点值	单位:mV 或 mA 例:采用输出模式 3 时各通道的初值:零点值=0 增益值=5000
* #11	CH1 的增益值	
* #12	CH2 的零点值	
* #13	CH2 的增益值	
* #14	CH3 的零点值	
* #15	CH3 的增益值	
* #16	CH4 的零点值	
* #17	CH4 的增益值	
#18、#19	保留	
* #20(E)	初始化 初值=0	
* #21(E)	I/O 特性调整禁止，初值=1	
#22～#28	保留	
#29	出错信息	
#30	识别码 K3010	
#31	保留	

注：1. 带 * 号的 BFM 缓冲寄存器可用 TO 指令将数据写入。

2. 带 E 表示数据写入到 EEPROM 中，具有断电记忆。

① BFM#0中的4位十六进制数H0000分别用来控制4个通道的输出模式，由低位到最高位分别控制CH1、CH2、CH3和CH4。在H0000中：

位（bit）=0时，电压输出（-10～+10V）；

位（bit）=1时，电流输出（+4～+20mA）；

位（bit）=2时，电流输出（0～+20mA）。

例如：H2110表示CH1为电压输出（-10～+10V），CH2和CH3为电流输出（+4～+20mA），CH4为电流输出（0～+20mA）

② 输出数据写在BFM#1到BFM#4。其中：

BFM#1为CH1输出数据（缺省值=0）；

BFM# 2为CH2输出数据（缺省值=0）；

BFM# 3为CH3输出数据（缺省值=0）；

BFM# 4为CH4输出数据（缺省值=0）。

③ PLC由RUN转为STOP状态后，FX_{2N}-4DA的输出是保持最后的输出值还是回零点，则取决于BFM#5中的4位十六进制数值，其中0表示保持输出值，1表示恢复到0。

H1100——CH4=回路，CH3=回路，CH2=保持，CH1=保持；

H0101——CH4=保持，CH3=回零，CH2=保持，CH1=回零。

④ BFM#8和#9为零点和增益调整的设置命令，通过#8和#9中的4位十六进制数指定是否允许改变零点和增益值。其中：

BFM#8中4位十六进制数（ b3 b2 b1 b0 ）对应CH1和CH2的零点和增益调整的设置命令，见图11-5(a)（b=0表示不允许调整，b=1表示允许调整）；

b3	b2	b1	b0
G2	O2	G1	O1

(a)

b3	b2	b1	b0
G4	O4	G3	O3

(b)

图11-5 BFM#8和#9为零点和增益调整的设置对应值

BFM#9中4位十六进制数（ b3 b2 b1 b0 ）对应CH3和CH4的零点和增益调整的设置命令，见图11-5(b)（b=0表示不允许调整，b=1表示允许调整）。

⑤ BFM#10～#17为零点和增益数据。当BFM的#8和#9中允许零点和增益调整时，可通过写入命令TO将要调整的数据写在BFM#10～#17中（单位为mV或mA）。

⑥ BFM#20为复位命令。当将数据1写入到BFM#10时，缓冲寄存器BFM中的所有数据恢复到出厂时的初始设置。其优先权大于BFM#21。

⑦ BFM#21为I/O状态禁止调整的控制。当BFM#21不为1时，BFM#21到BFM#1的I/O状态禁止调整，以防由于疏忽造成的I/O状态改变。当BFM#21（初始值）时允许调整。

⑧ BFM#29中各位的状态是FX_{2N}-4DA运行正常与否的信息。各位表示的含义与FX_{2N}-4AD相近，可参见表11-5。

⑨ FX_{2N}-4DA的识别码为K3010，存于BFM#30中。PLC可用FROM指令读入，用户在程序中可方便地利用这一识别码在传送数据前确定该特殊功能模块。

11.1.3 模拟量模块的应用

11.1.3.1 模块的连接与编号

当PLC与特殊功能模块连接时，数据通信是通过FROM/TO指令实现的。为了使PLC

能够准确地查找到指定的功能模块，每个特殊功能模块都有一个确定的地址编号，编号的方法是从最靠近 PLC 基本单元的那一个功能模块开始顺次编号，最多可连接 8 台功能模块（对应的编号为 0～7 号），注意其中 PLC 的扩展单元不记录在内。

如图 11-6 所示，FX_{2N}-48MR 基本单元通过扩展总线与特殊功能模块（模块量输入模块 FX_{2N}-4AD、模拟量输出模块 FX_{2N}-4DA、温度传感器模拟量输入模块 FX_{2N}-4AD-PT）连接，当各个控制单元连接好后，各特殊功能模块的编号也就确定。

FX_{2N}-4MR	FX_{2N}-4AD	FX_{2N}-16EX	FX_{2N}-4DA	FX_{2N}-32ER	FX_{2N}-4AD-PT
	0 号		1 号		2 号

图 11-6　FX_{2N}-48MR 与特殊功能模块连接示意图

11.1.3.2　FX_{2N} PLC 与特殊功能模块之间的读/写操作

FX_{2N}系列可编程控制器与特殊功能模块之间的通信通过 FROM/TO 指令执行。FROM 指令用于 PLC 基本单元读取特殊功能模块中的数据，TO 指令用于 PLC 基本单元将数据写到特殊功能模块中。读、写操作都是针对特殊功能模块的缓冲寄存器 BFM 进行的。

（1）特殊功能模块读指令

该指令的助记符、指令代码、操作数、程序步如表 11-6 所示。

表 11-6　特殊功能模块读指令要素

指令名称	助记符	指令代码	操作数				程序步
			m1	m2	[D·]	n	
读指令	FROM	FNC78	K、H m1＝0～7	K、H m2＝0～31	KnY、KnM、KnS、 T、C、D、V、Z	K、H n＝1～32	FROM 9 步 (D)FROM 17 步

图 11-7 是 FROM 指令的使用说明。图中指令将编号为 m1 的特殊功能模块中缓冲寄存器（BFM）编号从 m2 开始的 n 个数据读入到 PLC 中以 D 开始的 n 个数据寄存器内。指令所涉及的存储单元说明如下。

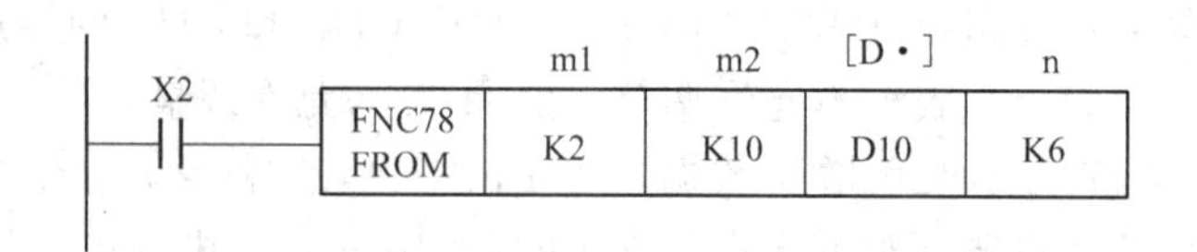

图 11-7　FROM 指令的使用说明

① m1 特殊功能模块号 m1＝0～7。

② m2 特殊功能模块的缓冲寄存器（BFM）首元件编号 m2＝0～31。

③ [D·] 指定存放在 PLC 中的数据寄存器首元件号。

④ n 指定特殊功能模块与 PLC 之间传送的字数，16 位操作时 n＝1～32，32 位操作时 n＝1～16。

（2）特殊功能模块写指令

该指令的助记符、指令代码、操作数、程序步如表 11-7 所示。

T0 指令是将 PLC 中指定的以 S 元件为首地址的 n 个数据，写到编号为 m1 的特殊功能模块，并存入该特殊功能模块中以 m2 为首地址的缓冲寄存器（BFM）内。T0 指令的使用说明如图 11-8 所示。指令涉及的存储单元说明如下。

表 11-7 特殊功能模块写指令要素

指令名称	指令代码	助记符	操作数				程序步
			m1	m2	[s·]	n	
写指令	FNC79	T0	K、H m1=0～7	K、H m2=0～31	KnY、KnM、KnS、 T、C、D、V、Z、k、H	K、H n=1～32	FROM9 步 (D)FROM 17 步

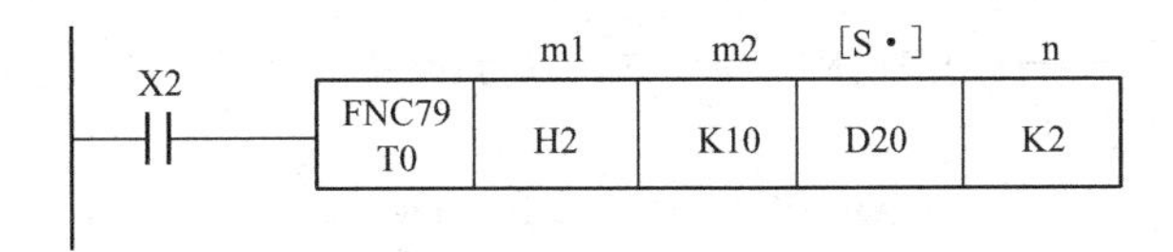

图 11-8 T0 指令的使用说明

① m1 特殊功能模块号 m1=0～7。

② m2 特殊功能模块的缓冲寄存器（BFM）首元件编号 m2=0～31。

③ [S·] PLC 中指定读取数据的首元件号。

④ n 指定特殊功能模块与 PLC 之间传送的字数，16 位操作时 n=1～32，32 位操作时 n=1～16。

在执行 FROM/TO 指令时，FX_{2N} 用户可以立即中断，也可以等到当前 FROM/TO 指令完成后再中断。这一功能的实现是通过 M8082 来完成的，M8082=OFF 禁止中断，M8082=ON 允许中断。

11.1.3.3 应用举例

【例 11-1】 FX_{2N}-4AD 模拟量输入模块连接在最靠近基本单元 FX_{2N}-48MR 的地方。现要求仅开通 CH1 和 CH2 两个通道作为电压量输入通道，计算 4 次取样的平均值，结果存入 FX2N-48MR 的数据寄存器 D0 和 D1 中。

由特殊功能模块的地址编号原则可知 FX_{2N}-4AD 模拟量输入模块编号为 0 号。按照控制要求设计的梯形图如图 11-9 所示。

```
M8000
 ─┤├──┬──[ FROM  K1    K30  D4    K1 ]   识别码送D4
      └──[ CMP   K2010 D4   M100     ]   比较识别码是否正确
M101
 ─┤├──┬──[ T0    K0    K0   H3300 K1 ]   设置四个通道的输出类型
      ├──[ T0    K0    K1   K4    K2 ]   写入平均取样次数
      └──[ FROM  K0    K29  K4M0  K1 ]   读状态信息
M2    M10
 ─┤/├──┤/├──[ FROM K0  K5   D0    K2 ]   读取采样平均值
 无差错
```

图 11-9 例 11-1 的梯形图

【例 11-2】 试通过程序对模拟量输入模块 FX_{2N}-4AD 的通道 CH1 进行零点和增益的调整，要求通道 CH1 为电压量输入通道，通道 CH1 的零点值调整为 0V，增益值调整为 2.5V。

分析：由特殊功能模块的地址编号原则可知，FX_{2N}-4AD 模拟量输入模块编号为 0 号。

模拟量模块的零点和增益的调整可以通过手动或程序进行。在工业自动控制系统的应用中，采用程序控制调整是非常有效的方法。相关的程序及说明如图11-10所示。

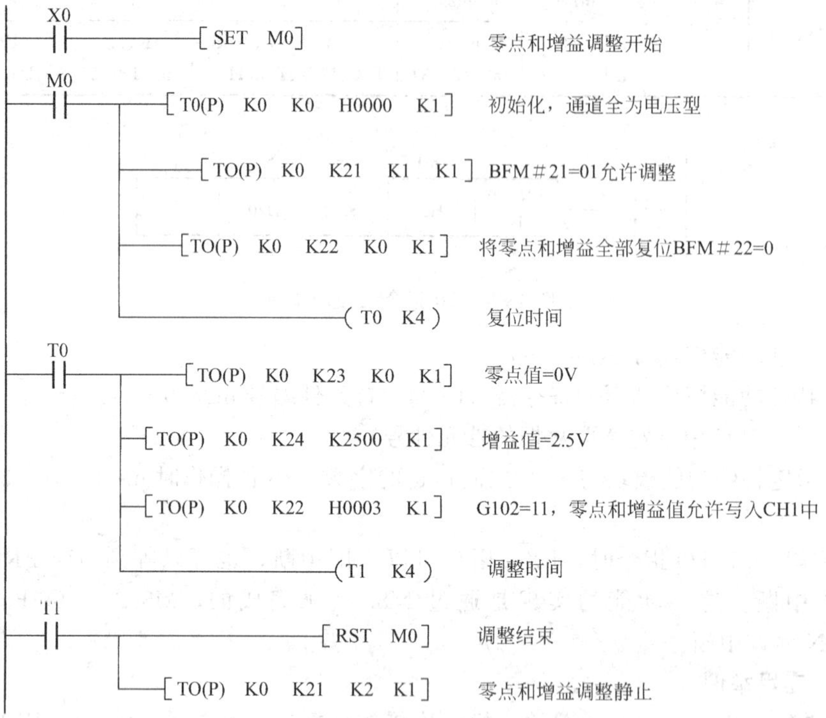

```
X0
─┤├──────────[SET  M0]                       零点和增益调整开始
M0
─┤├──┬───────[TO(P)  K0  K0  H0000  K1]      初始化，通道全为电压型
     ├───────[TO(P)  K0  K21  K1  K1]        BFM＃21=01允许调整
     ├───────[TO(P)  K0  K22  K0  K1]        将零点和增益全部复位BFM＃22=0
     └───────(T0  K4)                        复位时间
T0
─┤├──┬───────[TO(P)  K0  K23  K0  K1]        零点值=0V
     ├───────[TO(P)  K0  K24  K2500  K1]     增益值=2.5V
     ├───────[TO(P)  K0  K22  H0003  K1]     G102=11，零点和增益值允许写入CH1中
     └───────(T1  K4)                        调整时间
T1
─┤├──┬───────[RST  M0]                       调整结束
     └───────[TO(P)  K0  K21  K2  K1]        零点和增益调整静止
```

图11-10 例11-2的梯形图

【例11-3】 FX_{2N}-4DA模拟量输出模块的编号为1号。现要将FX_{2N}-48MR中数据寄存器D10、D11、D12、D13中的数据通过FX_{2N}-4DA的四个通道输出，并要求CH1、CH2设定为电压输出（－10～＋10V），CH3、CH4通道设定为电流输出（0～＋20mA），并且FX_{2N}-48MR从RUN转为STOP状态后，CH1、CH2的输出值保持不变，CH3、CH4的输出值回零。试编写程序。

满足以上要求的梯形图如图11-11所示。

其中为通道CH1、CH2传送数据的寄存器D10、D11的取值范围为－2000～＋2000；为通道CH3、CH4传送数据的寄存器D12、D13的取值范围为0～＋1000。

11.1.4 PID运算指令

11.1.4.1 PID控制原理

（1）PID控制器基本概念及适用场合

在控制过程中，按照偏差的比例（P）、积分（I）、微分（D）进行运算控制的PID控制器是应用较为广泛的一种自动控制器。它具有原理简单，易于实现，适用范围广，控制参数相互独立，参数选定比较简单，调整方便等特点。PID调节规律是连续系统动态品质校正的一种有效方法。它是根据系统的误差，利用比例、积分、微分运算出控制量来进行控制的。当被控对象的结构和参数不能完全掌握，或者得不到精确的数学模型时，或者是控制理论的其他技术难以采用时，系统控制器的结构和参数就必须依靠经验和现场调试来确定，这时应用PID控制理论最为方便。也就是说，在没有完全了解一个系统和控制对象，或者不能通过有效的测量手段来获得系统参数时，最适合采用PID控制

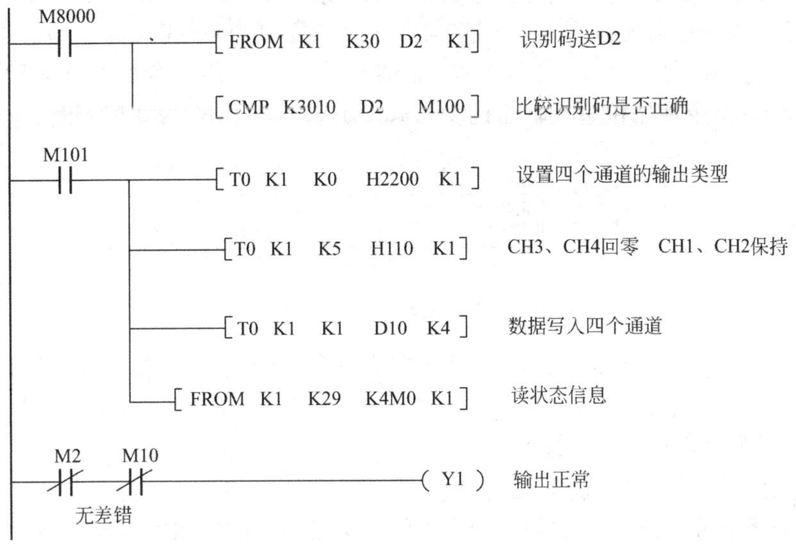

```
M8000
─┤├──┬──[FROM K1 K30 D2 K1]        识别码送D2
     └──[CMP K3010 D2 M100]        比较识别码是否正确
M101
─┤├──┬──[T0 K1 K0 H2200 K1]        设置四个通道的输出类型
     ├──[T0 K1 K5 H110 K1]         CH3、CH4回零 CH1、CH2保持
     ├──[T0 K1 K1 D10 K4]          数据写入四个通道
     └──[FROM K1 K29 K4M0 K1]      读状态信息
M2    M10
─┤/├──┤/├────────────(Y1)          输出正常
无差错
```

图 11-11　例 11-3 的梯形图

技术。

（2）PID 控制器参数的整定

PID 控制器的参数整定是控制系统设计的核心内容。它是根据被控对象的特性进行确定 PID 控制器的比例参数、积分时间和微分时间的大小。PID 参数整定的方法很多，概括起来有以下两大类：一是理论计算整定法，它主要依据数学模型，经过理论计算来确定控制器参数。这种方法得到的计算数据不一定能够直接使用，还要在实际的工程中加以调整和修改；二是工程整定法，它主要是依靠工程实际经验，直接在控制系统的试验中进行，而且方法简单，易于掌握。PID 控制器参数的工程整定方法主要有临界比较法、反应曲线法和衰减法。这三种方法各有特点，其共同点都是通过试验，然后按照工程经验公式对参数进行整定。不论采取哪一种方法，所得到的控制器参数都需要在实际运行中进行最后的调整与完善。

在工程实际中，临界比例法应用较多。利用该方法进行 PID 控制器参数整定的步骤如下。

① 首先预选用一个较短的采样周期让系统工作。

② 仅加入比例控制环节，直到系统对输入的阶跃响应出现临界振荡，记下这时的比例放大系数和临界振荡周期。

③ 在一定的控制度下通过公式计算得到 PID 控制器的参数。

11.1.4.2　PID 运算指令

该指令的助记符、指令代码、操作数、程序步如表 11-8 所示。

表 11-8　PID 运算指令的要素

指令名称	指令代码	助记符	操作数				程序步
比例微分积分指令	FNC88	PID	[s1·]	[s2·]	[s3·]	[D·]	
			K、H、KnX、KnY、KnM、KnS、T、C			D	PID9 步

PID 指令用于模拟量的闭环控制，PID 运算所需要的参数存放在指定的数据区内。指令

中［S1］用于存放置位值；［S2］存放当前值（测量值）；［S3］是用户为 PID 指令定义参数表的首位地址，该参数需要占用 25 个寄存器，此例中占有 D0～D124；［D］用于存放 PID 运算的结果。［S］和［D］均为 16 位运算。［S3］～［S3］＋6 用来存放控制参数的数据，FX 系列 PLC 的 PID 指令使用位置式输出的增量式 PID 算法。如图 11-12 所示。

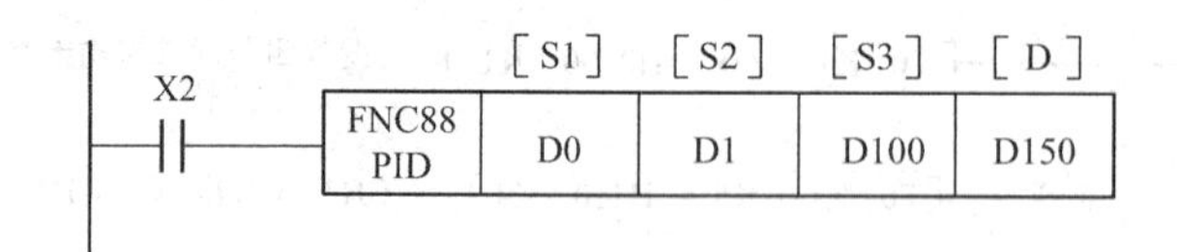

图 11-12　PID 指令的使用要素

达到采样时间的 PID 指令在其后扫描周期中进行 PID 运算。图中 X2 为指令的执行条件，当 X2＝ON 时，置位值存入 D0，当前值从 D1 中读出；D100～D124 为用户定义参数寄存器；运算结果的输出值存入 D150。

PID 指令在使用时应注意以下几点。

① 一个程序中可以使用多条 PID 指令，但是每条指令的数据寄存器应该是独立的。

② PID 参数的出错信息放在 D8067 中。

③ PID 指令可以使用中断、子程序、条件跳转和步进指令，但是使用时要注意它的采样时间必须大于程序的扫描时间。

④ 为了提高采样的速率，可以把 PID 指令放在定时中断的程序中。

⑤ PID 指令要采用停电保护型数据寄存器，在 PLC 停电后，无需再重新写入参数。

11.1.4.3　PID 运算指令的参数表

［S3］为 PID 的参数设定：PID 参数存放在以［S3］为首的 25 个数据寄存器组成的数据栈中。通过参数设置，可以用 PID 指令构成不同的回路组态。PID 运算指令的参数表如表 11-9。

表 11-9　PID 运算指令的参数设定表

参数[S3]+X	名称/功能	说明		设定范围
[S3]+0	采样时间 TS	读取系统的当前值 S2 的时间间隔		1～32767ms
[S3]+1	正反作用反向及报警控制	b0	0:正作用 1:反作用	不用
		b1	S2 报警 0:OFF,1:ON	
		b2	D 报警 0:OFF,1:ON	
		b3～b15	保留	
[S3]+2	输入滤波常数(a)	改变输入滤波器的效果		0～99%
[S3]+3	比例增益(K_p)	PID 回路的 P 部分		1%～32767%
[S3]+4	积分时间常数(T_I)	PID 回路的 I 部分．此参数选择“0”表示无 I 作用		(0～32767)×10ms
[S3]+5	微分增益(K_D)	当 S 发生变化时，产生已知比例的微分输出因子		0～100%
[S3]+6	微分时间常数(T_D)	PID 回路的 D 部分。此参数选择“0”表示无 D 作用		0～32767×10ms
[S3]+7～19	保留			
[S3]+20	当前值上限报警	S3+1 的 b1 位为有效位	用户定义上限，一旦超限，[S3]＋24 的 b0 为 1	0～32767
[S3]+21	当前值下限报警		用户定义下限，一旦超限，[S3]＋24 的 b1 为 1	

续表

参数[S3]+X	名称/功能	说明		设定范围
[S3]+22	输出值上限报警	S3+1 的 b2 位为有效位	用户定义上限，一旦超限，[S3]+24 的 b2 为 1	0～32767
[S3]+23	输出值下限报警		用户定义上限，一旦超限，[S3]+24 的 b3 为 1	
[S3]+24	报警输出标志	b0	当前值超出上限	不用
		b1	当前值超出下限	
		b2	输出值超出上限	
		b3	输出值超出下限	
		b4～b15	保留	

【任务 11.2】　温度 PID 控制程序设计

11.2.1　项目描述

在电炉温度控制系统中，炉子由电加热器加热，炉子温度用热电偶检测，采用 FX_{2N}-4AD-TC 型模拟量的输入模块，PLC 的 CPU 检测到的温度与温度设定值进行比较，通过 PLC 的 PID 控制改变加热时间，从而实现对炉温的闭环控制。PID 控制时和自动调节时电加热器的动作情况如图 11-13 所示。自动调节能够自动设定动作方向、比例增益、积分时间、微分时间这些参数，使用自动调节功能能获得最佳的 PID 控制效果，有关控制参数的设定内容如表 11-10。

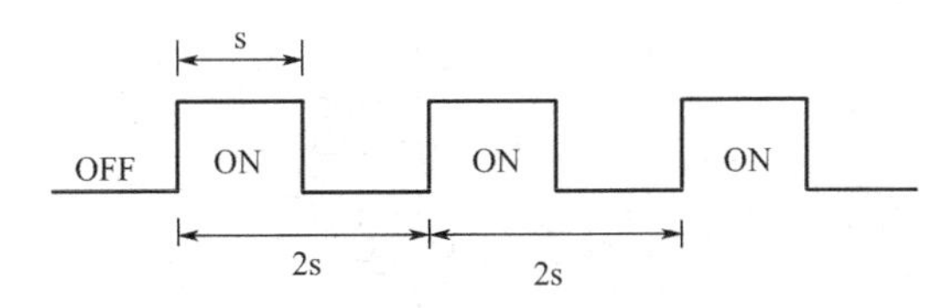

(a) PID控制时电加热器的动作状态

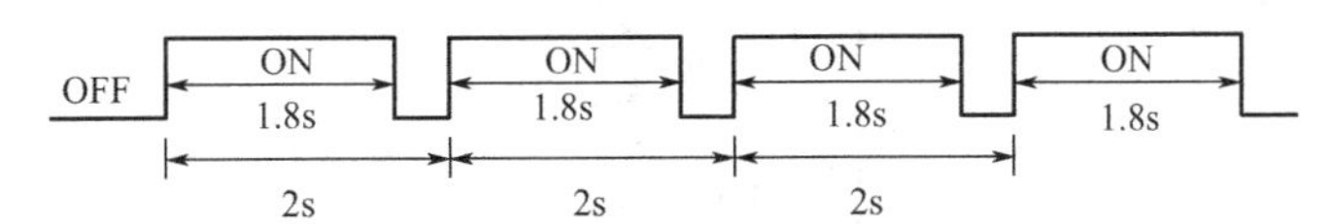

(b) PID控制自动调节时最大输出的90%时电加热器的动作状态

图 11-13　电加热器控制时序图

表 11-10　电炉加热参数设定表

类别	参数	自动调节中(设定值)	PID 控制中(设定值)
目标值	[S1·]	700(表示+70℃时)	700(表示+70℃时)
	采样时间[S3·]	300ms	500ms
	输入滤波[S3·]+2	70%	70%
	微分增益[S3·]+5	0	0
	输出值上限[S3·]+22	2000(2s)	2000(2s)

续表

类别	参数		自动调节中(设定值)	PID 控制中(设定值)
	输出值下限[S3・]+23		0	0
	动作方向(ACT)	输入变化量报警[S3・]+1 的 bit1	0(无)	0(无)
		输出变化量报警[S3・]+1 的 bit2	0(无)	0(无)
		输出值上下限设定[S3・]+1 的 bit5	1(有)	1(有)
输出值	[D・]		1800	根据运算

11.2.2 I/O 地址分配

输入和输出地址分配如表 11-11 所示。

表 11-11　I/O 分配表

输入信号			输出信号		
名称	代号	输入点编号	名称	代号	输出点编号
执行自动调节及PID 控制开关	S	X0	故障显示灯	HL	Y0
			加热器	R	Y1

11.2.3 PLC 接线图

PLC 接线图如图 11-14 所示。

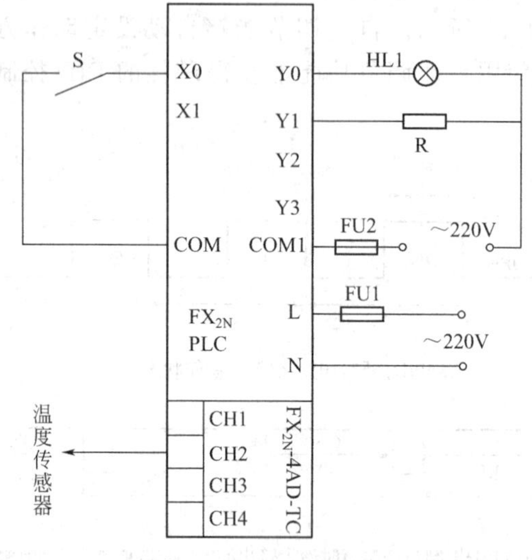

图 11-14　PLC 接线图

11.2.4 梯形图程序设计

根据项目控制要求和输入、输出点分配表，设计梯形图程序，参考梯形图程序如图 11-15 所示。

11.2.5 调试并运行程序

① 将编写好的梯形图程序输入到计算机；

② 搭接好温度 PLC 控制系统；

③ 将程序下载到 PLC；

④ 调试并运行程序。

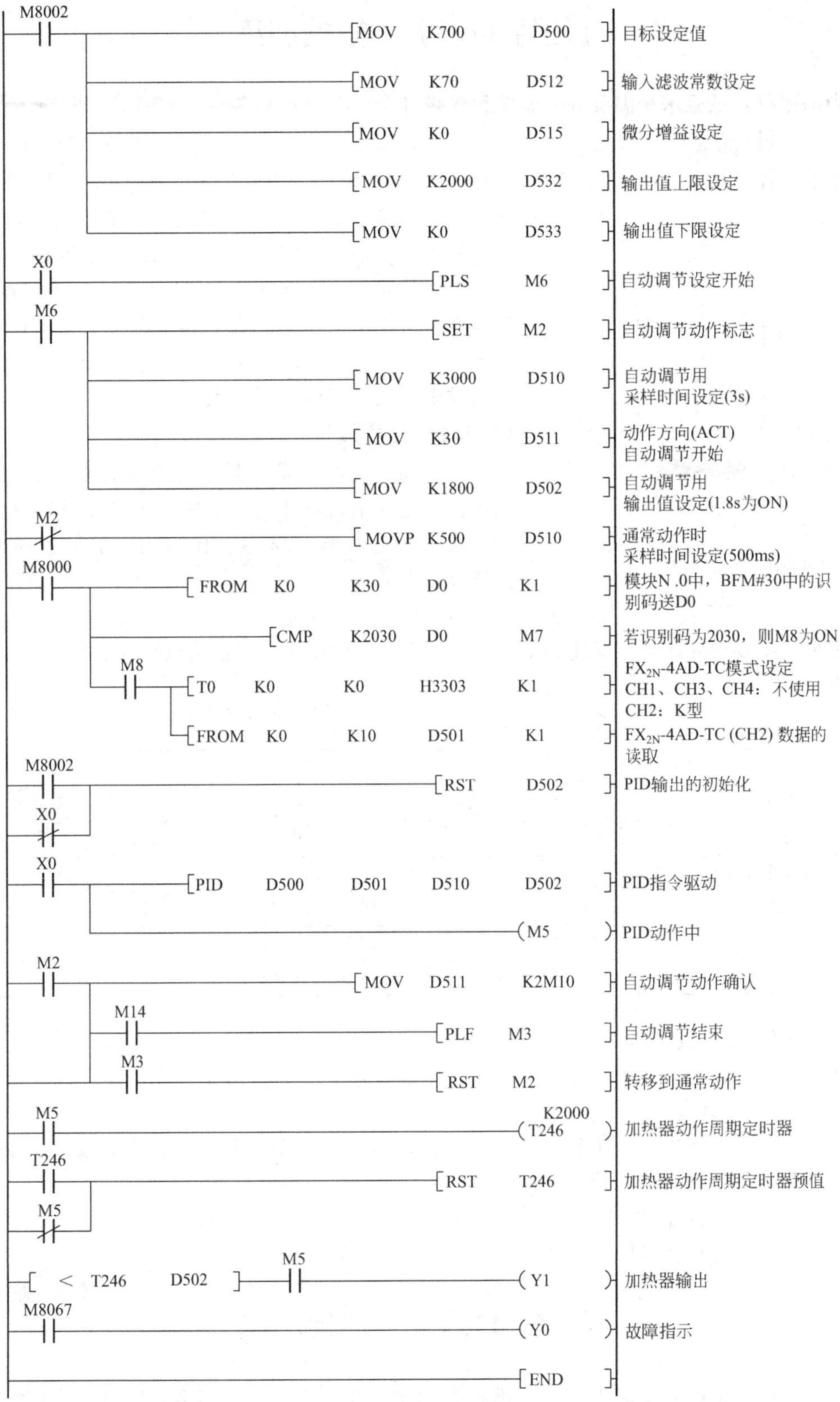

触点	指令	操作数	注释
M8002	MOV	K700　D500	目标设定值
	MOV	K70　D512	输入滤波常数设定
	MOV	K0　D515	微分增益设定
	MOV	K2000　D532	输出值上限设定
	MOV	K0　D533	输出值下限设定
X0	PLS	M6	自动调节设定开始
M6	SET	M2	自动调节动作标志
	MOV	K3000　D510	自动调节用 采样时间设定(3s)
	MOV	K30　D511	动作方向(ACT) 自动调节开始
	MOV	K1800　D502	自动调节用 输出值设定(1.8s为ON)
M2（常闭）	MOVP	K500　D510	通常动作时 采样时间设定(500ms)
M8000	FROM	K0　K30　D0　K1	模块N .0中，BFM#30中的识别码送D0
	CMP	K2030　D0　M7	若识别码为2030，则M8为ON
M8	T0	K0　K0　H3303　K1	FX_{2N}-4AD-TC模式设定 CH1、CH3、CH4：不使用 CH2：K型
	FROM	K0　K10　D501　K1	FX_{2N}-4AD-TC (CH2) 数据的读取
M8002 / X0（常闭）并联	RST	D502	PID输出的初始化
X0	PID	D500　D501　D510　D502	PID指令驱动
	OUT	(M5)	PID动作中
M2	MOV	D511　K2M10	自动调节动作确认
M14	PLF	M3	自动调节结束
M3	RST	M2	转移到通常动作
M5	OUT	(T246)　K2000	加热器动作周期定时器
T246 / M5（常闭）并联	RST	T246	加热器动作周期定时器预值
[< T246　D502]　M5	OUT	(Y1)	加热器输出
M8067	OUT	(Y0)	故障指示
	END		

图 11-15　温度 PLC 控制梯形图程序

【任务 11.3】 拓展训练

训练项目：试验水箱温度控制系统程序设计。

11.3.1 项目描述

本温度控制系统实现如图 11-16 所示的试验水箱进行恒温控制，采用 PID 闭环控制方式。通过电磁阀 SV1 控制冷水进入，电磁阀 SV2 控制热水流出，来加快水箱温度的变化。搅拌电机 M 可以试水温保持均匀，来保证铂电阻 TS 测温的准确度。加热器 R 用来加热，提高水温，其工作功率受 PID 调节。当水箱设备确定后，PID 参数主要受进出水流量、水箱水温设定温度、室内温度影响。

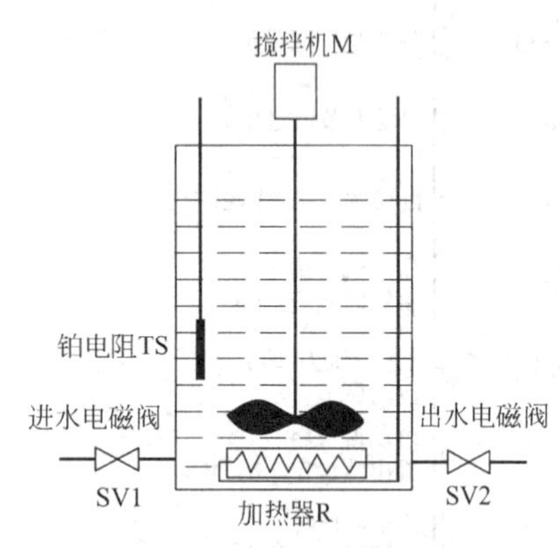

图 11-16 试验水箱温度控制系统示意图

11.3.2 程序设计

在明确了控制要求之后，开始进行程序设计。在程序设计过程中，教师适时掌握各小组完成任务情况，充分发挥教师主导、学生主体作用。学习活动内容、步骤及要求如下。

（1）I/O 地址分配

根据控制要求列出 I/O 分配表如表 11-12 所示，请在输入与输出点编号栏目中填入相应的继电器编号。

表 11-12 I/O 分配表

输入信号			输出信号		
名称	代号	输入点编号	名称	代号	输出点编号
系统启动按钮	SB1		搅拌电机 M	HL1	
系统停止按钮	SB2		加热器 R	HL2	
Pt100 铂电阻	TS		进水电磁阀 SV1	HL3	
			出水电磁阀 SV2	HL4	
			搅拌电机 M 的故障指示		

（2）画出 PLC 接线图

PLC 接线图是进行实物（系统）连接的基础，它主要指 PLC 的外部连接线路图。

（3）设计梯形图程序

梯形图程序设计是完成任务最重要的一步，学生可根据控制要求和前面给出的 I/O 分配表、PLC 接线图设计出梯形图程序。

（4）调试并运行程序

梯形图程序编写完成以后，即可对程序进行调试和运行。

【任务 11.4】 项目小结

本项目介绍了模拟量输入模块、模拟量输出模块、PID 运算指令，同时还介绍了温度 PID 控制程序设计。在进行项目小结时，注意记录项目的实施与完成情况，其内容主要包括以下两个方面。

11.4.1 基本要求

① 对本项目的知识点进行归纳和总结；
② 对温度 PID 控制项目进行描述；
③ 写出 I/O 分配表；
④ 画出 PLC 接线图；
⑤ 设计出梯形图程序；
⑥ 记录程序运行结果。

11.4.2 回答问题

① 什么是 PID 控制，它常用于什么控制系统中？
② 程序设计中遇到了哪些问题？你是如何解决的？
③ 有哪些收获与体会？

【考核内容与配分】

本项目主要考核学生对模拟量输入模块、模拟量输出模块、PID 运算指令等功能的掌握情况，同时考核学生对温度 PID 控制程序设计的能力。考核内容涵盖知识掌握、程序设计和职业素养三个方面。考核采取自评、互评和师评相结合的方法，具体考核内容与配分情况如表 11-13 所示。

表 11-13 考核内容与配分

考核项目	考核内容	配分	考核要求及评分标准	得分
知识掌握	模拟量模块的应用，PID 运算指令的功能与应用	30	熟悉指令功能，应用指令正确	
程序设计	I/O 地址分配	15	分析系统控制要求，正确完成 I/O 地址分配	
	安装与接线	15	正确绘制系统接线图 按系统接线图在模拟配线板上正确安装，操作规范	
	控制程序设计	15	按控制要求完成控制程序设计，梯形图正确、规范 熟练操作编程软件，将所编写的程序下载到 PLC	
	功能实现	15	按照被控设备的动作要求进行模拟调试，达到控制要求	
职业素养	6S 规范	10	正确使用设备，具有安全用电意识，操作符合规范要求 操作过程中无不文明行为、具有良好的职业操守 作业完成后清理、清扫工作现场	

【思考题与习题】

11-1 试编写模拟量输出程序段。将FX_{2N}-2DA与PLC基本单元连接，其占用的特殊功能模块号为NO.1，开通CH1通道为电压量输出通道，CH2通道为电流量通道，将(D0)送CH1，(D1)送CH2。

11-2 FX_{2N}系列PLC模拟量输入模块与模拟量输出模块的主要技术指标有哪些？二者使用上有何区别？有何共同点？

11-3 现有4点电压量模拟量输入信号，要求对它们进行采样，采样次数为50次，然后将通道CH1/CH2的平均值作为模拟量信号输出；将通道CH3的输入值与平均值之差，用绝对值表示，再放大5倍后，作为模拟量信号输出；对通道CH4的零点调整为0V，增益量调整为4.5V，并将其输入信号直接作为模拟量信号输出值输出。

项目 12　电梯 PLC 控制

【学习目标】

掌握 PLC 控制系统设计的基本原则、主要内容、设计步骤及 PLC 应用中应注意的几个问题，掌握电梯的基本工作原理、控制与使用方法。熟悉电梯的 PLC 控制梯形图程序设计；会搭接电梯控制系统并进行程序调试及运行。

【任务 12.1】　学习相关知识

前面叙述了一些应用项目，这里归纳一下 PLC 控制系统设计的基本原则、主要内容、设计的一般步骤及 PLC 应用中应注意的几个问题。

12.1.1　PLC 控制系统设计的基本原则与主要内容

(1) 设计的基本原则

任何一种控制系统的设计都要以满足生产设备或生产过程的工艺要求、提高生产效率和产品质量为目的，并保证系统安全、稳定、可靠运行。因此，在设计 PLC 控制系统时，应遵循以下基本原则。

① 控制系统应满足生产设备和生产过程对产品加工质量以及生产效率的要求。

② 控制系统应最大限度地满足被控对象的控制要求，并保证安全、稳定、可靠地工作。

③ 在满足控制要求的前提下，力求使控制系统简单、经济，并且使用与维修方便。

④ PLC 的机型选择除了满足相关技术指标的要求外，还应考虑该公司产品的技术支持与售后服务等情况。

⑤ 考虑到生产规模的扩大和工艺的改进，在选配 PLC 硬件设备时应留有一定的余量。

值得一提的是，对于不同用户的要求，设计的原则应有所不同。如果以提高产品质量和安全为主要目的，则应将系统的可靠性作为设计的重点，甚至要考虑采用冗余控制系统；如果系统是为了改善通信功能和进行信息管理，则应强化系统的通信能力和总线的网络化设计。

(2) 设计的主要内容

PLC 控制系统是由 PLC 与用户输入、输出设备连接而成的具有一定控制目的和功能的系统，因此，设计的主要内容包括以下几个方面。

① 根据生产设备或生产过程的工艺要求，以及所提出的各项控制指标与经济预算，先对方案进行总体设计，确定系统的工作方式，如是手动、半自动还是全自动；是单机运行还是多机连线运行等。

② 根据控制要求，确定 I/O 点数和模拟量通道数，进行 I/O 点的初步分配，绘制 PLC 外部接线图。

③ 进行 PLC 系统配置设计。因 PLC 是 PLC 控制系统的核心部件，正确选择 PLC 对于保证整个控制系统的技术经济性能指标起着重要的作用。选择 PLC 主要从机型、容量和 I/O 模块等方面综合考虑。

④ 选择用户输入设备（按钮、操作开关、限位开关、传感器等）、输出设备（继电器、接触器、信号灯等执行元件）以及由输出设备驱动的控制对象（电动机、电磁阀等），这些设备属于一般元件，具体选择方法在本书前面有关项目中已做介绍。

⑤ 设计控制程序。在深入了解和掌握控制要求、控制基本方式和要完成的动作、自动工作循环的组成、必要的保护和连锁等方面的情况之后，对比较复杂的控制系统，可用状态流程图的形式全面表达出来。必要时还可将控制任务分成几个独立的部分，这样可以简化复杂冗长的程序，有利于程序的调试。程序设计主要包括绘制系统流程图、设计梯形图和编制语句表程序清单。控制程序是保证系统工作正常、安全、可靠的关键，因此，设计的控制程序必须经过反复调试、修改、直到满足要求为止。

⑥ 编制控制系统的技术文件。包括说明书、电气图及电气元件明细表。传统的电气图一般包括电气原理图、电器布置图及电气安装图。在PLC控制系统中，这一部分图统称为“硬件图”，它在传统电气图的基础上加了PLC部分，因此在电气原理图中应增加PLC的I/O连接图。

另外，在PLC控制系统中的电气图中还应包括程序图（梯形图），通常称它为“软件图”。向用户提供“软件图”，可方便用户在生产发展或工艺改进时修改程序，并有利于用户在维修时分析和排除故障。

12.1.2 PLC控制系统设计的一般步骤

PLC控制系统设计的一般步骤，主要可分为控制系统总体设计、硬件设计、软件设计、系统调试和编程技术文件等环节，如图12-1所示。

（1）明确控制要求

在进行控制系统总体设计前，设计者必须深入生产现场，会同现场技术与操作人员，认真研究控制对象的工作原理，充分了解设备、工艺过程需要实现的动作和应具备的功能，掌握设备中各种执行元件的性能与参数，以便有效地开展后面的设计工作。在熟悉了控制对象的结构、原理及工艺过程的基础上，根据工艺过程的特点和要求分析控制要求，拟定控制系统设计的技术条件。技术条件一般以设计任务的形式给出，它是系统设计的依据。

（2）选择控制方案

继电接触器控制系统、PLC控制系统和微机控制系统是现代机电设备及生产过程常用的控制方式。究竟选择哪一种控制方式更合适，这就需要通过对系统的可靠性、技术的适用性、经济的合理性等方面进行比较论证，最后确定系统控制方案。如果选择PLC控制系统，应从以下方面进行考虑。

① 输入信号较多，且以开关量为主，也可有少量模拟量。

② 控制对象工艺过程比较复杂，逻辑设计部分用继电接触器控制难度较大。

③ 有工艺变化或控制系统扩充的可能性。

④ 现场处于工业环境，又要求控制系统具有较高的可靠性。

⑤ 系统调试比较方便，能在现场进行。

（3）控制系统总体设计

控制系统总体设计应先根据控制的要求与功能确定系统实现的具体措施，再由此确定系统的总体结构与组成，如选择PLC的机型、人机界面、伺服驱动器和调速装置等。

（4）选择PLC机型

PLC机型的选择包括PLC的结构、I/O点数、内存容量、响应时间、输入输出模块及特殊功能模块的选择等。

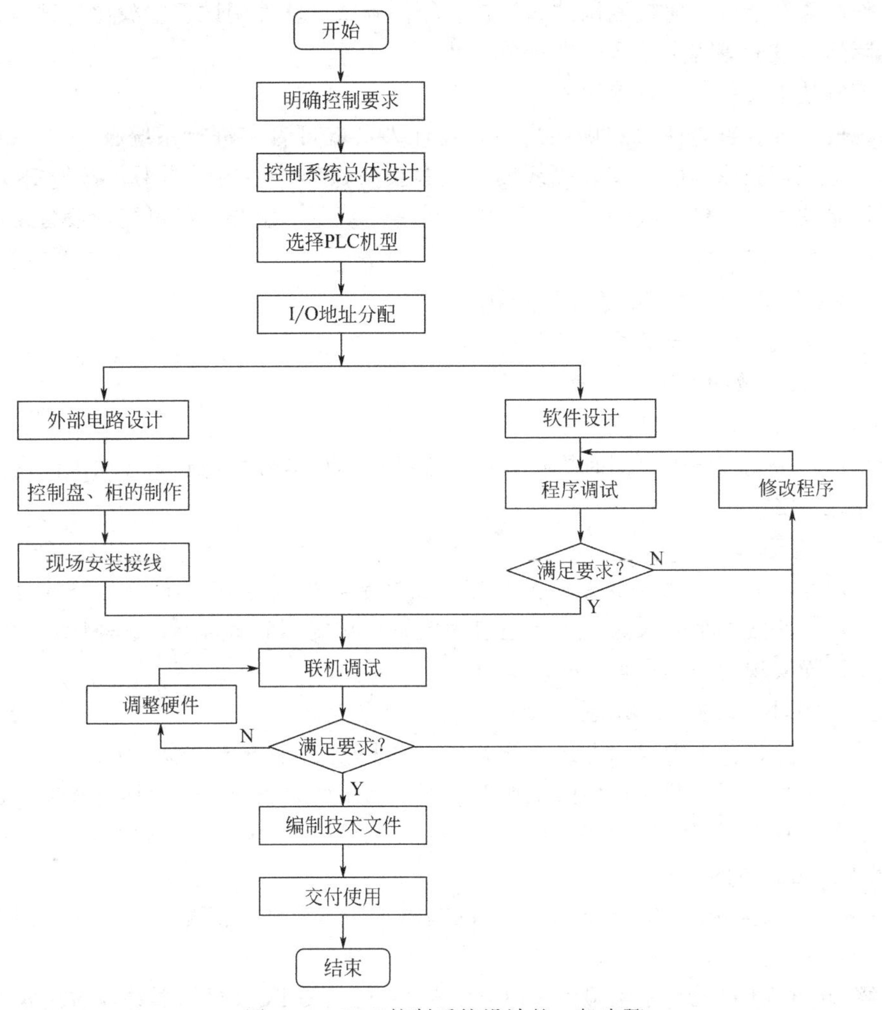

图 12-1　PLC 控制系统设计的一般步骤

(5) 选择输入输出设备，分配 I/O 地址

根据被控对象确定用户所需的输入、输出设备，如控制按钮、行程开关、传感器、接触器、电磁阀、信号灯等的型号、规格及数量；根据所选 PLC 的型号列出输入、输出设备与 PLC 的 I/O 地址分配表，以便绘制 PLC 外部 I/O 接线图和编制程序。

(6) 硬件设计

硬件设计是在系统总体设计完成后的技术设计，包括对 PLC 的 I/O 电路、负载回路、显示电路、故障保护电路和电源的引入及控制等的设计。同时，根据 PLC 的安装要求与现场的环境条件，结合所设计的电气控制原理图、电器安装布置图和安装接线图完成控制盘、柜的制作。

(7) 软件设计

软件设计就是编制用户应用程序、确定 PLC 及功能模块的设定参数等。软件设计应在硬件设计的基础上，充分利用 PLC 强大的指令系统，编制符合设备控制要求的用户应用程序，并使软件与硬件有机结合，以获得较高的可靠性和性价比。

(8) 联机调试

PLC 的联机调试是检查、优化系统软硬件设计，提高系统可靠性的重要步骤，为了确保调试工作的顺利进行，应按照调试前检查、硬件调试、软件调试、空载运行试验、可靠性试验、实际运行试验等规定的步骤进行。

（9）编制技术文件，交付使用

在系统的安全、可靠性得到确认之后，设计人员就可着手进行系统技术文件的编制工作，如修改电气控制原理图、安装接线图，编写设备操作、使用说明书，备份PLC用户程序，进行记录调整、设定参数等。技术文档的编写应规范、系统，尽可能为设备使用者以及日后的维修工作提供方便。

12.1.3 PLC应用中应注意的几个问题

（1）节省输入、输出点的技巧

① 减少输入点数的方法

• 分组输入。

自动程序与手动程序不会同时执行，可考虑把这两种信号叠加起来按照不同的控制状态要求分组输入PLC。

• 触点合并输入。

如一个两地启动，三地停止的继电器-接触器控制。在该为PLC控制电路的时候，可将三地停止按钮串联接一个输入点，将两地启动按钮并联接一个输入点，这样所占用的输入点数大大减少。而实现的功能完全一样。

• 充分利用PLC的内部功能。

利用转移指令在一个输入端上接一开关，作为手动/自动方式转换开关。

运用转移指令可将手动和自动操作加以区别。利用计数指令或者位移寄存器，也可利用交替输出指令实现单按钮的启动和停止。

② 减少输出点数的方法

• 通断状态完全相同的负载，在PLC的输出点功率允许的情况下可并联于同一输出端点，即一个输出端点带多个负载。

• 当有m个BCD码显示器显示PLC数据时，可以使BCD显示器并联占用4个输出端点，即一个输出点带多个负载。

• 某些控制逻辑简单，而又不参加工作循环，或者在工作循环开始之前必须启动的电器可以不通过PLC控制。

（2）安装布线时要注意的问题

① PLC的基本单元和扩展单元之间要留30mm以上的空间，与其他电器之间要留200mm左右的间隙。

② 远离高压电源线和高压设备，与高压电源线和高压设备至少要隔200mm以上的距离。

③ 远离发热源，必要时安装风扇。

④ 远离有可能产生电弧的开关或设备。

⑤ PLC与强电设备最好分别接地，接地线的截面积应大于2mm^2，接地点与PLC的距离应小于50m。

（3）PLC的维护与故障诊断

PLC的可靠性很高，维护工作量极少，出现故障时可通过其发光二极管迅速查明原因，给予排除。但是要通过加强日常维护和定期检查，确保PLC安全、长时间、稳定运行。PLC的故障诊断可参考相关说明书。

【任务12.2】　电梯PLC控制程序设计

12.2.1　项目描述

电梯控制模型示意图如图12-2所示。电梯所停楼层由平层开关检测，对应层的开关闭合，表示电梯停在该层，并用数码显示。在基本训练中，只要求电梯能够根据电梯厢外的呼楼要求，将电梯运行到该楼层。用实训装置上的电梯模块进行模拟控制。

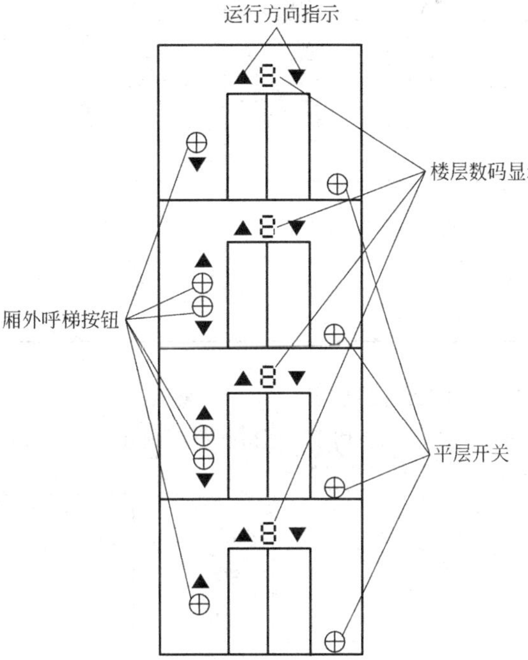

（1）电梯上升

① 电梯停于某层时，当有高层某一信号呼叫时，电梯上升到呼叫层停止。例如电梯停在1楼，4楼呼叫，电梯则上升到4楼停止。

② 电梯停于某层，当高层有多个信号同时呼叫时，电梯先上升到低的呼叫层，停3s后继续上升到高的呼叫层。例如电梯停在1楼，2、3、4楼同时呼叫，电梯先上升到2楼，停3s后继续上升到3楼，再停3s后继续上升到4楼停止。

（2）电梯下降

① 电梯停于某层时，当有低层某一信号呼叫时，电梯下降到呼叫层停止。例如电梯停在4楼，1楼呼叫，电梯则下降到1楼停止。

② 电梯停于某层，当低层有多个信号同时呼叫时，电梯先下降到高的呼叫层，停3s后继续下降到低的呼叫层。例如电梯停在4楼，1、2、3楼同时呼叫，电梯先下降到3楼，停3s后继续下降到2楼，再停3s后继续下降到1楼停止。

③ 电梯在上升过程中，任何反向的呼叫按钮均无效。

④ 电梯在下降过程中，任何反向的呼叫按钮均无效。

⑤ 用数码管显示电梯的即时楼层位置。

图12-2　电梯控制模型示意图

12.2.2　I/O地址分配

输入和输出地址分配如表12-1所示。

表12-1　I/O分配表

输入信号			输出信号		
名称	代号	输入点编号	名称	代号	输出点编号
一层平层开关	SQ1	X0	数码管A段显示	A	Y0
二层平层开关	SQ2	X1	数码管B段显示	B	Y1
三层平层开关	SQ3	X2	数码管C段显示	C	Y2
四层平层开关	SQ4	X3	数码管D段显示	D	Y3

续表

输入信号			输出信号		
名称	代号	输入点编号	名称	代号	输出点编号
一层向上呼叫按钮	SB1	X4	数码管E段显示	E	Y4
二层向上呼叫按钮	SB2	X5	数码管F段显示	F	Y5
三层向上呼叫按钮	SB3	X6	数码管G段显示	G	Y6
四层向下呼叫按钮	SB4	X7	电梯向上运行	KM1	Y10
三层向下呼叫按钮	SB5	X10	电梯向下运行	KM2	Y11
二层向下呼叫按钮	SB6	X11	一层向上呼叫指示	HL1	Y12
			二层向上呼叫指示	HL2	Y13
			三层向上呼叫指示	HL3	Y14
			四层向下呼叫指示	HL4	Y15
			三层向下呼叫指示	HL5	Y16
			二层向下呼叫指示	HL6	Y17

12.2.3 PLC接线图

根据控制要求和I/O分配表，画出PLC接线图如图12-3所示。

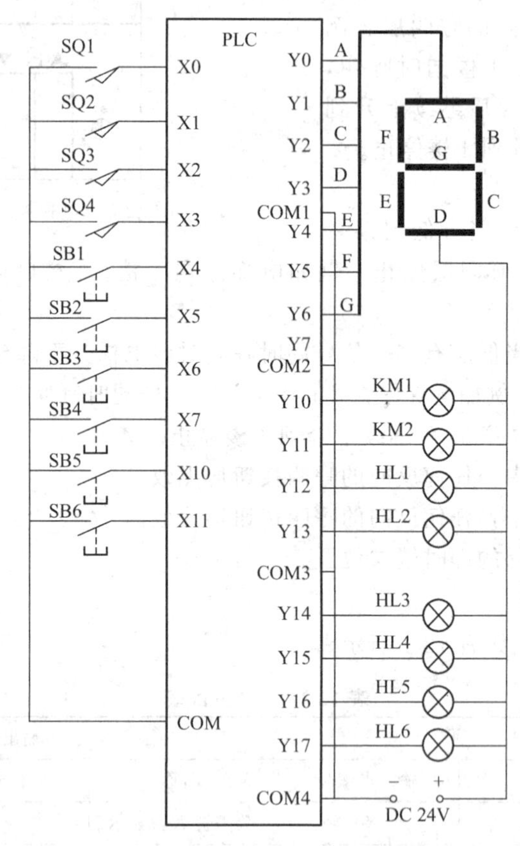

图12-3 PLC接线图

12.2.4 程序设计

根据电梯控制要求和I/O分配表，设计出参考梯形图程序如图12-4所示。

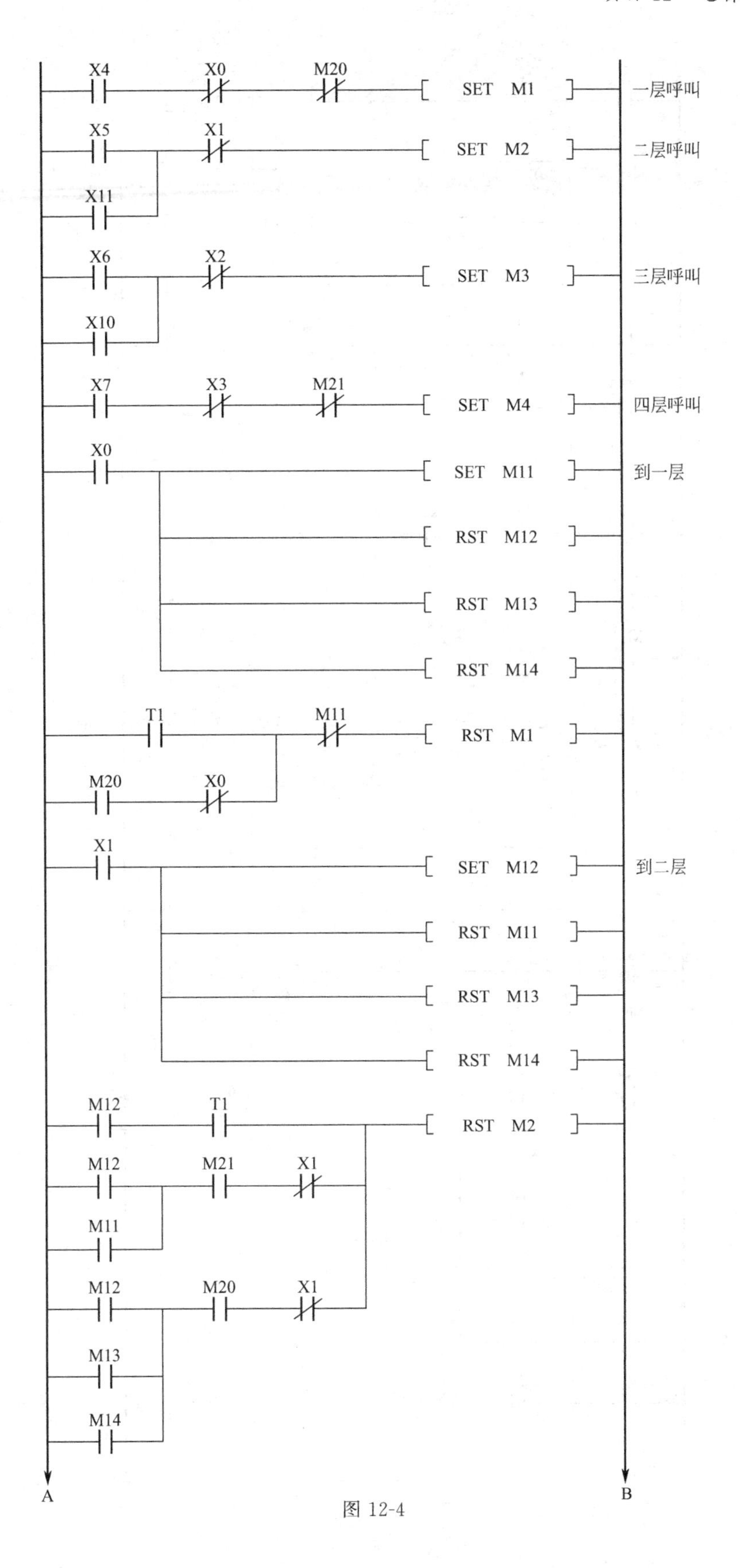
X4
X0
M20
SET M1
一层呼叫
X5
X1
SET M2
二层呼叫
X11
X6
X2
SET M3
三层呼叫
X10
X7
X3
M21
SET M4
四层呼叫
X0
SET M11
到一层
RST M12
RST M13
RST M14
T1
M11
RST M1
M20
X0
X1
SET M12
到二层
RST M11
RST M13
RST M14
M12
T1
RST M2
M12
M21
X1
M11
M12
M20
X1
M13
M14
A
B

图 12-4

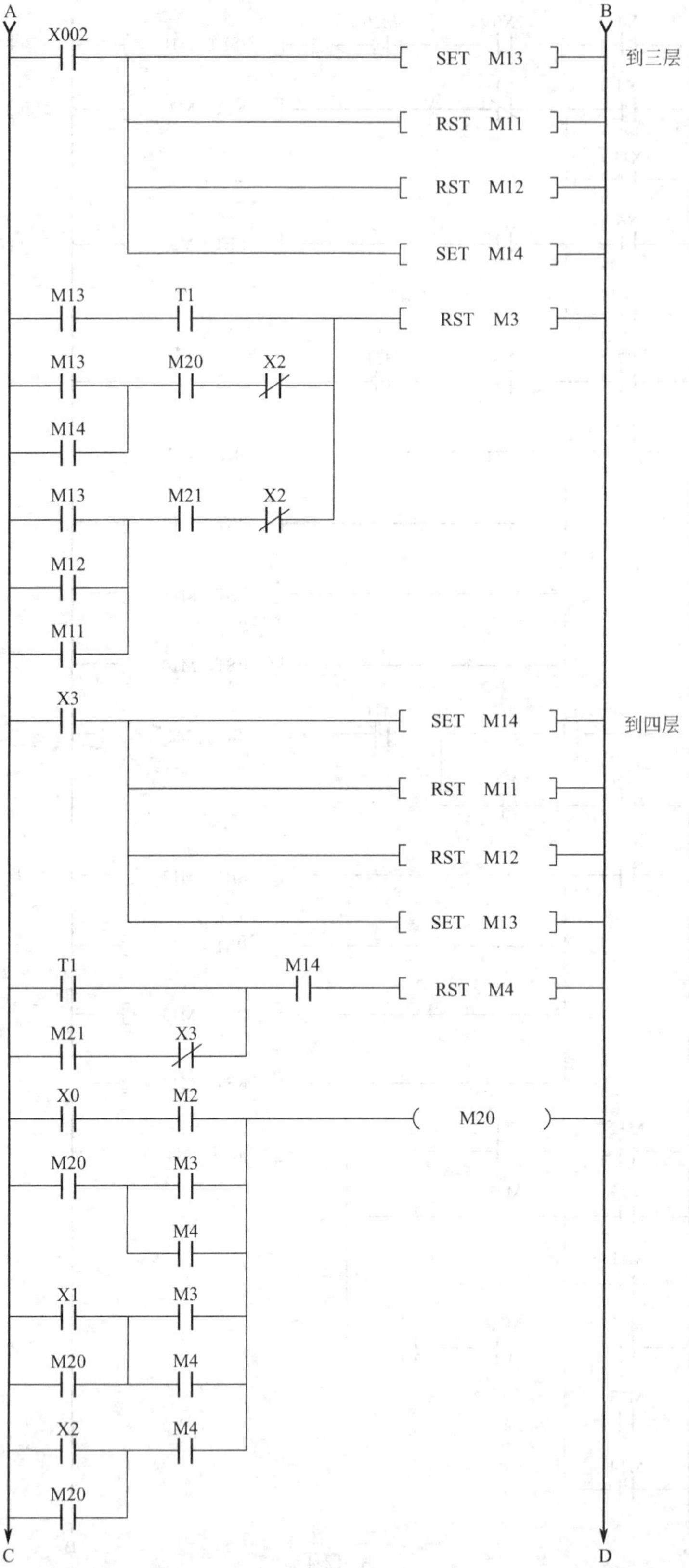

A B

X002 [SET M13] 到三层

[RST M11]

[RST M12]

[SET M14]

M13 T1 [RST M3]

M13 M20 X2

M14

M13 M21 X2

M12

M11

X3 [SET M14] 到四层

[RST M11]

[RST M12]

[SET M13]

T1 M14 [RST M4]

M21 X3

X0 M2 (M20)

M20 M3

M4

X1 M3

M20 M4

X2 M4

M20

C D

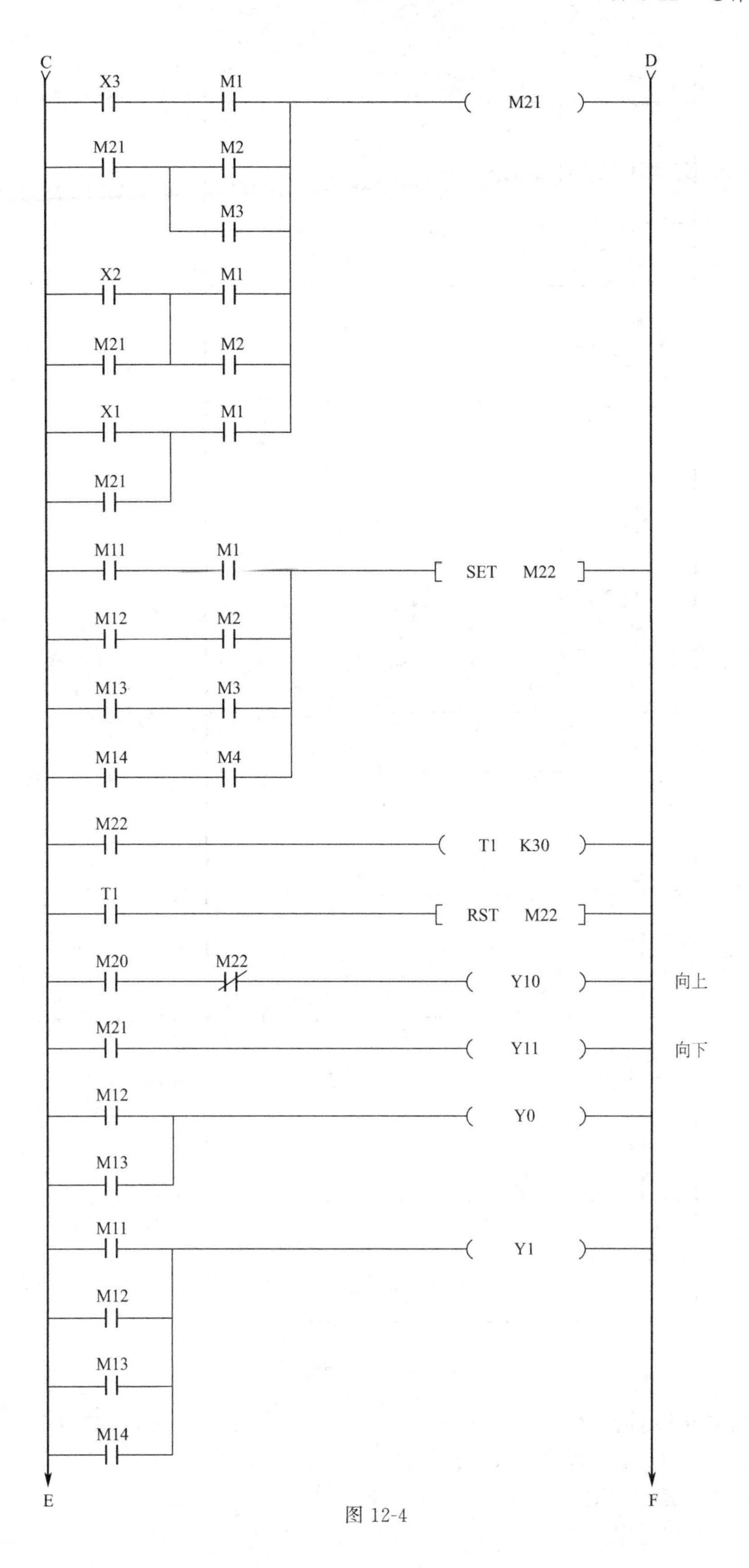
C
D
X3
M1
M21
M21
M2
M3
X2
M1
M21
M2
X1
M1
M21
M11
M1
SET M22
M12
M2
M13
M3
M14
M4
M22
T1 K30
T1
RST M22
M20
M22
Y10
向上
M21
Y11
向下
M12
Y0
M13
M11
Y1
M12
M13
M14
E
F

图 12-4

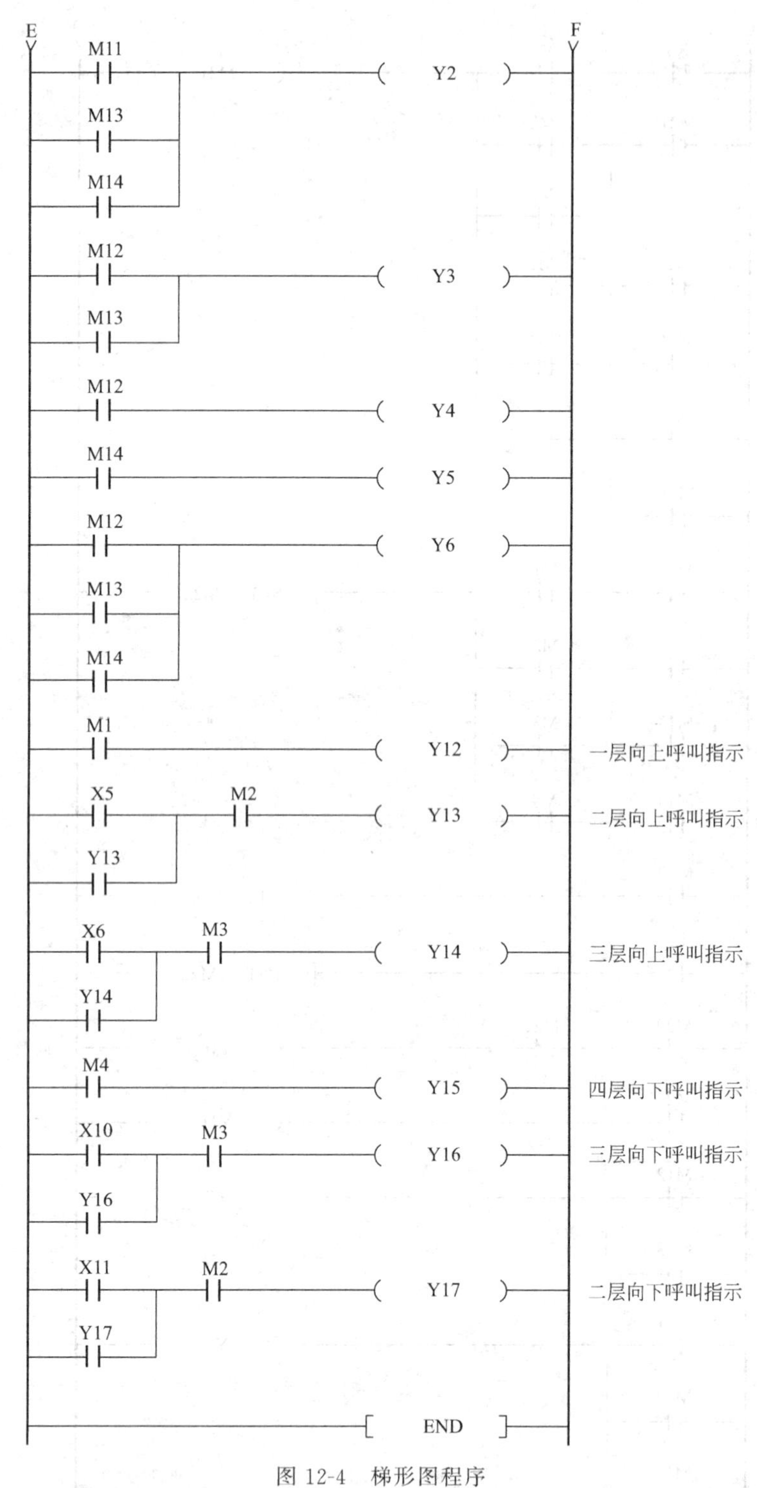

图 12-4 梯形图程序

12.2.5 调试并运行程序

① 将编写好的梯形图程序输入到计算机；

② 将程序下载到 PLC；

③ 调试并运行程序。

【任务 12.3】　拓展训练

训练项目：抢答器 PLC 控制程序设计。

12.3.1　项目描述

某企业承担了电视台抢答器设计任务。当系统通电后，主持人在总控制台上按下“开始”按钮后，允许各队人员开始抢答，即各队抢答按钮有效；抢答过程中，1～4 队中的任何一队抢先按下各自的抢答按钮后，该队指示灯点亮，数码管显示当前的队号，并且其他队的人员继续抢答无效；一个题目回答完毕后，主持人按下“复位”按钮，抢答器恢复原始状态，为第二轮抢答做好准备。项目给出的 I/O 分配表如表 12-2 所示，PLC 接线图如图 12-5 所示，请根据控制要求进行 PLC 程序设计并调试。

表 12-2　I/O 分配表

输入信号			输出信号		
名称	代号	输入点编号	名称	代号	输出点编号
主持人开始按钮	SB0	X0	1 队指示灯	L1	Y0
1 队抢答按钮	SB1	X1	2 队指示灯	L2	Y1
2 队抢答按钮	SB2	X2	3 队指示灯	L3	Y2
3 队抢答按钮	SB3	X3	4 队指示灯	L4	Y3
4 队抢答按钮	SB4	X4	A 段数码显示	A	Y4
主持人复位按钮	SB5	X5	B 段数码显示	B	Y5
			C 段数码显示	C	Y6
			D 段数码显示	D	Y7
			E 段数码显示	E	Y10
			F 段数码显示	F	Y11
			G 段数码显示	G	Y12

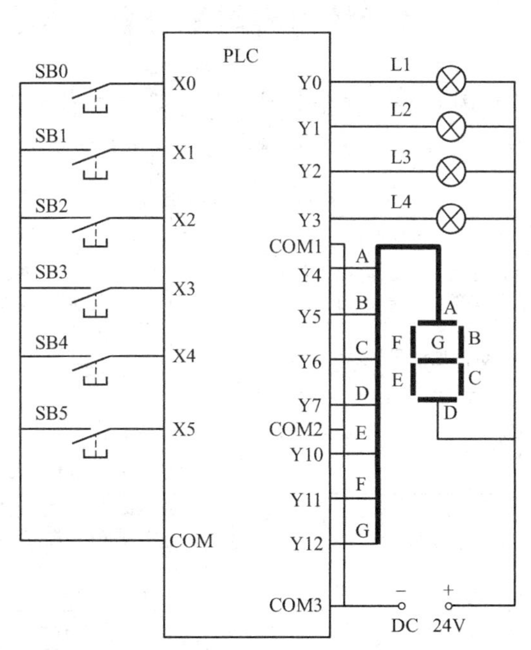

图 12-5　PLC 接线图

12.3.2 梯形图程序设计

（1）设计出梯形图程序

梯形图程序设计是完成任务最重要的一步，学生可根据控制要求和前面给出的I/O分配表、PLC接线图进行设计。

（2）运行和调试程序

梯形图程序编写完成以后，即可对程序进行调试和运行。

【任务12.4】 项目小结

项目小结主要是学生对本项目所包含的知识点进行归纳和总结，同时记录项目的实施与完成情况，特别强调写实。其内容主要包括以下两个方面。

12.4.1 基本要求

① 对电梯PLC控制项目进行描述；

② 简述程序设计的基本步骤；

③ 写出I/O分配表；

④ 画出PLC接线图；

⑤ 设计出梯形图程序；

⑥ 记录程序运行结果。

12.4.2 回答问题

① 对于当前的楼层与呼叫层的判断，除采用所提供的参考梯形图中的方法外，利用应用指令设计自己的判断程序。

② 程序设计中遇到了哪些问题？你是如何解决的？

③ 有哪些收获与体会？

【考核内容与配分】

本项目主要考核学生对PLC控制系统设计原则、设计内容和设计步骤的掌握情况，考核学生对电梯PLC控制程序的设计能力，具体考核内容与配分情况如表12-3所示。

表12-3 考核内容与配分

<table>
<tr><th>考核项目</th><th>考核内容</th><th>配分</th><th>考核要求及评分标准</th><th>得分</th></tr>
<tr><td>知识掌握</td><td>PLC控制系统程序设计原则、设计步骤及主要设计内容</td><td>30</td><td>掌握PLC控制系统程序设计原则、设计步骤、主要设计内容</td><td></td></tr>
<tr><td rowspan="4">程序设计</td><td>I/O地址分配</td><td>15</td><td>分析系统控制要求，正确完成I/O地址分配</td><td></td></tr>
<tr><td>安装与接线</td><td>15</td><td>正确绘制系统接线图
按系统接线图在模拟配线板上正确安装，操作规范</td><td></td></tr>
<tr><td>控制程序设计</td><td>15</td><td>按控制要求完成控制程序设计，梯形图正确、规范
熟练操作编程软件，将所编写的程序下载到PLC</td><td></td></tr>
<tr><td>功能实现</td><td>15</td><td>按照被控设备的动作要求进行模拟调试，达到控制要求</td><td></td></tr>
</table>

续表

考核项目	考核内容	配分	考核要求及评分标准	得分
职业素养	6S规范	10	正确使用设备，具有安全用电意识，操作符合规范要求 操作过程中无不文明行为、具有良好的职业操守 作业完成后清理、清扫工作现场	

【思考题与习题】

12-1　PLC控制系统程序设计有哪些基本步骤？

12-2　对于当前的楼层与呼叫层的判断，除采用所提供的参考梯形图中的方法外，请利用应用指令设计自己的判断程序。

12-3　三台电动机相隔5s启动，各运行10s停止，循环往复。请设计梯形图程序达到控制要求。

12-4　图12-6为8站小车的呼叫控制示意图，表12-4为对应的I/O分配表。控制要求如下：车所停位置号小于呼叫号时，小车右行到呼叫号处停下；车所停位置号大于呼叫号时，小车左行到呼叫号处停下；车所停位置号等于呼叫号时，小车停止不动；小车运行时，呼叫无效；具有右行左行指示、原地不动指示；具有小车行走位置的七段数码管显示，试设计梯形图程序。（注：采用触点型比较指令）

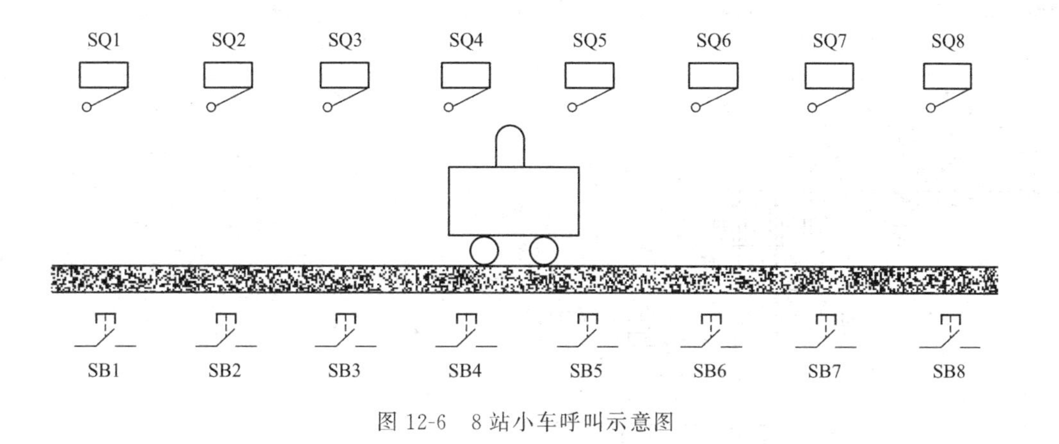

图12-6　8站小车呼叫示意图

表12-4　I/O分配表

输入信号			输出信号		
名称	代号	输入点编号	名称	代号	输出点编号
1号位呼叫按钮	SB1		正转	KM1	
2号位呼叫按钮	SB2		反转	KM2	
3号位呼叫按钮	SB3		左行指示灯	HL1	
4号位呼叫按钮	SB4		右行指示灯	HL2	
5号位呼叫按钮	SB5		七段数码管a	a	

续表

输入信号			输出信号		
名称	代号	输入点编号	名称	代号	输出点编号
6 号位呼叫按钮	SB6		七段数码管 b	b	
7 号位呼叫按钮	SB7		七段数码管 c	c	
8 号位呼叫按钮	SB8		七段数码管 d	d	
1 号位限位开关	SQ1		七段数码管 e	e	
2 号位限位开关	SQ2		七段数码管 f	f	
3 号位限位开关	SQ3		七段数码管 g	g	
4 号位限位开关	SQ4				
5 号位限位开关	SQ5				
6 号位限位开关	SQ6				
7 号位限位开关	SQ7				
8 号位限位开关	SQ8				

12-5 某台电动机启动时采用降压启动，停车采用电动机 Y 接法能耗制动。Y-△降压启动和能耗制动都采用时间控制原则，即 Y 启动 5s 后自动切换至△运行；按下停止按钮后，系统开始能耗制动，4s 后自动切除电源。图 12-7 为主电路图，图 12-8 为 PLC 接线图，表 12-5 为 I/O 分配表，请根据控制要求设计梯形图程序。

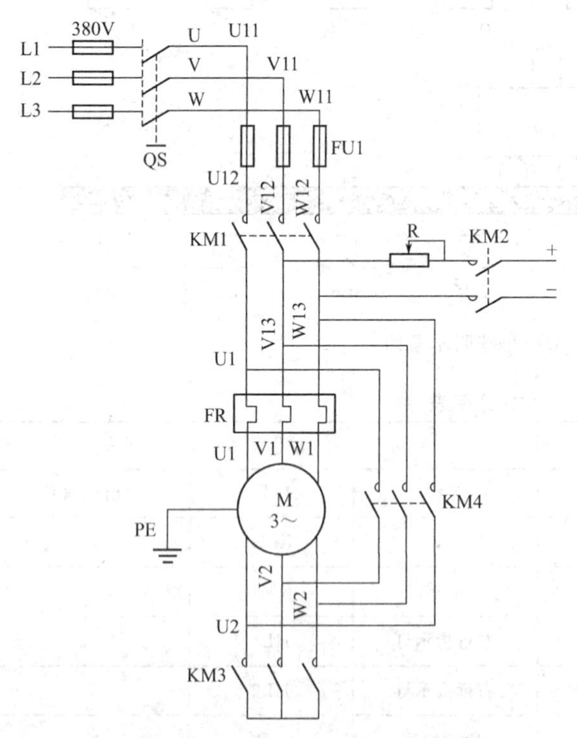

图 12-7 Y-△降压启动能耗制动主电路

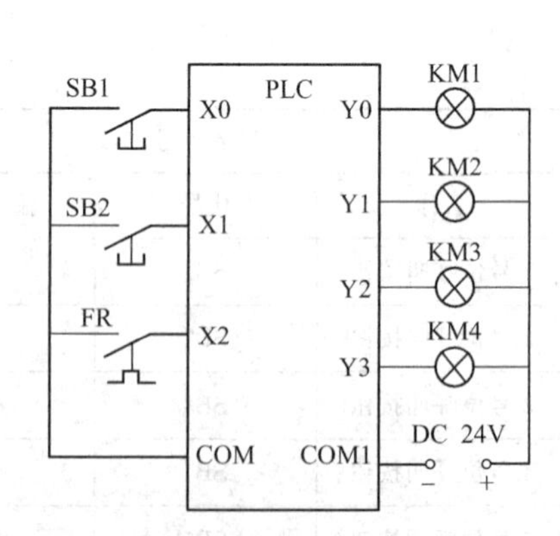

图 12-8 PLC 接线图

表 12-5　I/O 分配表

输入信号			输出信号		
名称	代号	输入点编号	名称	代号	输出点编号
启动按钮	SB1	X0	主交流接触器	KM1	Y0
停止按钮	SB2	X1	制动交流接触器	KM2	Y1
热继电器	FR	X2	星形交流接触器	KM3	Y2
			三角形交流接触器	KM4	Y3

*项目 13　FX_{2N}系列 PLC 通信技术

【学习目标】

掌握串并行通信、同步与异步通信、单双工通信、传输速率与传输介质、串行通信接口标准以及通信协议等基本知识；熟悉常用通信器件及其使用，熟悉 FX_{2N}系列 PLC 的通信形式；会进行多台 PLC 通信的参数设置与连接。

【任务 13.1】　网络通信的基本知识

13.1.1　数据通信基础

PLC 通信是指 PLC 与计算机、PLC 与 PLC 之间以及 PLC 与外部设备之间的信息交换。PLC 通信的目的是要将多个远程 PLC、计算机及外部设备进行互连，进行数据信息的传输、处理和交换，用户既可以通过计算机对多台 PLC 设备进行监视和控制，也可实现多台 PLC 之间的联网，还可以直接用 PLC 对外部设备进行通信控制。

13.1.1.1　并行通信与串行通信

（1）并行通信

并行数据通信是以字（16 位二进制数）或字节（8 位二进制数）为单位的数据传输方式，数中各位是同时进行传送的。除了地线外，n 位就必须要用 n 根线。其优点是传送速度快，但所需传输线的根数多，成本高，一般用于近距离的数据传输，例如 PLC 和扩展模块之间或近距离智能模块之间的数据传输。

（2）串行通信

串行数据通信以二进制的位（bit）为单位，每次只传送一位，除了地线外，在一个数据传输方向上只需要一根数据线，这根线既作为数据线又作为通信联络控制线，数据线信号和联络信号在这根线上按位进行传输。串行通信需要的传输线少，最少的只要两三根线，适用与距离较远的场合。计算机和 PLC 都有通用的串行通信接口，例如 RS-232 或 RS-485 接口，PLC 与计算机之间、多台 PLC 之间和 PLC 与外围设备之间一般使用串行通信。

13.1.1.2　同步通信与异步通信

在串行通信中，通信的速率与时钟脉冲有关，接收方和发送方的传送速率应相同，但是实际的发送速率与接收速率之间总有一些微小的差别，如果不采取措施，在连续传输大量的信息时，将会因积累误差造成错位，使接收方收到错误的信息。为解决这一问题，需要使发送和接收同步。按同步方式的不同，可将串行通信分为同步传送和异步传送。

（1）同步传送

同步传送以字节为单位（一个字节由 8 位二进制数组成），每次传送 1～2 个同步字符、若干个数据字节和校验字符。同步字符起联络作用，用它来通知接收方开始接收数据。在同步通信中发送方和接收方要保持完全的同步，这意味着发送方和接收方应使用同一个时钟脉冲。可以通过调制解调的方式在数据流中提取出同步信号，使接收方得到与发送方同步的接收时钟信号。

由于同步通信方式不需要在每个数据字符中加起始位、停止位和奇偶校验位，只需要在数据块（往往很长）之前加一两个同步字符，所以传输效率高，但是对硬件的要求较高，一般用于高速通信。

(2) 异步传送

异步传送是指在数据传送过程中，发送方可以在任意时刻传送字串，两个字串之间的时间间隔是不固定的。接收方必须时刻做好接收的准备。但在传送一个字串（也叫一帧）时所有的比特位是连续发送的。发送端可以在任意时刻开始发送字符，但必须在每一个字符的开始和结束的地方加上标志，即加上起始位、停止位和奇偶校验位，以便使接收端能够正确地将每一个字符接收下来。其通信格式如图13-1所示。

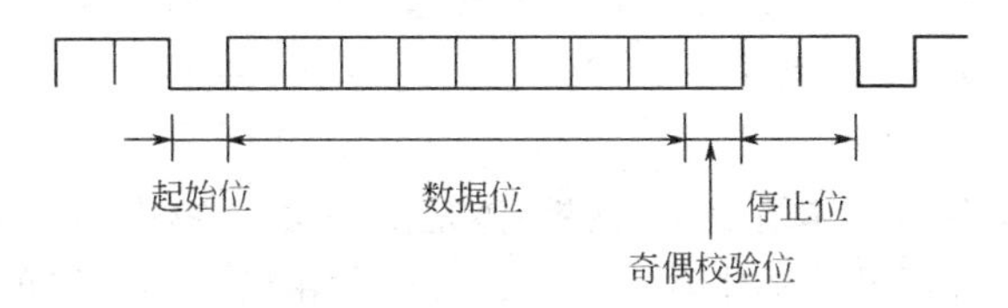

图13-1　异步通信的信息格式

异步通信传送附加的非有效信息较多（因为起始位、停止位和奇偶校验位所占比例较大)，它的传输效率较低，但通信方式简单可靠，成本低，容易实现。一般用于低速通信，这种通信方式广泛用于PLC系统中。

13.1.1.3　单工通信与双工通信

在串行通信中，按照数据流传送的方向可分成三种基本的传送方式：单工、半双工和全双工。

(1) 单工通信方式

单工通信方式只能沿单一方向发送或接收数据。即发送端只能发送，接收端只能接收(如图13-2)。如遥控遥测、打印机、条码机等。单工方式在PLC中很少采用。

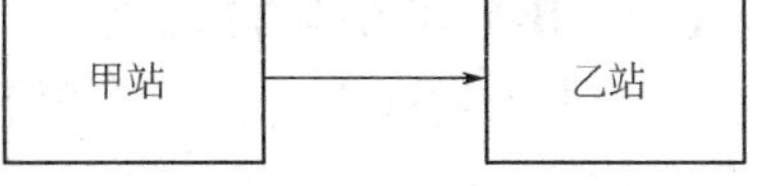

图13-2　单工方式

(2) 半双工通信方式

半双工通信方式用同一组数据线接收和发送数据，通信的双方在同一时刻只能发送数据或接收数据（如图13-3)。如在日常生活中，保安所用的对讲机就是半双工通信方式。

(3) 全双工通信方式

全双工通信方式中的发送和接收分别由两根或两组不同的数据线传输，通信的双方都能同时接收和发送信息，如图13-4所示。

在PLC通信中，半双工方式和全双工方式都有在应用。

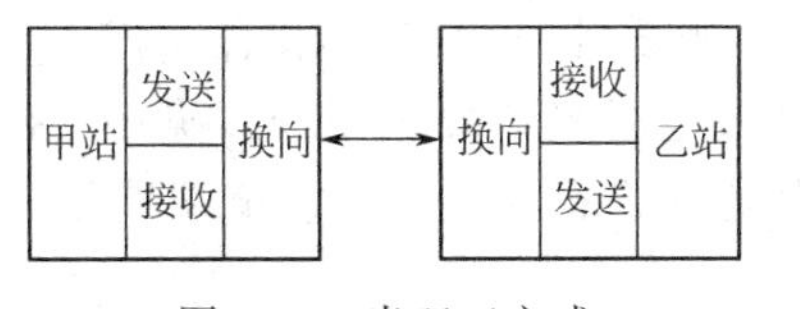

图13-3　半双工方式

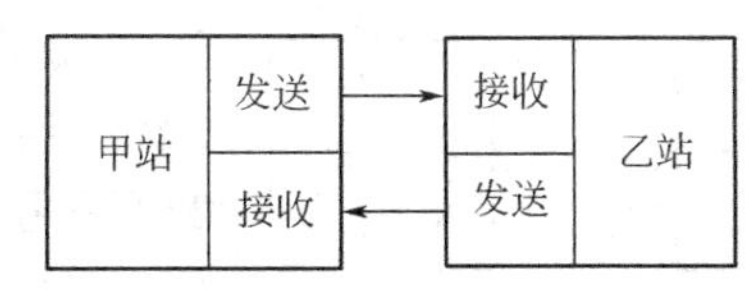

图13-4　全双工方式

13.1.1.4　传输速率

在串行通信中，传输速率指每秒传输的二进制位数，其单位为波特（bit/s)，故传输速率又称波特率。常用的标准波特率为300～38400bit/s等（成倍增加）。不同的串行通信网络的传输速率差别极大，有的只有数百bps，高速串行通信网络的传输速率可达1000M bps。

13.1.1.5 通信传输介质

通信传输介质是信息传输的物质基础和通道，是PLC与通用计算机以及外部设备之间相互联系的桥梁。通信传输介质决定了网络的传输率、网络段的最大长度及传输的可靠性。目前，常用的传输介质主要有（带屏蔽）双绞线、同轴电缆和光纤等。

（1）双绞线

双绞线是将两根绝缘导线按一定的规则以螺旋状扭绞在一起，一对线可以作为一条通信电路，这样可以减少电磁干扰，如果再加上屏蔽套，则抗干扰效果更好。双绞线的成本较低、安装简单。常用的RS-485就多采用双绞线实现通信连接。

（2）同轴电缆

同轴电缆由内、外两层导体组成。内层导体是由一层绝缘体包裹的单股实心线或胶合线（通常是铜做的），位于外层导体的中轴上；外层导体是由绝缘层包裹的金属包皮或金属网。

与双绞线相比，同轴电缆的抗干扰能力强，传输速率高、传输距离远，成本高。广泛用于PLC通信中。

（3）光纤

光纤是一种传输光信号的传输介质，由纤芯、包层和护套三部分组成。纤芯为最内层，由一根或多根非常细的玻璃或塑料制成的胶合线或纤维组成。纤芯的外层裹有一个包层，它由折射率比纤芯小的材料制成。正是由于在纤芯与包层之间存在着折射率的差异，光信号才得以通过全反射在纤芯中传播。在光纤的最外层则是起保护作用的外套。通常都是将多根光纤扎成束并裹以保护层制成多芯光缆。

光纤传输经编码后的光信号，其尺寸小、重量轻，传输速率及传输距离均优于同轴电缆，但是成本较高，安装需要专门的设备。

13.1.2 串行通信接口标准

在工业控制网络中，PLC常采用RS-232、RS-422和RS-485标准的串行通信接口进行数据通信。

（1）RS-232

RS-232串行通信接口标准是美国EIC（电子工业联合会）在1969年公布的通信协议，至今仍在计算机和PLC中广泛使用。PLC与上位机的通信就是通过RS-232串行通信接口完成的。

RS-232采用负逻辑，用－5～－15V表示逻辑状态“1”，用＋5～＋15V表示逻辑状态“0”。

RS-232的最大通信距离为15m，最高传输速率为20kbps，只能进行一对一的通信。RS-232可以使用9针或25针的D型连接器，PLC一般使用9针的连接器，距离较近时只需要三根线（见图13-5）。RS-232采用按位串行的方式进行单端发送、单端接收，速率低，抗干扰能力较差。

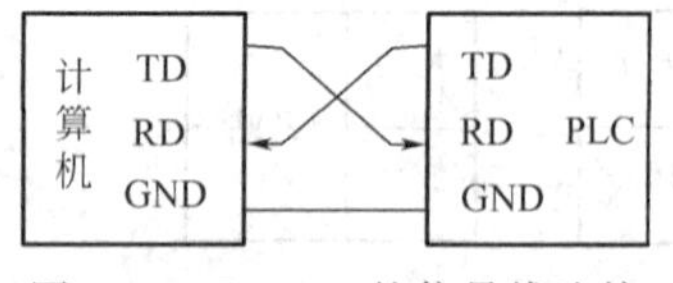

图13-5 RS-232的信号线连接

（2）RS-422

RS-422接口采用差分信号线，以全双工的方式传送数据。通信速率可达10Mbit/s，最大传输距离为1200m，抗干扰能力强，适合远距离传输数据。

（3） RS-485

RS-485 是 RS-422 的变形，RS-422 是全双工，两对平衡差分信号线分别用于发送和接收。

RS-485 为半双工，只有一对平衡差分信号线，不能同时发送和接收。RS-485 接口的最大传输距离可达 3000m。RS-485 接口在总线上允许连接多达 128 个收发器，即具有多站能力，这样用户可以利用单一的 RS-485 接口方便地建立起设备网络。在 1∶N 主从方式中，RS-485 的节点数是 1 发 32 收，即一台 PLC 可以带 32 台通信装置。因为它本身的速度不高，带多了必然会影响控制的响应速度，所以一般只能带 4～8 台。

RS-485 接口具有良好的抗噪声干扰性、较长的传输距离和多站能力等优点，所以成为串行接口的首选。RS-485 接口组成的半双工网络，一般只需要 2 根连线，所以 RS-485 接口均采用屏蔽双绞线传输，成本低、易实现。RS-485 接口的这种优点使它在工业控制系统中得到了广泛的应用。PLC 与控制装置的通信基本上都采用 RS-485 串行通信接口标准。

13.1.3 工业控制网络基础

13.1.3.1 工业控制网络结构

如果把 PLC 与 PLC、PLC 与计算机或 PLC 与其他智能装置通过传媒介质连接起来，就可以实现通信或组建网络，从而构成功能更强、性能更好的控制系统，这样可以提高 PLC 的控制能力及控制范围以实现综合与协调控制；同时还便于计算机管理及对控制数据的处理，提供人机界面友好的操控平台；还可使自动控制从设备级发展到生产线级、甚至工厂级，从而实现智能化工厂的目标。随着计算机技术、通信及网络技术的飞速发展，PLC 在通信及网络方面的发展也极为迅猛，几乎所有提供可编程控制器的厂家都开发了通信模块或网络系统。随着工业控制要求的不断提高，PLC 网络化通信已成为 PLC 发展的主要方向。

13.1.3.2 通信协议

所谓通信协议，就是通信双方对数据传送控制的一种约定。约定中包括对通信接口、同步方式、通信格式、传输速度、传送介质、传送步骤、数据格式及控制字符定义等一系列内容做出统一规定，通信双方必须同时遵守，因此又称通信规程。

例如，两个人进行远距离通话，一个在北京，一个在广州，如果光用口说，那肯定听不到的，如果要正常通话，要具备哪些条件呢？首先是用什么通信手段，是移动电话、座机还是网络视频，这就是通信接口的问题。都是用移动电话，则可以直接进行通话。如果一个是用移动，另一个是联通或座机，那还要进行转换，要把两个不同的接口标准换成一个标准。通常说的 RS-232、RS-422 和 RS-485 就是通信接口标准。如 PLC 与变频器通信中，如果 PLC 是 RS-422 标准，而变频器是 RS-485 标准，则不能直接进行通信，必须进行转换，要么把 RS-422 换成 RS-485，要么把 RS-485 换成 RS-422。其次，还要解决通信语言的问题，否则就造成语言不通而不能通信，在网络通信中，这就是信息传输的规程，也就是通常所说的通信协议。

综上所述，通信协议应包括两部分内容：一是硬件协议，即所谓的接口标准；二是软件协议，即所谓的通信协议。在 PLC 网络中配置的软件通信协议可分为通用协议和公司专用协议两类。

（1） 通用协议

如果没有一套通用的计算机网络通信标准，要实现不同厂家生产的智能设备之间的通信，将会付出昂贵的代价。

国际标准化组织 ISO 提出了开放系统互联模型 OSI，作为通信网络国际标准化的参考模型，它详细描述了通信功能的七个层次，如图13-6所示。自下而上依次为物理层、数据链路层、网络层、传输层、会话层、表示层和应用层。模型的最底层是物理层，实际通信是在物理层通过互相连接的媒体进行通信的。

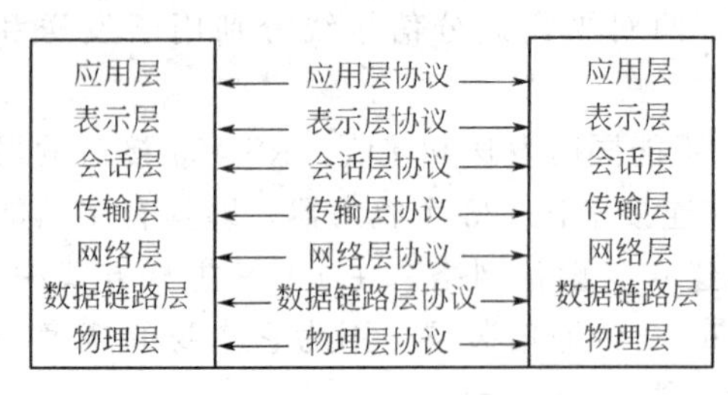

图13-6 OSI参考模型

① 物理层 物理层的下面是物理介质，如双绞线、同轴电缆等。物理层为用户提供建立、保持和断开物理连接的功能。RS-232、RS-422及RS-485等就是物理层标准的例子。

② 数据链路层 数据以帧为单位进行传输，每一帧包含一定数量的数据和必要的控制信息，例如同步信号、地址信号、差错控制和流量控制信息。数据链路层负责在两个相邻节点的链路上，实现差错控制、数据成帧、同步控制等。

③ 网络层 网络层的主要功能是报文包的分段、报文包阻塞的处理和通信子网络中路径的选择。

④ 传输层 传输层的主要功能是流量控制、差错控制、连接支持，并向上一层提供一个可靠的端到端的数据传输服务。

⑤ 会话层 会话层的功能是支持通信管理和实现最终用户应用进程之间的同步，按正确的顺序收发数据，进行各种对话。

⑥ 表示层 表示层用于应用层信息内容的形式变换，如数据加密或解密、信息压缩或解压和数据兼容，把应用层提供的信息变成能够共同理解的形式。

⑦ 应用层 位于OSI的最高层，其功能是为用户的应用服务提供信息交换，为应用接口提供操作标准。

(2) 公司专用协议

公司专用协议一般用于物理层、数据链路层和应用层。通过公司专用协议传送的数据是过程数据和控制命令，其特点是信息短、传送速率快、实用性强。FX_{2N}系列PLC与计算机的通信就是采用公司专用协议。

13.1.3.3 三菱PLC网络

三菱公司PLC网络继承了传统使用的MELSEC NET网络，它不仅可以执行数据控制和数据管理功能，而且还可以完成工厂自动化所需要的绝大部分功能，是一种大型的网络系统。网络的主要特点如下。

(1) 可靠性高

MELSECNET网络有两个数据通信环路，即主环路和副环路，任意时刻只允许有一个环路工作，反向工作互为备用。

(2) 可构成多层数据通信系统

PLC主站可以通过同轴电缆或光纤与64个本地子站和远程I/O站进行通信，每一个从站又可以作为下一级通信系统的主站，可以再连接64个下级从站，这样整个网络系统可以下达三层，最多可以设置4097个从站。主站对网络中的其他设备发出初始化请求，而从站只能响应主站的初始化请求，不能对网络中的其它设备发出初始化请求。

(3) 具有通信监测功能

任何从站的运行和通信状态都可以通过主站或主站上所连接的图形编程器进行监控，还可以通过主站对任何从站进行存取访问，执行上传、下载、监控及测试功能。

【任务13.2】 FX$_{2N}$系列PLC的通信器件及通信形式

13.2.1 FX$_{2N}$系列PLC的通信器件

PLC组网主要通过RS-232、RS-422和RS-485等通信接口进行通信。若通信的设备具有相同类型的接口，则可直接通过适配的电缆连接并实现通信；如果通信设备之间的接口不同，则需要通过一定的硬件设备进行接口类型的转换。FX$_{2N}$系列PLC本身带有编程通用的RS-422接口。进行接口类型转换的硬件设备主要有两种基本的形式：一种是功能扩展板，另一种是扩展模块。下面对这两种通信器件进行介绍。

13.2.1.1 FX$_{2N}$系列PLC常用的功能控制板

功能扩展板是一种没有外壳的电路板。FX$_{2N}$系列PLC简易通信常用设备一览表如表13-1。

表13-1 FX$_{2N}$系列PLC简易通信常用设备一览表

类型	型号	主要用途	对应通信功能					连接台数
			简易PC间链接	并行链接	计算机链接	无协议通信	外围设备通信	
功能扩展板	FX$_{2N}$-232-BD	与计算机及其他配备RS-232接口的设备连接	×	×	√	√	√	1台
	FX$_{2N}$-485-BD	PLC间N：N接口及以计算机为主机的专用协议通信用接口	√	√	√	√	×	1台
	FX$_{2N}$-422-BD	扩展用于与外部设备连接用	×	×	×	×	√	1台
	FX$_{2N}$-CNV-BD	与适配器配合实现端口的转换	—	—	—	—	—	—
特殊适配器	FX$_{2N}$-232ADP	与计算机及其他配备RS-232接口的设备连接	×	×	√	√	√	1台
	FX$_{2N}$-484ADP	PLC间N：N接口及以计算机为主机的专用协议通信用接口	√	√	√	√	×	1台
通信模块	FX$_{2N}$-232-IF	作为特殊功能模块扩展的RS-232通信口	×	×	×	√	×	最多8台
	FX-485PC-IF	将RS-485信号转换为计算机所需的RS-232信号	×	×	√	×	×	最多16台

注：表中√为可以，×为不可以。

(1) 通信扩展板FX$_{2N}$-232-BD

图13-7 FX$_{2N}$-232-BD的实物图

FX$_{2N}$-232-BD是以RS-232传输标准连接PLC与其他设备的接口板（如图13-7）。诸如个人计算机、条码阅读器或打印机等。可安装在FX$_{2N}$内部。其最大传输距离为15m，最高波特率为19200bps，利用专用软件可实现对PLC运行状态监控，也可方便地由个人计算机向PLC传送程序。

(2) 通信扩展板FX$_{2N}$-422-BD

FX_{2N}-422-BD应用于RS-422通信。可连接FX_{2N}系列的PLC上，并作为编程或控制工具的一个端口。可用此接口在PLC上连接PLC的外部设备、数据存储单元和人机界面。利用FX_{2N}-422-BD可连接两个数据存储单元（DU）或一个DU系列单元和一个编程工具，但一次只能连接一个编程工具。每一个基本单元只能连接一个FX_{2N}-422-BD，且不能与FX_{2N}-485-BD或FX_{2N}-232-BD一起使用。

（3）通信扩展板FX_{2N}-485-BD

FX_{2N}-485-BD-用于RS-485通信方式。它可以应用于无协议的数据传送。FX_{2N}-485-BD在原协议通信方式时，利用RS指令在个人计算机、条码阅读器、打印机之间进行数据传送。传送的最大传输距离为50m，最高波特率也为19200bps。每一台FX_{2N}系列PLC可安装一块FX_{2N}-485-BD通信板。除利用此通信板实现与计算机的通信外，还可以用它实现两台FX_{2N}系列PLC之间的并联。

（4）通信控制板FX_{2N}-CNV-BD

通信控制板FX_{2N}-CNV-BD主要与适配器配合实现端口的转换。

13.2.1.2 FX_{2N}系列PLC常用的通信模块

PLC的通信模块是有独立机箱的扩展模块，用来完成与别的PLC，其他智能控制设备或计算机之间的通信。常用类型如表13-1所示。

（1）通信接口模块FX_{2N}-232-IF

FX_{2N}-232-IF连接到FX_{2N}系列PLC上，可实现与其他配有RS-232接口的设备进行全双工串行通信。例如个人计算机、打印机、条形码读出器等。在FX_{2N}系列上最多可连接8块FX_{2N}-232-IF模块。用FROM/TO指令收发数据。最大传输距离为15m，最高波特率为19200bps，占用8个I/O点。数据长度、串行通信波特率等都可由特殊数据寄存器设置。

（2）通信接口模块FX-485PC-IF

通信接口模块FX-485PC-IF（如图13-8）用来将RS-485信号转换为计算机所需要的RS-232信号，有光电隔离，用于计算机与FX系列PLC的通信，一台计算机最多可以与16台PLC通信。

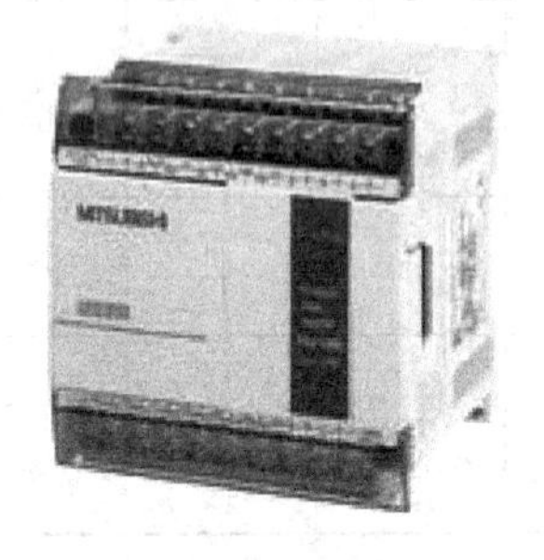

图13-8 FX-485PC-IF的实物图

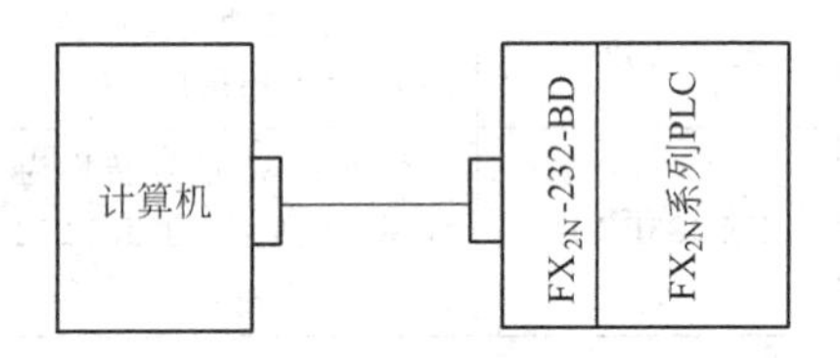

图13-9 一台计算机与一台PLC通信

13.2.2 FX_{2N}系列PLC的通信形式

三菱可编程控制器的通信类型主要有：计算机链接、N：N网络及CC-Link网络。下面分别对这三种通信类型进行介绍。

13.2.2.1 计算机链接——PLC与计算机之间的通信

PLC与计算机进行通信控制时，计算机主要完成数据的传输和处理、修改参数、显示图像、打印报表、监视工作状态、网络通信以及编制PLC程序等任务。PLC仍然面向工作现场、面向控制设备进行实时控制。

由于 PLC 与计算机的接口标准不同（PLC 的通信口一般都是 RS-422 或 RS-485，而计算机的串行通信口为 RS-232 接口标准），故需要配接专用的通信接口转换模块（或接口转换器）才能进行通信。三菱 FX 系列 PLC 与计算机连接有以下两种模式。

（1）一台计算机与一台 PLC 连接

一台计算机与一台 PLC 连接时，一般采用 RS-232 接口标准，其通信距离不能超过 15m。FX_{2N}系列 PLC 与计算机之间采用 FX_{2N}-232-BD 内置通信板和专用的通信电缆直接连接，如图 13-9 所示。

（2）一台计算机与多台 PLC 连接（1∶N 通信）

① 连接方式

• 采用 RS-485 或 RS-422 接口标准：其通信距离可达 500m（但包含有 485BD 时为 50m）。通信时由计算机发出读/写 PLC 中的帧信息，PLC 收到后返回响应帧信息，用户不需对 PLC 编程，只要在计算机上编写通信程序即可。PLC 的帧响应是自动的。如果计算机使用组态软件，组态软件会提供常见品牌 PLC 的通信驱动程序，用户只需在组态软件中进行通信设置，计算机侧和 PLC 侧都不要用户设计通信程序。

采用 RS-485 接口的通信系统，一台 PC 最多可以连接 16 台 PLC。FX_{2N}系列 PLC 之间采用 FX_{2N}-485-BD 内置通信板进行通信（最大有效距离为 50m）或者采用 FX_{2N}-CNV-BD 内置通信板和 FX_{2N}-484ADP 特殊功能模块进行连接（最大有效距离为 500m）。而计算机与 PLC 之间采用 FX-485PC-IF 和专用通信电缆进行连接，如图 13-10 所示。

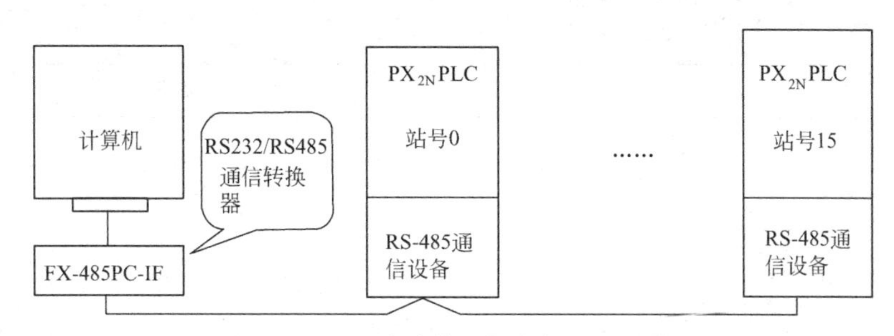

图 13-10 一台计算机与多台 PLC 通信

• 采用 RS-232 接口的通信系统：FX_{2N}系列 PLC 之间采用 FX_{2N}-232-BD 内置通信板进行连接（最大有效距离为 15m）或者采用 FX_{2N}-CNV-BD 和 FX_{2N}-232 ADP 特殊功能模块进行连接。而计算机与 PLC 之间采用 FX_{2N}-232-BD 内置通信板外部接口通过专用的通信电缆直接连接。

② 通信的配置 电路连接后，计算机与多台 PLC 通信时，要设置站号、通信格式，通信要经过连接的建立、数据的传送和连接的释放三个过程。其中，PLC 的参数设置是通过通信接口寄存器及参数寄存器（特殊辅助寄存器，如表 13-2 所示）设置的。1∶N 通信时站号是通过特殊数据寄存器 D8121 来设置的，设定范围为 00H～0FH。最多可以实现 16 台通信。

表 13-2 通信接口寄存器和通信参数寄存器

通信接口寄存器		通信参数寄存器	
元件号	功能	元件号	功能
M8126	ON 时，表示全体	D8120	通信格式
M8127	ON 时，表示握手	D8121	站号设置

续表

通信接口寄存器		通信参数寄存器	
元件号	功能	元件号	功能
M8128	ON时，通信出错	D8127	数据头内容
M8129	ON时，字/位切换	D8128	数据长度
		D8129	数据网通信暂停值

③ 通信格式　通信格式决定了计算机连接和无协议通信（RS指令）之间的通信设置(包括数据通信长度、奇偶校验和波特率等)。如表13-3所示，通信格式可用PLC中特殊数据寄存器D8120来设置。根据所接的外部设备来设置D8120，当修改了D8120的设置后，应关掉PLC的电源重新启动，否则设置无效。

表13-3　通信格式说明

位号	名称	说明	
		0(位=OFF)	1(位=OFF)
b0	数据长度	7位	8位
b1 b2	奇偶校验	(b1,b2) (0,0):无 (0,1):奇校验 (1,1):偶校验	
b3	停止位	1位	2位
b4 b5 b6 b7	波特率(bps)	(b7,b6,b5,b4) (0,0,0,0):300 ((0,1,0,0):600 (0,1,0,1):1200 (0,1,1,0):2400 (0,1,1,1):4800 (1,0,0,0):9600 (1,0,0,1):19200	
b8	标题	无	有效(D8124)默认:STX(02H)
b9	结束符	无	有效(D8124)默认:ETX(03H)
b10 b11 b12	控制线	无协议	(b12,b11,b10) (0,0,0):不起作用 (0,0,1):端子模式,RS-232接口 (0,1,0):互联模式,RS-232接口 (0,1,1):普通模式1,RS-232接口、RS-485接口、RS-422接口 (1,0,1):普通模式2,RS-232接口
		计算机连接	(b12,b11,b10) (0,0,0):RS-485接口、RS-422接口 (0,1,0):RS-232接口
b13	和校验	没有添加和校验码	自动添加和校验码
b14	协议	无协议	专用协议
b15	传输控制协议	格式1	格式4

13.2.2.2 N∶N 网络——FX_{2N}系列PLC与PLC之间的通信

(1) PLC之间的并行通信

① 通讯系统的连接 FX_{2N}系列 PLC 可通过以下两种方式实现两台同系列 PLC 间的并行通信。两台 PLC 之间的最大有效距离为 50m。

通过 FX_{2N}-485-BD 内置通信板和专用的通信电缆；

通过 FX_{2N}-CNV-BD 内置通信板、FX_{2N}-485AD 适配器和专用的通信电缆。

② 通信系统参数的设定 FX_{2N}系列 PLC 的并行通信，是通信双方规定的专用存储单元机外读取的通信。标准并行通信模式下通过 FX_{2N}可编程控制器，可在 1∶1 基础上对 100 个辅助继电器和 10 个寄存器数据进行传输。高速并行通信模式下只能对 2 个寄存器数据进行传输。数据传输是通过通信系统参数的设定来完成的。

③ 功能元件和数据 表 13-4、表 13-5 给出了部分功能元件和参数。标准并行通信模式的连接和高速并行通信模式的连接示意图如图 13-11、图 13-12 所示。

表 13-4 并行通信特殊辅助继电器和寄存器功能

元件号	功能说明
M8070	M8070=ON 时，表示该 PLC 为主站
M8071	M8071=ON 时，表示该 PLC 为从站
M8072	M8072=ON 时，表示 PLC 工作在并行通信方式下
M8073	M8073=ON 时，表示 PLC 工作在标准并行通信方式下，发生 M8070/M8071 的设置出错
M8162	M8162=ON 时，表示 PLC 工作在高速并行通信方式下，仅用于 2 个字的读/写操作
D8070	并行链接监视时间(默认值为 500ms)

表 13-5 标准/高速并行通信模式下的通信元件

	通信元件类型		说明
	位元件(M)	字元件(D)	
标准并行模式	M800～M899	D490～D499	主站数据传送到从站所用的数据通信元件
	M900～M999	D500～D509	从站数据传送到主站所用的数据通信元件
	通信时间		70(ms)+主站扫描时间(ms)+从站扫描时间(ms)
	通信元件类型		说明
	位元件(M)	字元件(D)	
高速并行模式	无	D490～D491	主站数据传送到从站所用的数据通信元件
	无	D500～D501	从站数据传送到主站所用的数据通信元件
	通信时间		20(ms)+主站扫描时间(ms)+从站扫描时间(ms)

(2) N∶N 网络

PLC 与 PLC 之间的通信称为同位通信，也叫 N∶N 网络。主要应用于 PLC 网络控制系统，可以组成 1∶1、N∶N 等控制网络，如图 13-13 所示。

多台 PLC 联网时，有下面两种通信方式。

① 主从 1∶N 通信方式 1∶N 通信方式又称总线通信方式，是指在总线结构的 PLC 子网上有 N 个站，其中只有一个主站，其他皆是从站。

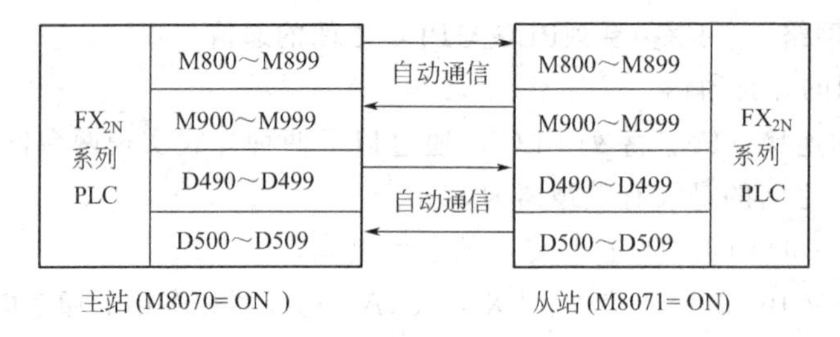

图 13-11　标准并行通信模式的连接示意图

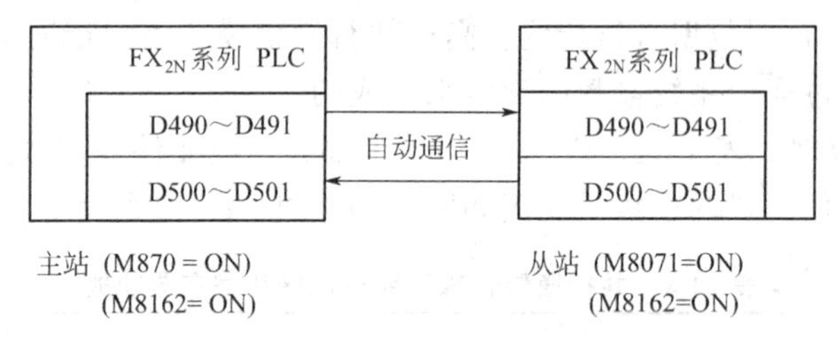

图 13-12　高速并行通信模式的连接示意图

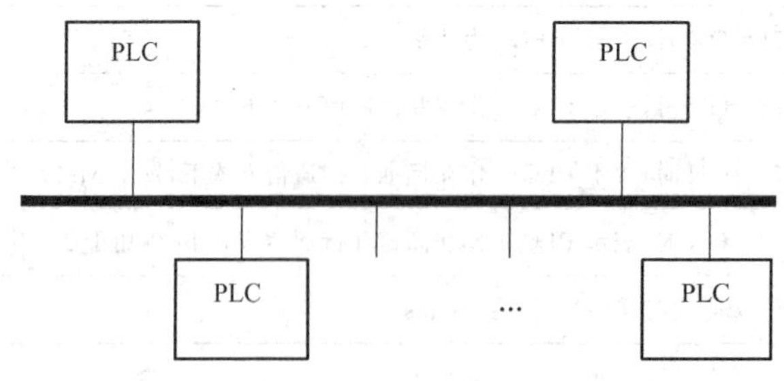

图 13-13　多台 PLC 网络通信示意图

1∶N 通信方式采用集中式存取控制技术分配总线使用权，通常采用轮询表法。所谓轮询表是一张从站号排列顺序表，该表配置在主站中，主站按照轮询表的排列顺序对从站进行询问，看它是否需要使用总线，从而达到分配总线使用权的目的。

对于实时性要求比较高的从站，可以在轮询表中让其从站号多出现几次，赋予该站较高的通信优先权。在有些 1∶N 通信中把轮询表法与中断法结合使用，紧急任务可以打断正常的周期轮询，获得优先权。

1∶N 通信方式中，当从站获得总线使用权后有两种数据传送方式。一种是只允许主从通信，不允许从从通信，从站与从站要交换数据，必须经主站中转；另一种是既允许主从通信也允许从从通信，从站获得总线使用权后先安排主从通信，再安排自己与其他从站之间的通信。

② N∶N 通信方式　N∶N 通信方式又称为令牌总线通信方式，是指在总线结构的 PLC 子网上有 N 个站，它们地位平等没有主站与从站之分，也可以说 N 个站都是主站。

N∶N 通信方式采用令牌总线存取控制技术。在物理总线上组成一个逻辑环，让一个令牌在逻辑环中按一定方向依次流动，获得令牌的站就取得了总线使用权。令牌总线存取控制方式限定每个站的令牌持有时间，保证在令牌循环一周时每个站都有机会获得总线使用权，并提供优先级服务，因此令牌总线存取控制方式具有较好的实时性。

取得令牌的站有两种数据传送方式，即无应答数据传送方式和有应答数据传送方式。采用无应答数据传送方式时，取得令牌的站可以立即向目的站发送数据，发送结束，通信过程也就完成了；而采用有应答数据传送方式时，取得令牌的站向目的站发送完数据后并不算通信完成，必须等目的站获得令牌并把应答帧发给发送站后，整个通信过程才结束。后者比前者的响应时间明显增长，实时性下降。

三菱FX系列PLC的网络N：N的通信方式是1：N通信方式。也就是在多台PLC（最多是8台）进行通信时，其中有一台是主站，其余是从站。PLC与PLC之间可以采用FX_{2N}-485-BD内置通信板和专用的通信电缆进行连接，如图13-14所示。

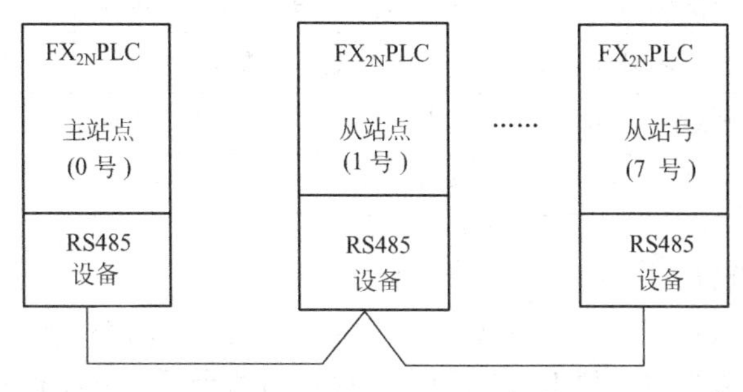

图13-14 PX_{2N}PLC 1：N主从方式通信

(3) N：N网络系统的重要参数

应用时，主站必须编写通信设定程序，对通信数据元件进行正确的设置（包括站号的设置、从站数的设置、数据更新范围的设置、通信重复次数的设置以及通信超时值的设置），才能保证网络的可靠运行。N：N网络通信中相关的标志与对应的特殊辅助继电器功能说明如表13-6所示。

表13-6 N：N网络通信中相关的标志与对应的特殊辅助继电器功能说明

特殊辅助继电器	功 能	说 明	影响站点	特 性
M8038	网络参数设置	设置N：N网络参数时为ON	主站、从站	只读
M8183	主站通信错误	主站点发生错误时为ON	从站	只读
M8184～M8190	从站通信错误	从站点发生错误时为ON	主站、从站	只读
M8191	数据通信	与其他站点通信时为ON	主站、从站	只读

PLC内部特殊辅助继电器M8184～M8190与从站号1～7是一一对应的。PLC特殊数据寄存器的编号与功能说明见表13-7。

表13-7 PLC特殊数据寄存器的编号与功能说明

特殊数据寄存器	功 能	说 明	影响站点	特 性
D8173	站号	存储PLC自身站号	主站、从站	只读
D8174	从站数量	存储网络中从站的数量	主站、从站	只读
D8175	更新范围	存储更新的数据范围	主站、从站	只读
D8176	站号设置	设置自身的站号点	主站、从站	写
D8177	设置从站数量	设置从站点的总数	从站	写
D8178	更新范围设置	设置数据的更新范围	从站	写

续表

特殊数据寄存器	功能	说明	影响站点	特性
D8179	重试次数设置	设置通信的重复次数	从站	读/写
D8180	通信超时值设置	设置通信公共等待时间	从站	读/写
D8201	当前网络扫描时间	存储当前的网络扫描时间	主站、从站	只读
D8202	最大网络扫描时间	存储网络允许的最大扫描时间	主站、从站	只读
D8203	主站发生通信错误次数	存储主站点发生通信错误的次数	主站	只读
D8204～D8210	从站发生通信错误次数	存储从站点发生通信错误的次数	主站、从站	只读
D8211	主站通信错误代码	存储主站点发生通信错误的代码	主站	只读
D8212～D8218	从站通信错误代码	存储从站点发生通信错误的代码	主站、从站	只读

(4) N∶N网络设置

① 设置站号　若数据寄存器D8176=0，则表示主站；D8176=1～7，表示从站号。

② 设置从站数　数据寄存器D8177用来存放从站的个数。例如若D8177=3，则表示有3个从站。若不设定，默认值为7个。

③ 设置数据更新范围的模式　数据寄存器D8178所存放的数据表示更新范围的模式，共有3种模式：模式0、模式1、模式2（表13-8～表13-10），若不设定，默认值为模式0。各通信数据更新范围的模式如表13-11所示。

表13-8　模式0使用的数据元件编号

站号	0	1	2	3	4	5	6	7
位元件(M)	无	无	无	无	无	无	无	无
字元件(D)	D0～D3	D10～D13	D20～D23	D30～D33	D40～D43	D50～D53	D60～D63	D70～D73

表13-9　模式1使用的数据元件编号

站号	0	1	2	3	4	5	6	7
位元件(M)	M1000～M1031	M1064～M1095	M1128～M1159	M1192～M1223	M1256～M1287	M1320～M1351	M1384～M1415	M1448～M1479
字元件(D)	D0～D3	D10～D13	D20～D23	D30～D33	D40～D43	D50～D53	D60～D63	D70～D73

表13-10　模式2使用的数据元件编号

站号	0	1	2	3	4	5	6	7
位元件(M)	M1000～M1063	M1064～M1127	M1128～M1191	M1192～M1255	M1256～M1319	M1320～M1383	M1384～M1447	M1448～M1479
字元件(D)	D0～D7	D10～D17	D20～D27	D30～D37	D40～D47	D50～D57	D60～D67	D70～D77

表13-11　通信数据更新范围的模式

通信元件类型	模式0	模式1	模式2
位元件(M)	0点	32点	64点
字元件(D)	4个	4个	32个

④ 设置通信重复的次数　数据寄存器D8179用来存放通信重复次数，可设定范围为0～10，默认值为3。当主站向从站发出通信信号，如果在规定的重复次数内没有完成连接，则网络发出通信错误信号。

⑤ 设置通信超时值　数据寄存器D8180用来存放公共等待时间。设定范围为5～55，默认值为5（每　单位为10ms）例如若D8180=6，则表示公共等待时间为60ms。

13.2.2.3　CC-Link网络

CC-Link网络是一个通过通信电缆将分散的I/O模块、特殊高功能模块等连接起来，并通过PLC的CPU来控制这些相应的模块的系统。用FX$_{2N}$-16CCL-M主站模块和FX$_{2N}$-32CCL网络接口模块构成CC-Link网络，完成1∶N通信。CC-Link网络连接如图13-15所示。

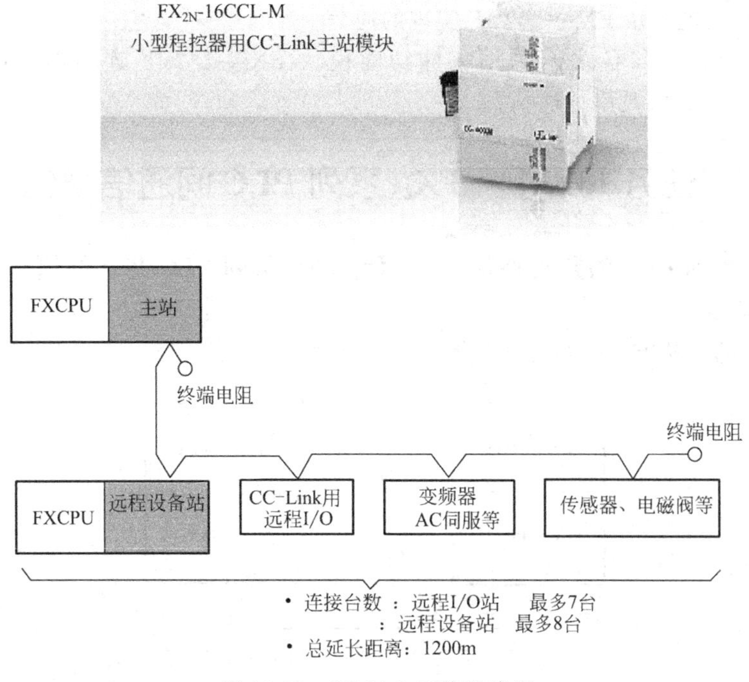

图13-15　CC-Link网络连接图

图中采用一台FX$_{2N}$系列PLC作为主站（控制数据链接系统），连接8台FX$_{2N}$系列PLC作为从站，来构成CC-Link网络。主站模块FX$_{2N}$-16CCL-M是特殊扩展模块，它最多可以连接7个远程I/O模块（仅处理位信息）和远程设备站（处理位信息和字信息）。

13.2.2.4　无协议通信

（1）串行通信

FX$_{2N}$系列PLC与PC之间可以通过RS指令实现串行通信。该指令用于串行数据的发送和接收，指令的格式如图13-16所示，其中，[S·]指定传输缓冲区的首地址；M指定传输信息长度；[D·]指定接收缓冲区的首地址；n指定接收数据长度，即接收信息的最大长度。

串行通信指令RS实现通信的链接方式有如下两种。

① 对于采用RS-232接口的通信系统，将一台FX$_{2N}$系列PLC通过FX$_{2N}$-232-BD内置通信板（或FX$_{2N}$-CNV-BD和FX$_{2N}$-232ADP功能模块）和专用的通信电缆，与计算机（或打

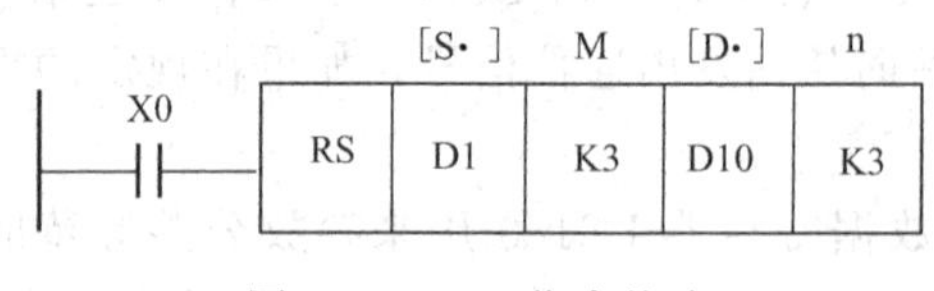

图 13-16　RS指令格式

印机等）相连（最大有效距离为 15m）。

② 对于采用 RS-485 接口的通信系统，将一台 FX_{2N}系列 PLC 通过 FX_{2N}-485-BD 内置通信板（最大有效距离为 50m）或 FX_{2N}-CNV-BD 和 FX_{2N}-485 ADP 特殊功能模块（最大有效距离为 500m）和专用的通信电缆，与计算机（或打印机等）相连。

在使用 RS 指令实现无协议通信时也要先设置通信格式，设置发送及接收缓冲区，并在 PLC 中编制相关程序。

（2）用特殊功能模块 FX_{2N}-232-IF 实现的通信

FX_{2N}系列 PLC 与 PC 之间采用特殊功能模块 FX_{2N}-232-IF 连接时，通过通用指令 FROM/TO 指令也可实现串行通信。

【任务 13.3】　FX_{2N}系列 PLC 间通信举例

13.3.1　FX_{2N}系列 PLC 的并行通信——两台 FX_{2N}系列 PLC 并行通信举例

（1）硬件接线图

FX_{2N} PLC 的主从方式并行通信如图 13-17 所示。

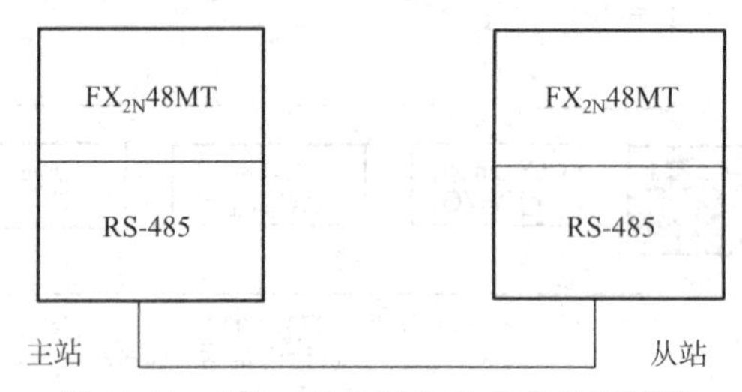

图 13-17　FX_{2N} PLC 的主从方式并行通信

（2）控制要求

① 将主站的输入口 X0～X7 状态传送到从站，通过从站的输出口 Y0～Y7 输出；

② 将从站的输入口 X0～X7 状态传送到主站，通过主站的输出口 Y0～Y7 输出；

③ 当主站数据存储器 D0 的值作为从站定时器 T0 的设定值，来控制从站 Y10；

④ 将从站数据寄存器 D10 的值传送到主站作为主站定时器 T0 的设定值控制主站输出 Y10。

（3）梯形图

主站、从站梯形图分别如图 13-18、图 13-19 所示。

13.3.2　FX_{2N}系列 PLC 的 N：N 联网实例——3 台 FX_{2N}系列 PLC 通信

（1）硬件接线图

用 3 台 FX_{2N}系列 PLC 通过 RS-485 通信模块连接成一个 N：N 网络结构，如图 13-20 所示。第一台为主站，第二台和第三台为从站。

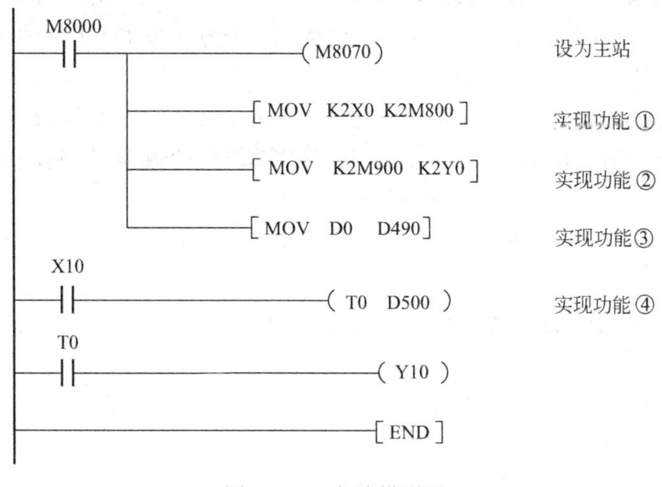

图 13-18　主站梯形图

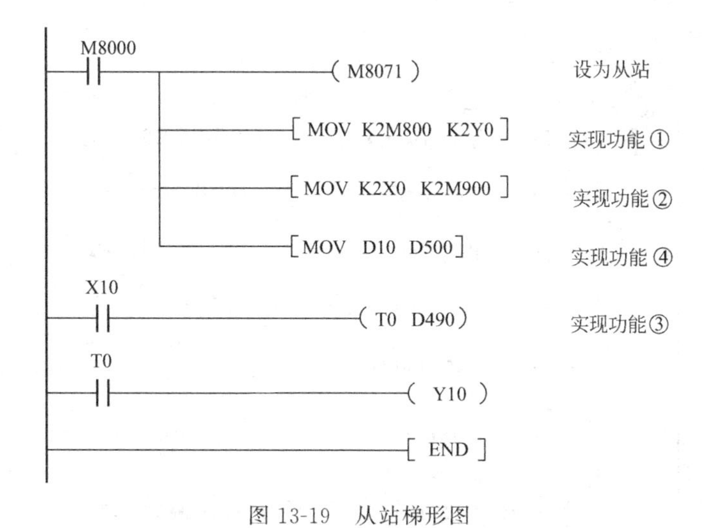

图 13-19　从站梯形图

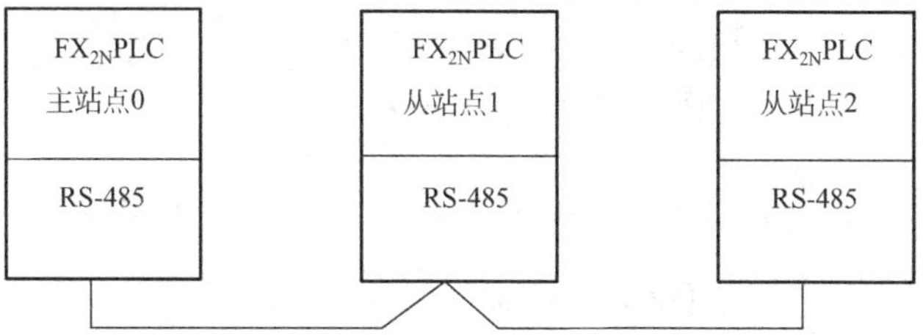

FX_{2N}PLC 主站点0 RS-485

FX_{2N}PLC 从站点1 RS-485

FX_{2N}PLC 从站点2 RS-485

图 13-20　三台 PLC 连接的硬件连接图

（2）控制要求

要求刷新设置：32 位寄存器和 4 字寄存器即模式 1。重复次数为 3 次，看门狗定时为 50ms。控制功能如下。

① 主站中的输入点 X0～X3（M1000～M1003）可以输出到从站 1 和从站 2 中的 Y0～Y3。

② 从站 1 中的输入点 X0～X3（M1064～1067）可以输出到主站和从站 2 中的 Y10～Y13。

③ 从站 2 中的输入点 X0～X3（M1128～1131）可以输出到主站和从站 1 中的 Y20～Y23。

④ 主站中的数据寄存器D1（K10）作为从站1中计数器C1的设置值。计数器C1的状态（M1080）控制主站中输出点Y4。从站1中的X0作为计数器C1的输入，X1作为C1的复位。

⑤ 主站中的数据寄存器D2（K10）作为从站2中计数器C2的设置值。计数器C2的状态（M1140）控制主站中输出点Y5。从站2中的X0作为计数器C2的输入，X1作为C2的复位。

⑥ 主站没有检测到与从站1和从站2建立好通信时分别由主站Y6、Y7产生输出指示。

⑦ 从站1没有检测到与主站和从站2建立好通信时分别由从站1的Y6、Y7产生输出指示

⑧ 从站2没有检测到与主站和从站1建立好通信时分别由从站2的Y6、Y7产生输出指示。

（3）梯形图程序

控制程序如图13-21～图13-23所示。

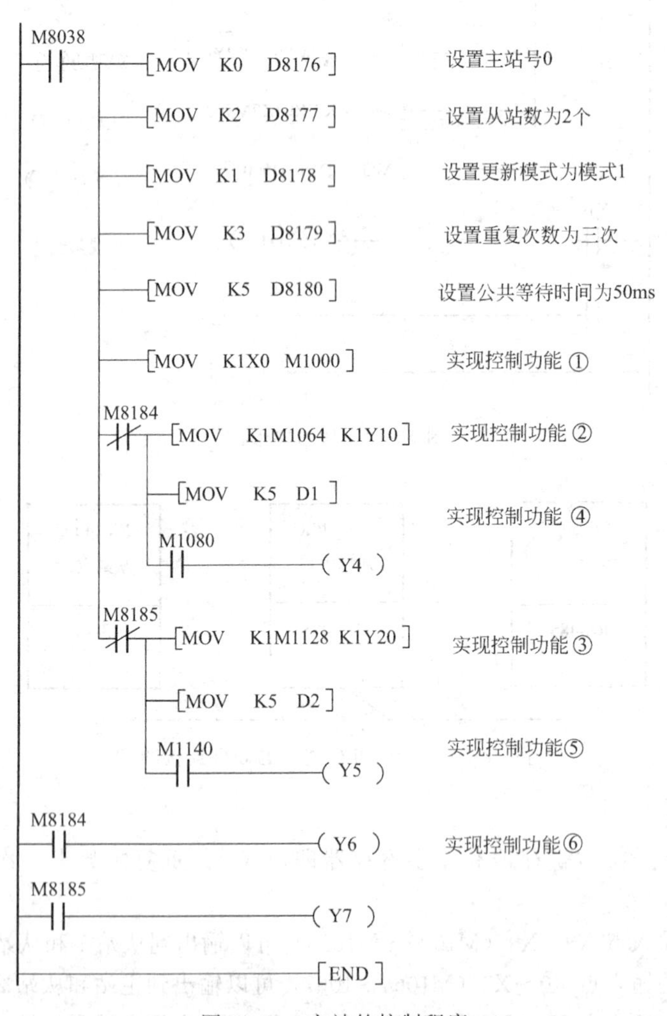

图13-21 主站的控制程序

```
X1
─┤├──────────[RST C1]

M8038
─┤├──────────[MOV K1 D8176]            设此站为1号从站

M8183
─┤├──────────────( Y6 )                主站通信故接收

M8185
─┤├──────────────( Y7 )                从站2通信故障

M8183
─┤/├──┬──[MOV K1M1000 K1Y0]            主站X0～X3控制从站1的输
      │                                出Y0～Y3(功能1)
      ├──[MOV K1X0 K1M1064]            实现控制功能②
      │ M8185
      ├─┤/├──[MOV K1M1128 K1Y20]       实现控制功能③
      │ X0
      ├─┤├──────────( C1 )             计数工作
      │ C1
      └─┤├──────────( M1080 )

─────────────────[END]
```

图 13-22　从站 1 的控制程序

```
X1
─┤├──────────[RST C2]

M8038
─┤├──────[MOV K2 D8176]                设此站为 2号从站

M8183
─┤├──────────────( Y6 )                主站通信故障

M8184
─┤├──────────────( Y7 )                从站 2通信故障

M8183
─┤/├──┬──[MOV K1M1000 K1Y0]            主站 X0～X3 控制从站2的
      │                                输出 Y0～Y3 (功能 1)
      ├──[MOV K1X0 K1M1128]            实现控制功能③
      │ M8184
      ├─┤/├──[MOV K1M1064 K1Y10]       实现控制功能 ②
      │ X0
      ├─┤├──────────( C2 )             计数工作
      │ C2
      └─┤├──────────( M1140 )
─────────────────[END]
```

图 13-23　从站 2 的控制程序

【思考题与习题】

13-1 什么是半双工通信方式?

13-2 简述令牌总线防止各站争用总线采取的控制策略?

13-3 使用并行通信的两台PLC是怎样交换数据的?

13-4 填空题

① N∶N通信方式中的模式0方式，主站用于通信的数据寄存器范围是（　　）。

A. 4个字　B. 8个字　C. 16个字　D. 32个字

② N∶N通信方式中的模式1中，每个站可写的位元件是（　　）个。

A. 0　B. 32　C. 64　D. 512

③ N∶N通信方式中的模式1中，每个站进行数据交换的元件是（　　）。

A. X、Y　B. M、D　C. X、Y、M、D　D. X、Y、M、D、S、C

④ N∶N通信方式中，主从站的数量最多是（　　）台。

A. 2　B. 4　C. 6　D. 8

⑤ FX_{2N}-485-BD通信模块的标准通信距离是（　　）m。

A. 15　B. 50　C. 100　D. 500

附录Ⅰ　FX 系列应用指令简表

分类	指令编号	指令助记符	功能	FX_{1S}	FX_{1N}	FX_{2N}，FX_{2NC}
程序流程	00	CJ	条件跳转	○	○	○
	01	CALL	子程序调用	○	○	○
	02	SRET	子程序返回	○	○	○
	03	IRET	中断返回	○	○	○
	04	EI	中断许可	○	○	○
	05	DI	中断禁止	○	○	○
	06	FEND	主程序结束	○	○	○
	07	WDT	监控定时器	○	○	○
	08	FOR	循环范围开始	○	○	○
	09	NEXT	循环范围终了	○	○	○
传送与比较	10	CMP	比较	○	○	○
	11	ZCP	区域比较	○	○	○
	12	MOV	传送	○	○	○
	13	SMOV	移位传送	—	—	○
	14	CML	倒转传送	—	—	○
	15	BMOV	一并传送	○	○	○
	16	RMOV	多点传送	—	—	○
	17	XCH	交换	—	—	○
	18	BCD	BCD 转换	○	○	○
	19	BIN	BIN 转换	○	○	○
四则逻辑运算	20	ADD	BIN 加法	○	○	○
	21	SUB	BIN 减法	○	○	○
	22	MUL	BIN 乘法	○	○	○
	23	DIV	BIN 除法	○	○	○
	24	INC	BIN 加 1	○	○	○
	25	DEC	BIN 减 1	○	○	○
	26	WAND	逻辑字与	○	○	○
	27	WOR	逻辑字或	○	○	○
	28	WXOR	逻辑字异或	○	○	○
	29	NEG	求补码	—	—	○
循环移位	30	ROR	循环右移	—	—	○
	31	ROL	循环左移	—	—	○

续表

分类	指令编号	指令助记符	功能	FX_{1S}	FX_{1N}	FX_{2N},FX_{2NC}
循环移位	32	RCR	带进位循环右移	—	—	○
	33	RCL	带进位循环左移	—	—	○
	34	SFTR	位右移	○	○	○
	35	SFTL	位左移	○	○	○
	36	WSFR	字右移	—	—	○
	37	WSFL	字左移	—	—	○
	38	SFWR	位移写入	○	○	○
	39	SFRD	位移读出	○	○	○
数据处理	40	ZRST	批次复位	○	○	○
	41	DECO	译码	○	○	○
	42	ENCO	编码	○	○	○
	43	SUM	ON位数	—	—	○
	44	BON	ON位数判定	—	—	○
	45	MEAN	平均值	—	—	○
	46	ANS	信号报警置位	—	—	○
	47	ANR	信号报警复位	—	—	○
	48	SOR	BIN开方	—	—	○
	49	FLT	BIN整数→BIN浮点数转换	—	—	○
高速处理	50	REF	输入输出刷新	○	○	○
	51	REFF	滤波器调整	—	—	○
	52	MTR	巨阵输入	○	○	○
	53	HSCS	比较置位(高速计数器)	○	○	○
	54	HSCR	比较复位(高速计数器)	○	○	○
	55	HSZ	区间比较(高速计数器)	—	—	○
	56	SPD	脉冲密度	○	○	○
	57	PLSY	脉冲输出	○	○	○
	58	PWM	脉冲调制	○	○	○
	59	PLSR	带加减速的脉冲输出	○	○	○
方便指令	60	IST	初始化状态	○	○	○
	61	SER	数据查找	—	—	○
	62	ABSD	凸轮控制(绝对方式)	○	○	○
	63	INCD	凸轮控制(增量方式)	○	○	○
	64	TTMR	示教定时器	—	—	○
	65	STMR	特殊定时器	—	—	○
	66	ALT	交替输出	○	○	○
	67	RAMP	斜坡信号	○	○	○
	68	ROTC	旋转工作台控制	—	—	○
	69	SORT	数据排列	—	—	○

续表

分类	指令编号	指令助记符	功能	FX_{1S}	FX_{1N}	FX_{2N},FX_{2NC}
外围设备I/O	70	TKY	数字键输入	—	—	○
	71	HKY	16键输入	—	—	○
	72	DSW	数字式开关	○	○	○
	73	SEGD	7段译码	—	—	○
	74	SEGL	7段码按时间分割显示	○	○	○
	75	ARWS	箭头开关	—	—	○
	76	ASC	ASCⅡ码变换	—	—	○
	77	PR	ASCⅡ码打印输出	—	—	○
	78	FROM	BFM读出	—	○	○
	79	TO	BFM写入	—	○	○
外围设备SER	80	RS	串行数据传送	○	○	○
	81	PRUN	8进制位传送	○	○	○
	82	ASCI	HEX-ASCⅡ转换	○	○	○
	83	HEX	ASCⅡ-HEX转换	○	○	○
	84	CCD	校验码	○	○	○
	85	VRPD	电位器读出	○	○	○
	86	VRSC	电位器刻度	○	○	○
	87					
	88	PID	PIC运算	○	○	○
	89					
浮点数	110	ECMP	2进制浮点数比较	—	—	○
	111	EZCP	2进制浮点数区间比较	—	—	○
	118	EBCD	2进制浮点数-10进制浮点数转换	—	—	○
	119	EBIN	10进制浮点数-2进制浮点数转换	—	—	○
	120	EADD	2进制浮点数加法	—	—	○
	121	ESUB	2进制浮点数减法	—	—	○
	122	EMUL	2进制浮点数乘法	—	—	○
	123	EDIV	2进制浮点数除法	—	—	○
	127	ESOR	2进制浮点数开方	—	—	○
	129	INT	2进制浮点数-BIN整数转换	—	—	○
	130	SIN	浮点数SIN运算	—	—	○
	131	COS	浮点数COS运算	—	—	○
	132	TAN	浮点数TAN运算	—	—	○
	147	SWAP	上下字节变换	—	—	○
定位	155	ABS	ABS当前值读出	○	○	—
	156	ZRN	原点回归	○	○	—
	157	PLSY	可变度的脉冲输出	○	○	—
	158	DRVI	相对定位	○	○	—
	159	DRVA	绝对定位	○	○	—

续表

分类	指令编号	指令助记符	功能	FX_{1S}	FX_{1N}	FX_{2N},FX_{2NC}
时钟连算	160	TCMP	时钟数据比较	○	○	○
	161	TZCP	时钟数据区间比较	○	○	○
	162	TADD	时钟数据加法	○	○	○
	163	TSUB	时钟数据减法	○	○	○
	166	TRD	时钟数据读出	○	○	○
	167	TWR	时钟数据写入	○	○	○
	169	HOUR	计时仪	○	○	—
外围设备	170	GRY	格雷码变换	—	—	○
	171	GBIN	格雷码逆变换	—	—	○
	176	RD3A	模拟块读出	—	○	—
	177	WR3A	模拟块写入	—	○	—
接点比较	224	LD=	(S1)=(S2)	○	○	○
	225	LD>	(S1)>(S2)	○	○	○
	226	LD<	(S1)<(S2)	○	○	○
	228	LD<>	(S1)≠(S2)	○	○	○
	229	LD≦	(S1)≤(S2)	○	○	○
	230	LD≧	(S1)≥(S2)	○	○	○
	232	AND=	(S1)=(S2)	○	○	○
	233	AND>	(S1)>(S2)	○	○	○
	234	AND<	(S1)<(S2)	○	○	○
	236	AND<>	(S1)≠(S2)	○	○	○
	237	AND≦	(S1)≤(S2)	○	○	○
	238	AND≧	(S1)≥(S2)	○	○	○
	240	OR=	(S1)=(S2)	○	○	○
	241	OR>	(S1)>(S2)	○	○	○
	242	OR<	(S1)<(S2)	○	○	○
	244	OR<>	(S1)≠(S2)	○	○	○
	245	OR≦	(S1)≤(S2)	○	○	○
	246	OR≧	(S1)≥(S2)	○	○	○

注：“○”表示有相应的功能，“—”表示没有相应的功能。

附录Ⅱ　FX 系列 PLC 的特殊元件

特殊软元件若加在［］标记，请勿在程序中进行驱动或写入操作。

1. PLC 状态

（1） M8000～M8009

地址号・名称	动作・功能	适用机型	
		FX_{1S},FX_{1N}	FX_{2N},FX_{2NC}
［M］8000 运行监控 a 接点	RUN 输入；M8061错误发生；M8000；M8001；M8002；M8003；扫描时间	✓	✓
［M］8001 运行监控 b 接点		✓	✓
［M］8002 初始脉冲 a 接点		✓	✓
［M］8003 初始脉冲 b 接点		✓	✓
［M］8004 错误发生	当 M8060～M8067 中任意一个处于 ON 时动作（M8062 除外）	✓	✓
［M］8005 电池电压过低	当电池电压异常过低时动作	—	✓
［M］8006 电池电压过低锁存	当电池电压异常过低后锁存状态	—	✓
［M］8007① 瞬停检测	即使 M8007 动作，若在 D8008 时间范围内则 PLC 继续运行	—	✓
［M］8008① 停电检测中	当 M8008 ON→OFF 时，M8000 变为 OFF	—	✓
［M］8009 DC24V 失电	当扩展单元、扩展模块出现 DC24V 失电时动作	—	✓

① 停电检测时间（D8008）的变更：

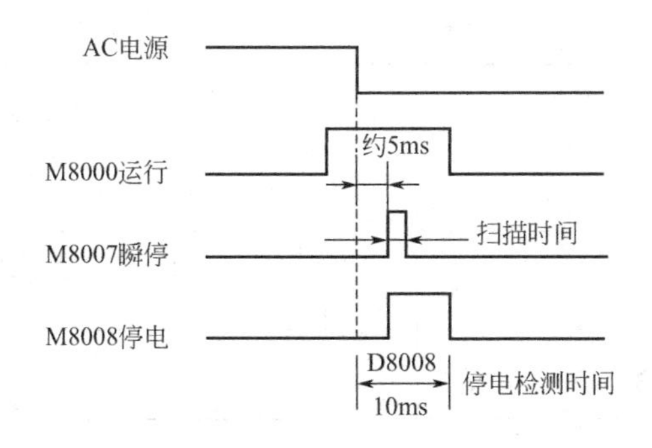

可编程控制器的电源为AC200V时，可以利用顺控程序更改D8008的内容，在10～100ms范围内对停电检测时间进行调整。

（2）D8000～D8009

地址号·名称	寄存器的内容	适用机型	
		FX_{1S},FX_{1N}	FX_{2N},FX_{2NC}
[D]8000 监视定时器	初始值如右列所述(以1ms为单位)(当电源ON时，由系统ROM传送) 利用程序进行更改必须在END、WDT指令执行后才有效	200ms	200ms
[D]8001 PLC类型和系统版本号	2 | 4 | 1 | 0 | 0 BCD转换值 └右述 └版本号V1.00	22　26	24
[D]8002 寄存器容量	2…2K步 4…4K步 8…8K步	√	16K步时在D8102中输入存储器容量
[D]8003[①] 寄存器类型	保存不同RAM/EEPROM/内置EPROM/存储盒和存储器保护开关的ON/OFF状态	√	√
[D]8004 错误M地址号	| 8 | 0 | 6 | 0 BCD转换值 8060～8068(M8004 ON时)	√	√
[D]8005 电池电压	| | | 3 | 6 BCD转换值(0.1V为单位) 电池电压的当前值(例:3.6V)	—	√
[D]8006 电池电压过低检测电平	初始值3.0V(0.1V为单位)(当电源ON时，由系统ROM传送)	—	√
[D]8007 瞬停检测	保存M8007的动作次数。当电源切断时该数值将被清除	—	√
[D]8008 停电检测时间	AC电源型:初值10ms详细情况另行说明	—	√
[D]8009 DC24V失电单元地址号	DC24V失电的基本单元、扩展单元中最小输入元件地址号	—	√

① 存储器种类（D8003）的内容：
00H＝选配件RAM存储器
01H＝选配件EPROM存储器
02H＝选配件EEPROM存储器，FX_{1N}-EEPROM-8L（程序保护功能OFF）
0AH＝选配件EEPROM存储器，FX_{1N}-EEPROM-8L（程序保护功能ON）
10H＝可编程控制器内置存储器

2. 时钟

（1）M8010～M8019

地址号·名称	动作·功能	适用机型	
		FX_{1S},FX_{1N}	FX_{2N},FX_{2NC}
[M]8010			
[M]8011 10ms时钟	以10ms的频率周期振荡	√	√
[M]8012 100ms时钟	以100ms频率周期振荡	√	√

续表

地址号·名称	动作·功能	适用机型	
		FX_{1S},FX_{1N}	FX_{2N},FX_{2NC}
[M]8013 1s时钟	以1s的频率周期振荡	√	√
[M]8014 1min时钟	以1min的频率周期振荡	√	√
[M]8015	时钟停止和预置实时时钟用	√	√
[M]8016	时间读取显示停止 实时时钟用	√	√
[M]8017	±30s修正 实时时钟用	√	√
[M]8018	安装检测 实时时钟用	√(常用ON)	
[M]8019	实时时钟(RTC)出错 实时时钟用	√	√

(2) D8010～D8019

地址号·名称	寄存器的内容	适用机型	
		FX_{1S},FX_{1N}	FX_{2N},FX_{2NC}
[D]8010 当前扫描值	由第0步开始的累计执行时间(以0.1ms为单位)	V显示值中包括当M8039驱动时恒定扫描运行的等待时间	
[D]8011 最小扫描时间	扫描时间的最小值(以0.1ms为单位)		
[D]8012 最大扫描时间	扫描时间的最大值(以0.1ms为单位)		
[D]8013 秒	0～59s (实时时钟用)	√	√
[D]8014 分	0～59min (实时时钟用)	√	√
[D]8015 时	0～23h (实时时钟用)	√	√
[D]8016 日	1～31日 (实时时钟用)	√	√
[D]8017 月	1～12月 (实时时钟用)	√	√
[D]8018 年	公历两位(0～99) (实时时钟用)	√	√
[D]8019 星期	0(日)～6(六) (实时时钟用)	√	√

注:D8013～D8019的时钟数据停电保持。D8018(年)数据可以切换至1980～2079的公历4位模式。

3. 标志

(1) M8020～M8029

地址号・名称	动作・功能	适用机型	
		FX_{1S},FX_{1N}	FX_{2N},FX_{2NC}
[M]8020 零	加减运算结果为0时	√	√
[M]8021 借位	减法运算结果小于负的最大值时	√	√
[M]8022 进位	加法运算结果发生进位时,换位结果溢出发生时	√	√
[M]8023			
[M]8024	BMOV方向指定(FNC15)	—	√
[M]8025	HSC模式(FNC53~55)	—	√
[M]8026	RAMP模式(FNC67)	—	√
[M]8027	PR模式(FNC77)	—	√
[M]8028 (FX_{1S})	100ms/10ms定时器切换	√ | —	—
[M]8028 (FX_{2N},FX_{2NC})	在执行FROM/TO(FNC78,79)指令过程中中断允许	—	√
[M]8029 指令执行完成	当DSW(FNC72等操作完成时动作)	√	√

(2) D8020~D8029

地址号・名称	寄存器的内容	适用机型	
		FX_{1S},FX_{1N}	FX_{2N},FX_{2NC}
[D]8020 输入滤波调整	X000~X017的输入滤波数值 0~60(初始值为10ms)	√	√
[D]8021			
[D]8022			
[D]8023			
[D]8024			
[D]8025			
[D]8026			
[D]8027			
[D]8028	Z0(Z)寄存器的内容①	√	√
[D]8029	V0(V)寄存器的内容①	√	√

① Z1~Z7, V1~V7的内容保存于D8182~D8195中。

4. PLC模式

(1) M8030~M8039

地址号・名称	动作・功能	适用机型	
		FX_{1S},FX_{1N}	FX_{2N},FX_{2NC}
M8030① 电池LED 熄灯指令	驱动M8030后,即使电池电压过低,PLC面板指示灯也不会亮灯	—	√

续表

地址号・名称	动作・功能	适用机型	
		FX_{1S},FX_{1N}	FX_{2N},FX_{2NC}
M8031 非保持存储器 全部消除	驱动此 M 时，可以将 Y,M,S,T,C 的 ON/OFF 映像存储器和 T,C,D 的当前值全部清零 特殊寄存器和文件寄存器不清除	✓	✓
M8032① 保持存储器 全部消除		✓	✓
M8033 存储器保持停止	当可编程控制器 RUN→STOP 时，将映像存储器和数据存储器中的内容保留下来	✓	✓
M8034① 所有输出禁止	将 PLC 的外部输出接点全部置于 OFF 状态	✓	✓
M8035② 强制运行 模式		✓	✓
M8036② 强制运行 指令		✓	✓
M8037② 强制停止 指令		✓	✓
M8038② 参数设定	通信参数设定标志(简易 PLC 间链接设定用)	✓	✓
M8039 恒定扫描 模式	当 M8039 变为 ON 时，PLC 直至 D8039 指定的扫描时间到达后才执行循环运算	✓	✓

① 在 END 指令执行时处理。
② RUN→STOP 时清除。

(2) D8030～D8039

地址号・名称	寄存器的内容	适用机型	
		FX_{1S},FX_{1N}	FX_{2N},FX_{2NC}
[D]8030			
[D]8031			
[D]8032			
[D]8033			
[D]8034			
[D]8035			
[D]8036			
[D]8037			
[D]8038			
[D]8039 恒定扫描时间	初始值 0ms(以 1ms 为单位)(当电源 ON 时，由系统 ROM 传送)能够通过程序进行更改	✓	✓

5. 步进顺控

（1）M8040～M8049

地址号·名称	动作·功能	适用机型	
		FX_{1S}，FX_{1N}	FX_{2N}，FX_{2NC}
M8040 转移禁止	M8040驱动时禁止状态之间的转移	√	√
M8041② 转移开始	自动运行时能够进行初始状态开始的转移	√	√
M8042 起动脉冲	对应启动输入的脉冲输出	√	√
M8043② 回归完成	在原点回归模式的结束状态时动作	√	√
M8044② 原点条件	检测出机械原点时动作	√	√
M8045 所有输出复位禁止	在模式切换时，所有输出复位禁止	√	√
[M]8046① STL状态动作	M8047动作中时，当S0～S899中有任何元件变为ON时动作	√	√
[M]8047① STL监控有效	驱动此M时，D8040～D8047有效	√	√
[M]8048① 信号报警器动作	M8049运作中时，当S900～S999中有任何元件变为ON时动作	—	√
[M]8049① 信号报警器有效	驱动此M时，D8049的动作有效	—	√

① 在执行END指令时处理。

② RUN→STOP时清除。

（2）D8040～D8049

地址号·名称	寄存器的内容	适用机型	
		FX_{1S}，FX_{1N}	FX_{2N}，FX_{2NC}
[D]8040① ON状态地址号1	将状态S0～S899动作中的状态最小地址号保存入D8040中，将紧随其后的ON状态地址号保存入D8041中，以下依此顺序保存8点元件，将其中最大元件保存入D8047中	√	√
[D]8041① ON状态地址号2		√	√
[D]8042① ON状态地址号3		√	√
[D]8043① ON状态地址号4		√	√
[D]8044① ON状态地址号5		√	√
[D]8045① ON状态地址号6		√	√

续表

地址号·名称	寄存器的内容	适用机型	
		FX_{1S},FX_{1N}	FX_{2N},FX_{2NC}
[D]8046① ON状态地址号7	将状态S0～S899动作中的状态最小地址号保存入D8040中，将紧随其后的ON状态地址号保存入D8041中，以下依此顺序保存8点元件，将其中最大元件保存入D8047中	√	√
[D]8047① ON状态地址号8		√	√
[D]8048			
[D]8049① ON状态最小地址号	保存处于ON状态中报警继电器S900～S999的最小地址号	—	√

① 在END指令执行时处理。

6. 中断禁止（M8050～M8059）

地址号·名称	动作·功能	适用机型	
		FX_{1S},FX_{1N}	FX_{2N},FX_{2NC}
M8050(输入中断) I00□禁止	执行FNC04(EI)指令后，即使中断许可，但是当此M动作时，对应的输入中断和定时器中断将无法单独动作，例如当M8050处于ON时，禁止中断I00□	√	√
M8051(输入中断) I10□禁止		√	√
M8052(输入中断) I20□禁止		√	√
M8053(输入中断) I30□禁止		√	√
M8054(输入中断) I40□禁止		√	√
M8055(输入中断) I50□禁止		√	√
M8056(定时器中断) I6□□禁止		—	√
M8057(定时器中断) I7□□禁止		—	√
M8058(定时器中断) I8□□禁止		—	√
M8059 计数器中断禁止	禁止来自I010～I060中断	—	√

7. 出错检测

(1) M8060～M8069

地址号	名　称	PROG-E LED	可编程控制器状态	适用机型	
				FX_{1S},FX_{1N}	FX_{2N},FX_{2NC}
[M]8060	I/O构成错误	OFF	RUN	—	√
[M]8061	PLC硬件错误	闪烁	STOP	√	√

续表

地址号	名　称	PROG-E LED	可编程控制器状态	适用机型	
				FX_{1S},FX_{1N}	FX_{2N},FX_{2NC}
[M]8062	PLC/PP通信错误	OFF	RUN	√	√
[M]8063	并联链接出错① RS232C通信错误	OFF	RUN	√	√
[M]8064	参数错误	闪烁	STOP	√	√
[M]8065	语法错误	闪烁	STOP	√	√
[M]8066	回路错误	闪烁	STOP	√	√
[M]8067	运算错误①	OFF	RUN	√	√
[M]8068	运算错误锁存	OFF	RUN	√	√
M8068	I/O总线检测②	—	—	—	√
M8069	输出刷新错误	OFF	RUN	—	√

① 当可编程控制器STOP→RUN时清除。请注意M8068，D8068无法清除。

② 驱动M8069时执行I/O总线检测，当发生错误时，将错误代码6103写入D8061中，且M8061变为ON。

注：当M8060～M8067中任意一个处于ON时，将其中最小地址号保存入D8004中，M8004动作。

(2) D8060～D8069

地址号	数据寄存器内容	适用机型	
		FX_{1S},FX_{1N}	FX_{2N},FX_{2NC}
[D]8060	I/O构成错误的未安装I/O起始地址号②	—	√
[D]8061	PLC硬件错误的错误代码序号	√	√
[D]8062	PLC/PP通信错误的错误代码序号	—	√
[D]8063	并联链接通信错误的错误代码序号 RS232C通信错误的错误代码序号①	√	√
[D]8064	参数错误的错误代码序号	√	√
[D]8065	语法错误的错误代码序号	√	√
[D]8066	回路错误的错误代码序号	√	√
[D]8067	运算错误的错误代码序号①	√	√
D8068	锁存发生运算错误的步序号	√	√
[D]8069	M8065～M8067的错误发生的步序号①	√	√

① 当可编程控制器STOP→RUN时清除。请注意M8068，D8068无法清除。

② 被编入程序的I/O地址号的单元和模块未被安装时，在M8060动作的同时，将该单元的起始元件地址号写入D8060中。

(例) X020未被实际安装时

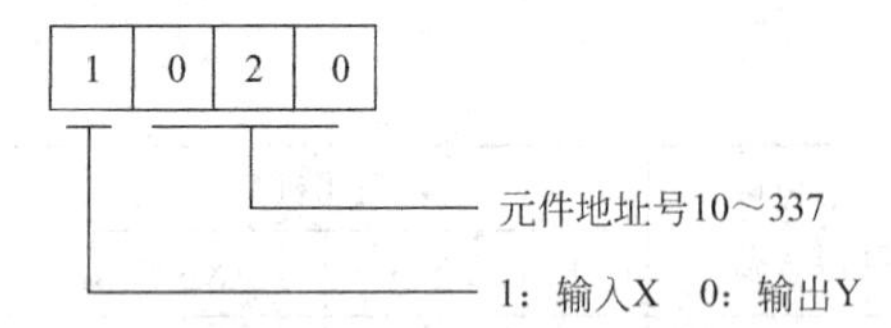

8. 并联链接及采样跟踪

(1) M8070～M8098

地址号	名　　称	适用机型	
		FX_{1S},FX_{1N}	FX_{2N},FX_{2NC}
M8070	并联链接,主站时驱动①	√	√
M8071	并联链接,子站时驱动①	√	√
M8072	并联链接,运行中ON	√	√
M8073	并联链接,M8070/M8071设定不良时ON	√	√
[M]8074			
M8075	取样跟踪,准备开始指令	—	√
M8076	取样跟踪,准备完成,执行开始指令	—	√
[M]8077	取样跟踪,执行中监控	—	√
[M]8078	取样跟踪,执行完成监控	—	√
[M]8079	跟踪次数超过512次时ON	—	√
[M]8080			
[M]8081			
[M]8082			
[M]8083			
[M]8084			
[M]8085			
[M]8086			
[M]8087			
[M]8088			
[M]8089			
[M]8090			
[M]8091			
[M]8092			
[M]8093			
[M]8094			
[M]8095			
[M]8096			
[M]8097			
[M]8098			

① STOP→RUN时清除。

注：当M8075变成ON后，依次对D8080～D8098指定的元件的ON/OFF状态和数据内容进行采样检测，并将其保存至可编程控制器内的特殊存储器中。当取样追踪数据超过512次时，依次用新数据覆盖旧的数据。当M8076变成ON后，进行D8075指定的取样次数的采样处理直至该操作完成。采样周期取决于D8076的内容。

(2) D8070～D8098

地址号	数据寄存器内容	适用机型	
		FX_{1S},FX_{1N}	FX_{2N},FX_{2NC}
[D]8070	并联链接错误判断时间500ms	√	√

续表

地址号	数据寄存器内容	适用机型	
		FX_{1S}, FX_{1N}	FX_{2N}, FX_{2NC}
[D]8071			
[D]8072			
[D]8073			
[D]8074	采样剩余次数	—	√
D8075	采样次数的设定(1～512)	—	√
D8076	采样周期①	—	√
D8077	触发指定②	—	√
D8078	触发条件元件地址号设定③	—	√
D8079	采样数据指针	—	√
D8080	位元件地址号 No. 0	—	√
D8081	位元件地址号 No. 1	—	√
D8082	位元件地址号 No. 2	—	√
D8083	位元件地址号 No. 3	—	√
D8084	位元件地址号 No. 4	—	√
D8085	位元件地址号 No. 5	—	√
D8086	位元件地址号 No. 6	—	√
D8087	位元件地址号 No. 7	—	√
D8088	位元件地址号 No. 8	—	√
D8089	位元件地址号 No. 9	—	√
D8090	位元件地址号 No. 10	—	√
D8091	位元件地址号 No. 11	—	√
D8092	位元件地址号 No. 12	—	√
D8093	位元件地址号 No. 13	—	√
D8094	位元件地址号 No. 14	—	√
D8095	位元件地址号 No. 15	—	√
D8096	字元件地址号 No. 0	—	√
D8097	字元件地址号 No. 1	—	√
D8098	字元件地址号 No. 2		

①、②、③注的含义请参照下面说明。

使用A6GPP、A6PHP、A7PHP，个人微机时采样跟踪操作有效，监控元件地址号时为特殊数值。

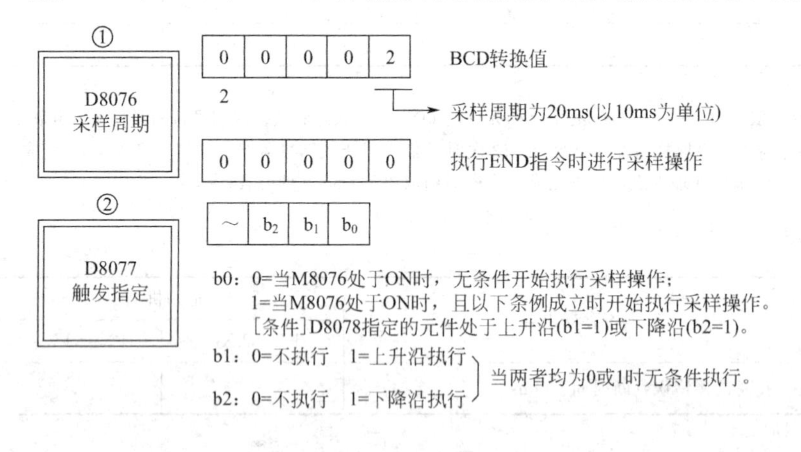

③

D8078
确定条件
元件地址号

通过外围设备指定X，Y，M，S，T，C等的元件地址号。
D8075=6次采样　　D8076=20ms周期
监控此数据寄存器内容时为特殊地址号。
D8077=上升沿条件指定　　D8078=Y010指定

《时间图例》

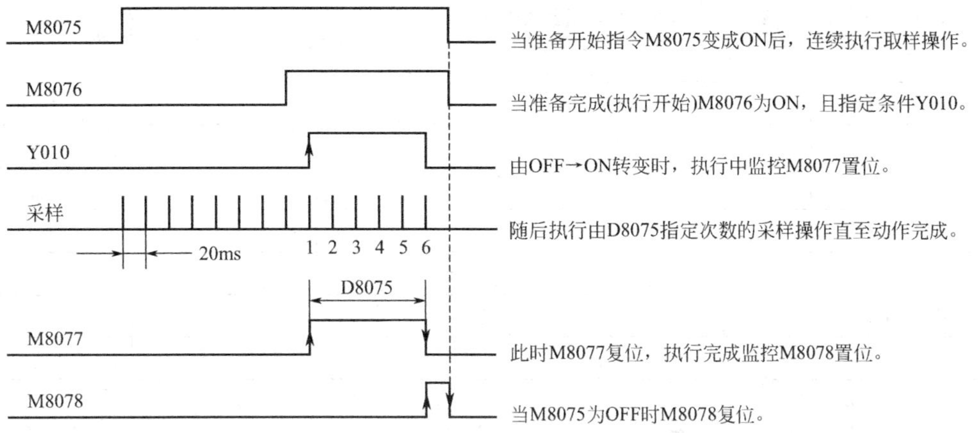

M8075　当准备开始指令M8075变成ON后，连续执行取样操作。

M8076　当准备完成(执行开始)M8076为ON，且指定条件Y010。

Y010　由OFF→ON转变时，执行中监控M8077置位。

采样　随后执行由D8075指定次数的采样操作直至动作完成。

20ms　1 2 3 4 5 6

D8075

M8077　此时M8077复位，执行完成监控M8078置位。

M8078　当M8075为OFF时M8078复位。

9. 通信及链接

(1) M8120～M8199

地址号	名　　称	适用机型			
		FX1S[3]	FX1N	FX2N	FX2NC
[M]8120					
[M]8121	RS232C发送等待中[1]	√	√	√	√
M8122	RS232C发送标志[1]	√	√	√	√
M8123	RS232C接收完成标志[1]	√	√	√	√
[M]8124	RS232C载波接收中	√	√	√	√
[M]8125					
[M]8126	全局信号	√	√	√	√
[M]8127	请求式握手信号	√	√	√	√
M8128	请求式错误标志	√	√	√	√
M8129	请求式字/字节切换 或超时判断	√	√	√	√
[M]8180					
[M]8181					
[M]8182					
[M]8183	数据传送可编程序控制器出错(主站)	(M504)	√	√[2]	√
[M]8184	数据传送可编程序控制器出错(1号站)	(M505)	√	√[2]	√
[M]8185	数据传送可编程序控制器出错(2号站)	(M506)	√	√[2]	√
[M]8186	数据传送可编程序控制器出错(3号站)	(M507)	√	√[2]	√
[M]8187	数据传送可编程序控制器出错(4号站)	(M508)	√	√[2]	√
[M]8188	数据传送可编程序控制器出错(5号站)	(M509)	√	√[2]	√

续表

地址号	名称	适用机型			
		FX1S③	FX1N	FX2N	FX2NC
[M]8189	数据传送可编程序控制器出错(6号站)	(M510)	√	√②	√
[M]8190	数据传送可编程序控制器出错(7号站)	(M511)	√	√②	√
[M]8191	数据传送可编程序控制器执行中	(M503)	√	√②	√
[M]8192					
[M]8193					
[M]8194					
[M]8195					
[M]8196					
[M]8197					
[M]8198					
[M]8199					

① STOP→RUN时清除。
② 对应V2.00以上版本。
③ 使用FX_{1S}系列中的“（ ）”内的编号。D219～D255时作为内部处理用而占有，所以在一般程序中不能使用。

（2）D8120～D8219

地址号	名称	适用机型			
		FX1S	FX1N	FX2N	FX2NC
D8120	通信格式②	√	√	√	√
D8121	站号设定②	√	√	√	√
[D]8122	RS232C传送数据剩余数①	√	√	√	√
[D]8123	RS232C接收数据数①	√	√	√	√
D8124	起始符(8位)初始值STX	√	√	√	√
D8125	终止符(8位)初始值ETX	√	√	√	√
[D]8126					
D8127	请求式用起始地址号指定	√	√	√	√
D8128	请求式数据量指定	√	√	√	√
D8129	超时判断时间②	√	√	√	√
[D]8170					
[D]8171					
[D]8172					
[D]8173	该本站站号设定状态	√	√	√③	√
[D]8174	通信子站设定状态	√	√	√③	√
[D]8175	刷新范围设定状态	√	√	√③	√
D8176	该本站站号设定	√	√	√③	√
D8177	通信子站数设定	√	√	√③	√
D8178	刷新范围设定	√	√	√③	√

续表

地址号	名称	适用机型			
		FX1S③	FX1N	FX2N	FX2NC
D8179	重试次数	√	√	√③	√
D8180	监视时间	√	√	√③	√
[D]8200					
[D]8201	当前链接扫描时间	(D201)	√	√③	√
[D]8202	最大链接扫描时间	(D202)	√	√③	√
[D]8203	数据传送可编程序控制器错误计数值(主站)	(D203)	√	√③	√
[D]8204	数据传送可编程序控制器错误计数值(站号1)	(D204)	√	√③	√
[D]8205	数据传送可编程序控制器错误计数值(站号2)	(D205)	√	√③	√
[D]8206	数据传送可编程序控制器错误计数值(站号3)	(D206)	√	√③	√
[D]8207	数据传送可编程序控制器错误计数值(站号4)	(D207)	√	√③	√
[D]8208	数据传送可编程序控制器错误计数值(站号5)	(D208)	√	√③	√
[D]8209	数据传送可编程序控制器错误计数值(站号6)	(D209)	√	√③	√
[D]8210	数据传送可编程序控制器错误计数值(站号7)	(D210)	√	√③	√
[D]8211	数据传送错误代码(主站)	(D211)	√	√③	√
[D]8212	数据传送错误代码(站号1)	(D212)	√	√③	√
[D]8213	数据传送错误代码(站号2)	(D213)	√	√③	√
[D]8214	数据传送错误代码(站号3)	(D214)	√	√③	√
[D]8215	数据传送错误代码(站号4)	(D215)	√	√③	√
[D]8216	数据传送错误代码(站号5)	(D216)	√	√③	√
[D]8217	数据传送错误代码(站号6)	(D217)	√	√③	√
[D]8218	数据传送错误代码(站号7)	(D218)	√	√③	√
[D]8219					

① STOP→RUN时清除。
② 停电保持。
③ 对应V2.00以上版本。D219～D255时作为内部处理用而占有，所以在一般的程序中不能使用。

10. 高速平台、定位、扩充功能

(1) M8130～M8169

地址号	名称	适用机型	
		FX1S,FX1N	FX2N,FX2NC
M8130	FNC55(HSZ)指令平台比较模式	—	√
[M]8131	同上执行完成标志	—	√
M8132	FNC55(HSZ),FNC57(PLSY)速度模型模式	—	√
[M]8133	同上执行完成标志	—	√
[M]8134			
[M]8135			
[M]8136			

续表

地址号	名　　称	适用机型	
		FX_{1S},FX_{1N}	FX_{2N},FX_{2NC}
[M]8137			
[M]8138			
[M]8139			
M8140	FNC156(ZRN)CLR信号输出功能有效	√	—
[M]8141			
[M]8142			
[M]8143			
[M]8144			
M8145	Y000脉冲输出停止指令	√	—
M8146	Y001脉冲输出停止指令	√	—
[M]8147	Y000脉冲输出中监控(Busy/Ready)	√	—
[M]8148	Y001脉冲输出中监控(Busy/Ready)	√	—
[M]8149		√	—
[M]8158			
[M]8159			
M8160	FNC17(XCH)的SWAP功能	—	√
M8161	8位处理模式[1]	√	√
M8162	高速并联链接模式	√	√
[M]8163			
M8164	FNC79,80(FROM/TO)传输点数可变模式	—	√[2]　√
[M]8165			
[M]8166			
M8167	FNC71(HEY)HEX数据处理功能	—	√
M8168	FNC13(SMOV)的HEX处理功能	—	√
[M]8169			

① 适用于FNC76(ASC)，FNC80(RS)，FNC82(ASCI)，FNC83(HEX)，FNC84(CCD) 指令。

② 对应于V2.00以上版本。

(2) D8130～D8169

地址号	功　　能		适用机型	
			FX_{1S},FX_{1N}	FX_{2N},FX_{2NC}
[D]8130	高速比较平台计数器HSZ		—	√
[D]8131	速度模型平台计数器HSZ、PLSY		—	√
[D]8132	速度模型频率 FNC55(HSZ),FNC57(PLSY)	低位	—	√
[D]8133		空		
[D]8134	速度模型目标脉冲数 FNC55(HSZ),FNC57(PLSY)	低位	—	√
[D]8135		高位		

续表

地址号	功能		适用机型	
			FX1S,FX1N	FX2N,FX2NC
D8136	向Y000、Y001输出的脉冲合计数的累计值	低位	√	√
D8137		高位		
[D]8138				
[D]8139				
D8140	FNC57(PLSY),FNC59(PLSR),FNC57(PLSY),FNC59(PLSR)向Y000输出的脉冲数的累计或使用定位指令时的当前值地址	低位	√	√
D8141		高位		
D8142	FNC57(PLSY),FNC59(PLSR)向Y001输出的脉冲数的累计或使用定位指令时的当前值地址	低位	√	√
D8143		高位		
[D]8144				
D8145	FNC156(ZRN),FNC158(DRVI),FNC159(DRVA)执行时的偏置速度		√(初始值:0)	—
D8146	FNC156(ZRN),FNC158(DRVI),FNC159(DRVA)执行时的最高速度	低位	√(初始:10000)	—
D8147		高位		
D8148	FNC156(ZRN),FNC158(DRVI),FNC159(DRVA)执行时的加减速时间		√(初始值:100)	—
[D]8149				
D8158	FX1N-5DM用　控制元件(D)		√(初始值:-1)	—
D8159	FX1N-5DM用　控制元件(M)		√(初始值:-1)	—
[D]8160				
[D]8161				
[D]8162				
[D]8163				
D8164	FNC79,80(FROM/TO)传送点数指定		—	√
[D]8165				
[D]8166				
[D]8167				
[D]8168				
[D]8169				

11. 捕捉脉冲（M8170～M8179）

地址号	功能	适用机型	
		FX1S,FX1N	FX2N,FX2NC
M8170	输入X000脉冲捕捉[①]	√	√
M8171	输入X001脉冲捕捉[①]	√	√

续表

地址号	功能	适用机型	
		FX_{1S},FX_{1N}	FX_{2N},FX_{2NC}
M8172	输入X002脉冲捕捉①	√	√
M8173	输入X003脉冲捕捉①	√	√
M8174	输入X004脉冲捕捉①	√	√
M8175	输入X005脉冲捕捉①	√	√
[M]8176			
[M]8177			
[M]8178			
[M]8179			

① STOP→RUN时清除。

12. 变址寄存器当前值（D8028～D8099）

地址号	功能	适用机型	
		FX_{1S},FX_{1N}	FX_{2N},FX_{2NC}
[D]8028	Z0(Z)寄存器的内容	√	√
[D]8029	V0(V)寄存器的内容	√	√
[D]8082	Z1寄存器的内容	√	√
[D]8083	V1寄存器的内容	√	√
[D]8084	Z2寄存器的内容	√	√
[D]8085	V2寄存器的内容	√	√
[D]8086	Z3寄存器的内容	√	√
[D]8087	V3寄存器的内容	√	√
[D]8088	Z4寄存器的内容	√	√
[D]8089	V4寄存器的内容	√	√
[D]8090	Z5寄存器的内容	√	√
[D]8091	V5寄存器的内容	√	√
[D]8092	Z6寄存器的内容	√	√
[D]8093	V6寄存器的内容	√	√
[D]8094	Z7寄存器的内容	√	√
[D]8095	V7寄存器的内容	√	√
[D]8096			
[D]8097			
[D]8098			
[D]8099			

13. 增减计数器（M8200～M8234）

地址号	对象计数器地址号	功能	适用机型		
			FX_{1S}	FX_{1N}	FX_{2N}，FX_{2NC}
M8200	C200	当M8□□□动作后，其对应的C□□□变成减型计数模式。 不驱动M8□□□时，计数器以增型计数方式进行计数	—	√	√
M8201	C201		—	√	√
M8202	C202		—	√	√
M8203	C203		—	√	√
M8204	C204		—	√	√
M8205	C205		—	√	√
M8206	C206		—	√	√
M8207	C207		—	√	√
M8208	C208		—	√	√
M8209	C209		—	√	√
M8210	C210		—	√	√
M8211	C211		—	√	√
M8212	C212		—	√	√
M8213	C213		—	√	√
M8214	C214		—	√	√
M8215	C215		—	√	√
M8216	C216		—	√	√
M8217	C217		—	√	√
M8218	C218		—	√	√
M8219	C219		—	√	√
M8220	C220		—	√	√
M8221	C221		—	√	√
M8222	C222		—	√	√
M8223	C223		—	√	√
M8224	C224		—	√	√
M8225	C225		—	√	√
M8226	C226		—	√	√
M8227	C227		—	√	√
M8228	C228		—	√	√
M8229	C229		—	√	√
M8230	C230		—	√	√
M8231	C231		—	√	√
M8232	C232		—	√	√
M8233	C233		—	√	√
M8234	C234		—	√	√

14. 高速计数器（M8235～M8255）

区分	地址号	对象计数器地址号	功能	适用机型	
				FX_{1S},FX_{1N}	FX_{2N},FX_{2NC}
单相单输入	M8235	C235	当M8□□□动作后，其对应的C□□□变成减型计数模式。 不驱动M8□□□时，计数器以增型计数方向进行计数	√	√
	M8236	C236		√	√
	M8237	C237		√	√
	M8238	C238		√	√
	M8239	C239		√	√
	M8240	C240		√	√
	M8241	C241		√	√
	M8242	C242		√	√
	M8243	C243		√	√
	M8244	C244		√	√
	M8245	C245		√	√
两相单输入	[M]8246	C246	当两相单输入计数器和两相双输入计数器的C□□□处于减型计数模式时，其对应M□□□变成ON。 增型计数模式时为OFF	√	√
	[M]8247	C247		√	√
	[M]8248	C248		√	√
	[M]8249	C249		√	√
	[M]8250	C250		√	√
两相双输入	[M]8251	C251		√	√
	[M]8252	C252		√	√
	[M]8253	C253		√	√
	[M]8254	C254		√	√
	[M]8255	C255		√	√

参 考 文 献

[1] 廖常初主编 . FX 系列 PLC 编程及应用 . 北京：机械工业出版社，2009.

[2] 瞿彩萍主编 . PLC 应用技术 . 北京：中国劳动和社会保障出版社，2006.

[3] 张万忠主编 . 可编程控制器应用技术 . 北京：化学工业出版社，2005.

[4] 吴明亮等主编 . 可编程控制器实训教程 . 北京：化学工业出版社，2005.

[5] 李俊秀主编 . 可编程控制器应用技术 . 北京：化学工业出版社，2008.

[6] 李稳贤等主编 . 可编程控制器应用技术 . 北京：冶金工业出版社，2008.

[7] 张鹤鸣等主编 . 可编程控制器原理及应用教程 . 北京：北京大学出版社，2006.

[8] 汤光华等主编 . PLC 应用技术 . 北京：化学工业出版社，2011.

[9] 王阿根编著 . PLC 控制程序精编 108 例 . 北京：电子工业出版社，2010.

[10] 罗雪莲编著 . 可编程控制器原理与应用 . 北京：清华大学出版社，2008.

[11] 菱电国际有限公司机电设备控制部 . 三菱微型可编程控制器，MELSEC-F FX_{2N}系列，2000.

[12] 三菱 FX 系列可编程序控制器编程手册 .

[13] 肖峰主编 . PLC 编程 100 例 . 北京：中国电力出版社，2009.

[14] 高勤主编 . 可编程控制原理及应用（三菱机型）. 第二版 . 北京：电子工业出版社，2009.

[15] 张均等主编 . 编程控制器原理及应用 . 北京：中国铁道出版社，2007.

[16] 王立权主编 . 可编程控制器原理与应用 . 哈尔滨：哈尔滨工程大学出版社，2005.